“十四五”职业教育国家规划教材

全国高等职业教育药品类专业
国家卫生健康委员会“十三五”规划教材

供药学、药物制剂技术、药品生产技术等专业用

药物制剂综合实训教程

主　审　**边伟定**

主　编　**胡　英　张健泓**

副主编　**夏晓静　甘柯林**

编　者　（以姓氏笔画为序）

王　鸿（杭州医学院）
甘柯林（肇庆医学高等专科学校）
石　雷（台州职业技术学院）
杜红建（金华职业技术学院）
吴秋平（浙江医药高等专科学校）
张健泓（广东食品药品职业学院）
胡　英（浙江医药高等专科学校）
夏晓静（浙江医药高等专科学校）
黄家利（中国药科大学高等职业技术学院）

人民卫生出版社

图书在版编目（CIP）数据

药物制剂综合实训教程 / 胡英，张健泓主编．—北京：人民卫生出版社，2020

ISBN 978-7-117-29176-7

Ⅰ. ①药…　Ⅱ. ①胡…②张…　Ⅲ. ①药物 – 制剂 – 医学院校 – 教材　Ⅳ. ①TQ460.6

中国版本图书馆 CIP 数据核字（2019）第 251404 号

药物制剂综合实训教程

主　　编：胡　英　张健泓
出版发行：人民卫生出版社（中继线 010-59780011）
地　　址：北京市朝阳区潘家园南里 19 号
邮　　编：100021
E - mail：pmph @ pmph.com
购书热线：010-59787592　010-59787584　010-65264830
印　　刷：河北新华第一印刷有限责任公司
经　　销：新华书店
开　　本：850 × 1168　1/16　**印张：**19
字　　数：447 千字
版　　次：2020 年 3 月第 1 版　2024 年 9 月第 1 版第 3 次印刷
标准书号：ISBN 978-7-117-29176-7
定　　价：52.00 元

全国高等职业教育药品类专业国家卫生健康委员会“十三五”规划教材出版说明

《国务院关于加快发展现代职业教育的决定》《高等职业教育创新发展行动计划(2015—2018年)》《教育部关于深化职业教育教学改革全面提高人才培养质量的若干意见》等一系列重要指导性文件相继出台,明确了职业教育的战略地位、发展方向。为全面贯彻国家教育方针,将现代职业教育发展理念融入教材建设全过程,人民卫生出版社组建了全国食品药品职业教育教材建设指导委员会。在该指导委员会的直接指导下,经过广泛调研论证,人民卫生出版社启动了全国高等职业教育药品类专业第三轮规划教材的修订出版工作。

本套规划教材首版于2009年,于2013年修订出版了第二轮规划教材,其中部分教材入选了“十二五”职业教育国家规划教材。本轮规划教材主要依据教育部颁布的《普通高等学校高等职业教育(专科)专业目录(2015年)》及2017年增补专业,调整充实了教材品种,涵盖了药品类相关专业的主要课程。全套教材为国家卫生健康委员会“十三五”规划教材,是“十三五”时期人卫社重点教材建设项目。本轮教材继续秉承“五个对接”的职教理念,结合国内药学类专业高等职业教育教学发展趋势,科学合理推进规划教材体系改革,同步进行了数字资源建设,着力打造本领域首套融合教材。

本套教材重点突出如下特点:

1. 适应发展需求,体现高职特色　本套教材定位于高等职业教育药品类专业,教材的顶层设计既考虑行业创新驱动发展对技术技能型人才的需要,又充分考虑职业人才的全面发展和技术技能型人才的成长规律;既集合了我国职业教育快速发展的实践经验,又充分体现了现代高等职业教育的发展理念,突出高等职业教育特色。

2. 完善课程标准,兼顾接续培养　本套教材根据各专业对应从业岗位的任职标准优化课程标准,避免重要知识点的遗漏和不必要的交叉重复,以保证教学内容的设计与职业标准精准对接,学校的人才培养与企业的岗位需求精准对接。同时,本套教材顺应接续培养的需要,适当考虑建立各课程的衔接体系,以保证高等职业教育对口招收中职学生的需要和高职学生对口升学至应用型本科专业学习的衔接。

3. 推进产学结合,实现一体化教学　本套教材的内容编排以技能培养为目标,以技术应用为主线,使学生在逐步了解岗位工作实践,掌握工作技能的过程中获取相应的知识。为此,在编写队伍组建上,特别邀请了一大批具有丰富实践经验的行业专家参加编写工作,与从全国高职院校中遴选出的优秀师资共同合作,确保教材内容贴近一线工作岗位实际,促使一体化教学成为现实。

4. 注重素养教育,打造工匠精神　在全国“劳动光荣、技能宝贵”的氛围逐渐形成,“工匠精神”在各行各业广为倡导的形势下，医药卫生行业的从业人员更要有崇高的道德和职业素养。教材更加强调要充分体现对学生职业素养的培养，在适当的环节，特别是案例中要体现出药品从业人员的行为准则和道德规范，以及精益求精的工作态度。

5. 培养创新意识，提高创业能力　为有效地开展大学生创新创业教育，促进学生全面发展和全面成才，本套教材特别注意将创新创业教育融入专业课程中，帮助学生培养创新思维，提高创新能力、实践能力和解决复杂问题的能力，引导学生独立思考、客观判断，以积极的、锲而不舍的精神寻求解决问题的方案。

6. 对接岗位实际，确保课证融通　按照课程标准与职业标准融通，课程评价方式与职业技能鉴定方式融通，学历教育管理与职业资格管理融通的现代职业教育发展趋势，本套教材中的专业课程，充分考虑学生考取相关职业资格证书的需要，其内容和实训项目的选取尽量涵盖相关的考试内容，使其成为一本既是学历教育的教科书，又是职业岗位证书的培训教材，实现“双证书”培养。

7. 营造真实场景，活化教学模式　本套教材在继承保持人卫版职业教育教材栏目式编写模式的基础上，进行了进一步系统优化。例如，增加了“导学情景”，借助真实工作情景开启知识内容的学习；“复习导图”以思维导图的模式，为学生梳理本章的知识脉络，帮助学生构建知识框架。进而提高教材的可读性，体现教材的职业教育属性，做到学以致用。

8. 全面“纸数”融合，促进多媒体共享　为了适应新的教学模式的需要，本套教材同步建设以纸质教材内容为核心的多样化的数字教学资源，从广度、深度上拓展纸质教材内容。通过在纸质教材中增加二维码的方式“无缝隙”地链接视频、动画、图片、PPT、音频、文档等富媒体资源，丰富纸质教材的表现形式，补充拓展性的知识内容，为多元化的人才培养提供更多的信息知识支撑。

本套教材的编写过程中，全体编者以高度负责、严谨认真的态度为教材的编写工作付出了诸多心血，各参编院校对编写工作的顺利开展给予了大力支持，从而使本套教材得以高质量如期出版，在此对有关单位和各位专家表示诚挚的感谢！教材出版后，各位教师、学生在使用过程中，如发现问题请反馈给我们（renweiyaoxue@163.com），以便及时更正和修订完善。

人民卫生出版社

2018年3月

全国高等职业教育药品类专业国家卫生健康委员会
“十三五”规划教材
教材目录

序号	教材名称	主编	适用专业
1	人体解剖生理学(第3版)	贺 伟 吴金英	药学类、药品制造类、食品药品管理类、食品工业类
2	基础化学(第3版)	傅春华 黄月君	药学类、药品制造类、食品药品管理类、食品工业类
3	无机化学(第3版)	牛秀明 林 珍	药学类、药品制造类、食品药品管理类、食品工业类
4	分析化学(第3版)	李维斌 陈哲洪	药学类、药品制造类、食品药品管理类、医学技术类、生物技术类
5	仪器分析	任玉红 闫冬良	药学类、药品制造类、食品药品管理类、食品工业类
6	有机化学(第3版)*	刘 斌 卫月琴	药学类、药品制造类、食品药品管理类、食品工业类
7	生物化学(第3版)	李清秀	药学类、药品制造类、食品药品管理类、食品工业类
8	微生物与免疫学*	凌庆枝 魏仲香	药学类、药品制造类、食品药品管理类、食品工业类
9	药事管理与法规(第3版)	万仁甫	药学类、药品经营与管理、中药学、药品生产技术、药品质量与安全、食品药品监督管理
10	公共关系基础(第3版)	秦东华 惠 春	药学类、药品制造类、食品药品管理类、食品工业类
11	医药数理统计(第3版)	侯丽英	药学、药物制剂技术、化学制药技术、中药制药技术、生物制药技术、药品经营与管理、药品服务与管理
12	药学英语	林速容 赵 旦	药学、药物制剂技术、化学制药技术、中药制药技术、生物制药技术、药品经营与管理、药品服务与管理
13	医药应用文写作(第3版)	张月亮	药学、药物制剂技术、化学制药技术、中药制药技术、生物制药技术、药品经营与管理、药品服务与管理

序号	教材名称	主编	适用专业
14	医药信息检索(第3版)	陈　燕　李现红	药学、药物制剂技术、化学制药技术、中药制药技术、生物制药技术、药品经营与管理、药品服务与管理
15	药理学(第3版)	罗跃娥　樊一桥	药学、药物制剂技术、化学制药技术、中药制药技术、生物制药技术、药品经营与管理、药品服务与管理
16	药物化学(第3版)	葛淑兰　张彦文	药学、药品经营与管理、药品服务与管理、药物制剂技术、化学制药技术
17	药剂学(第3版)*	李忠文	药学、药品经营与管理、药品服务与管理、药品质量与安全
18	药物分析(第3版)	孙　莹　刘　燕	药学、药品质量与安全、药品经营与管理、药品生产技术
19	天然药物学(第3版)	沈　力　张　辛	药学、药物制剂技术、化学制药技术、生物制药技术、药品经营与管理
20	天然药物化学(第3版)	吴剑峰	药学、药物制剂技术、化学制药技术、生物制药技术、中药制药技术
21	医院药学概要(第3版)	张明淑　于　倩	药学、药品经营与管理、药品服务与管理
22	中医药学概论(第3版)	周少林　吴立明	药学、药物制剂技术、化学制药技术、中药制药技术、生物制药技术、药品经营与管理、药品服务与管理
23	药品营销心理学(第3版)	丛　媛	药学、药品经营与管理
24	基础会计(第3版)	周凤莲	药品经营与管理、药品服务与管理
25	临床医学概要(第3版)*	曾　华	药学、药品经营与管理
26	药品市场营销学(第3版)*	张　丽	药学、药品经营与管理、中药学、药物制剂技术、化学制药技术、生物制药技术、中药制药技术、药品服务与管理
27	临床药物治疗学(第3版)*	曹　红	药学、药品经营与管理、药品服务与管理
28	医药企业管理	戴　宇　徐茂红	药品经营与管理、药学、药品服务与管理
29	药品储存与养护(第3版)	徐世义　宫淑秋	药品经营与管理、药学、中药学、药品生产技术
30	药品经营管理法律实务(第3版)*	李朝霞	药品经营与管理、药品服务与管理
31	医学基础(第3版)	孙志军　李宏伟	药学、药物制剂技术、生物制药技术、化学制药技术、中药制药技术
32	药学服务实务(第2版)	秦红兵　陈俊荣	药学、中药学、药品经营与管理、药品服务与管理

序号	教材名称	主编	适用专业
33	药品生产质量管理(第3版)*	李　洪	药物制剂技术、化学制药技术、中药制药技术、生物制药技术、药品生产技术
34	安全生产知识(第3版)	张之东	药物制剂技术、化学制药技术、中药制药技术、生物制药技术、药学
35	实用药物学基础(第3版)	丁　丰　张　庆	药学、药物制剂技术、生物制药技术、化学制药技术
36	药物制剂技术(第3版)*	张健泓	药学、药物制剂技术、化学制药技术、生物制药技术
	药物制剂综合实训教程	胡　英　张健泓	药学、药物制剂技术、药品生产技术
37	药物检测技术(第3版)	甄会贤	药品质量与安全、药物制剂技术、化学制药技术、药学
38	药物制剂设备(第3版)	王　泽	药品生产技术、药物制剂技术、制药设备应用技术、中药生产与加工
39	药物制剂辅料与包装材料(第3版)*	张亚红	药物制剂技术、化学制药技术、中药制药技术、生物制药技术、药学
40	化工制图(第3版)	孙安荣	化学制药技术、生物制药技术、中药制药技术、药物制剂技术、药品生产技术、食品加工技术、化工生物技术、制药设备应用技术、医疗设备应用技术
41	药物分离与纯化技术(第3版)	马　娟	化学制药技术、药学、生物制药技术
42	药品生物检定技术(第2版)	杨元娟	药学、生物制药技术、药物制剂技术、药品质量与安全、药品生物技术
43	生物药物检测技术(第2版)	兰作平	生物制药技术、药品质量与安全
44	生物制药设备(第3版)*	罗合春　贺　峰	生物制药技术
45	中医基本理论(第3版)*	叶玉枝	中药制药技术、中药学、中药生产与加工、中医养生保健、中医康复技术
46	实用中药(第3版)	马维平　徐智斌	中药制药技术、中药学、中药生产与加工
47	方剂与中成药(第3版)	李建民　马　波	中药制药技术、中药学、药品生产技术、药品经营与管理、药品服务与管理
48	中药鉴定技术(第3版)*	李炳生　易东阳	中药制药技术、药品经营与管理、中药学、中草药栽培技术、中药生产与加工、药品质量与安全、药学
49	药用植物识别技术	宋新丽　彭学著	中药制药技术、中药学、中草药栽培技术、中药生产与加工

序号	教材名称	主编	适用专业
50	中药药理学(第3版)	袁先雄	药学、中药学、药品生产技术、药品经营与管理、药品服务与管理
51	中药化学实用技术(第3版)*	杨　红　郭素华	中药制药技术、中药学、中草药栽培技术、中药生产与加工
52	中药炮制技术(第3版)	张中社　龙全江	中药制药技术、中药学、中药生产与加工
53	中药制药设备(第3版)	魏增余	中药制药技术、中药学、药品生产技术、制药设备应用技术
54	中药制剂技术(第3版)	汪小根　刘德军	中药制药技术、中药学、中药生产与加工、药品质量与安全
55	中药制剂检测技术(第3版)	田友清　张钦德	中药制药技术、中药学、药学、药品生产技术、药品质量与安全
56	药品生产技术	李丽娟	药品生产技术、化学制药技术、生物制药技术、药品质量与安全
57	中药生产与加工	庄义修　付绍智	药学、药品生产技术、药品质量与安全、中药学、中药生产与加工

说明：*为“十二五”职业教育国家规划教材。全套教材均配有数字资源。

全国食品药品职业教育教材建设指导委员会
成员名单

前 言

教材建设是教学改革和教学创新的重大举措，及时更新教学内容，确保高质量教材进课堂，可以极大提高人才培养水平和质量。根据教育部《教育信息化“十三五”规划》文件精神，促进“互联网 + 教育”背景下“十三五”教材建设，利用信息技术创新教材形态，从而推进高校教育信息化，充分发挥新形态教材在课堂教学改革和创新方面的作用，最终提高课程教学质量。新形态教材反映现代教育思想，体现改革精神，融合互联网新技术，结合教学方法改革，创新教材形态。本教材建设团队通过企业、同类院校调研，积累了大量制剂生产相关的教学素材和案例，以《药品生产质量管理规范》(2010 版)为标准制作课程多媒体素材，以此为基础开展新形态教材建设，进一步通过富媒体化教材建设推动课程教学模式改革。

《药物制剂综合实训教程》是药学、药物制剂技术、药品生产技术等专业的重要核心课程。该课程是构建药学、药物制剂技术、药品生产技术等专业实践教学体系的重要组成部分，用于培养学生具备典型制剂生产所必备的制剂设备、制剂生产、制剂质检、工艺验证、GMP 等方面的综合知识和技能，包括药物制剂制备能力，工序管理能力，分析、解决生产过程中实际问题的方法能力，以及与人合作的社会能力，以满足学生职业生涯发展的需求，适应医药行业经济发展的需要。教材内容在企业调研和制作国家药物制剂技术专业药物制剂技术综合实训资源库的工作基础上，将制剂企业生产工作任务深化为实训情境，每个实训情境均以制剂生产为主线，按工作过程先后顺序即从接收生产指令、生产前准备、生产制剂到成品检查及包装贮存等安排项目，再分解为具体的任务来完成。本教材集合了前续课程制剂设备、制剂生产、制剂质检、工艺验证、GMP 实施与管理等五门课程的核心知识和技能，融会贯通于片剂、硬胶囊、软胶囊、注射剂、口服液、粉针剂(冻干型)、粉针剂(粉末型)的生产等七个学习情境，是对学生前期专业知识和技能的拓展和升华，通过多媒体资源进一步强化操作过程和操作规范，交互式教材更加重视探究性学习和创新，并能体现实践过程的完整性和工作过程化。可使学生全方位了解就业岗位的工作性质和基本要求，通过教材交互式的多媒体资源引入与实践引导，使学生达到良好的岗前培训的目的。

本教材通过互联网、多媒体技术提供高质量的教材内容以顺应群体变化，并使实践性强、综合性强的课程立体化、具体化，具有现实意义和出版价值。本教材已被立项为浙江省首批新形态教材，适用于药学、药物制剂技术、药品生产技术等专业制剂综合实训的学习，也适合于社会学习者进行制剂生产培训。教材编写分工如下：实训情境一由胡英、夏晓静编写，实训情境二由甘柯林编写，实训情境三由黄家利编写，实训情境四由张健泓、吴秋平编写，实训情境五由石雷编写，实训情境六由杜红建编写，实训情境七由王鸿编写，全稿由边伟定负责主审。

为深入贯彻落实国家关于“加快现代职业教育体系建设”战略部署，信息化教学改革如火如荼，新形态教材编写也正处于探索发展阶段，本教材的编写得到了编委所在学校领导的关怀和大力支持。本教材是改革过程中教材编写工作的尝试，因编写经验有限，书中难免存有偏差和不妥之处，敬请广大读者批评指正。

编　者

2019 年 1 月

目　录

实训情境一　片剂的生产

实训情境一

片剂的生产

阿司匹林片
生产简介

项目一

接收生产指令

任务一　生产指令的下达、流转

能力目标：

1. 能按照生产指令下达、流转程序进行操作。
2. 能明确生产指令所包含的内容。
3. 会根据产品的工艺规程，制订批生产指令。

一、生产指令的定义和内容

生产指令又称为生产订单，是计划部门下发给现场，用于指导现场生产安排的报表。生产指令是以批为单位，对该批产品的批号、批量、生产起止日期等项做出的一个具体规定，是以工艺规程和产品的主配方为依据的。

生产指令的下达是以“生产指令单”的形式呈现的。生产指令单（附表 1-1）是生产安排的计划和核心，一般交给物流部门、质量管理部门和生产部门，是这三个部门（有的企业物流部门隶属于生产部门）行动的依据，也是考核和检查的依据。不同企业的生产指令单各不相同，基本要素包含生产指令号、产品名称、产品批号、产品批量、生产时间，设计上还可加上原辅料的名称、内部代号、用量等。用于包装岗位的称为包装指令单（附表 1-2）。指令下达的同时附上批生产记录和批包装记录。

批生产指令管理规程

生产指令单可以一式一份、一式多份，根据企业自行确定，但原件和复印件均需得到控制，发放数量和去向要明确、追溯，不得随意复印。批生产指令管理规程见 ER-1.1-文本 1。

领取任务：

现在假设你是生产部的生产主管，要将阿司匹林片的生产指令进行下达、流转，应该怎么做？

二、生产指令的下达、流转程序

生产指令的制订、下达、流转与车间各部门相关，车间组织机构图见图 1-1。生产部生产主管根据月度生产计划和车间的生产情况，下达生产指令，注明：品名、代码、规格、批号、批量、生产日期、完成日期，原辅料的名称、规格、代号、批生产用量，签名，并将生产指令单交与生产部部长审核。生产部审核完毕，并签名，再交由质量管理部门批准后，将该批生产记录交给车间。生产车间领料员根据生产指令填写领料单（附表 1-3）并至仓库领料。

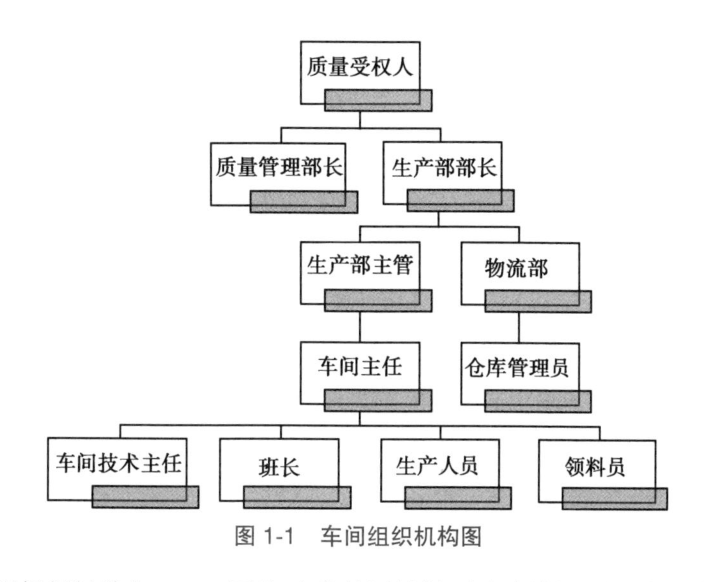

图 1-1　车间组织机构图

仓库管理员根据领料单（ER-1.1- 图片 1）发放原辅料，车间领料员按生产指令（ER-1.1- 图片 2、ER-1.1- 图片 3）和领料单一同对原辅料进行核对。

填好的领料单

填好的生产指令单

填好的包装指令单

车间主任根据生产指令和领料单准备车间生产。车间技术主任根据生产指令，将本批产品的批生产记录收集好，将批生产指令、配料单、批生产记录、笔放进一洁净塑料袋中，生产前按物料进入各生产区的程序进入生产区，分发至各工序，各工序生产完毕，由班长将本班批生产记录审核后，放回洁净塑料袋中，按物料出各生产区的程序出生产区，上交车间办公室，经车间技术主任、车间主任审核后汇总，交生产部审核，后交质量管理部 QA 审核。质检部门对成品取样检验，确认合格后，质检部门签发“成品检验合格报告单”。质量管理部 QA 对批生产记录进行审核，合格后，由质量受权人审核记录，签发“成品放行单”，由车间办理成品入库手续，挂绿色合格标志（ER-1.1- 视频 2）。

接收生产指令

实训思考

1. 简述生产指令单的作用。
2. 简述生产指令单和包装指令单的区别。

任务二　片剂生产工艺

能力目标：

1. 能描述片剂生产的基本工艺流程。
2. 能明确片剂生产的质量控制要点。
3. 会根据生产工艺规程进行生产操作。

生产工艺是指规定为生产一定数量成品所需原辅料和包装材料的质量、数量、操作指导、加工说明、注意事项、生产过程中的控制等的一个或一套文件。药品生产工艺是在药品研发过程中建立起来的，经过中试放大生产，且通过工艺、系统、设备等方面的验证才能最终确立。在生产过程中还应进行有效监控，保证其按照既定生产工艺生产出的产品符合预期的质量标准。

一、制剂生产工艺规程的要求

制剂生产工艺规程的主要内容包括三大块，即基本信息、生产处方、生产操作要求。

1. 基本信息　应包含有产品名称、企业内部编号、剂型、规格、标准批量、规程依据、批准人签章、生效日期、版本号、页数。

2. 生产处方　生产处方应明确所用原辅料清单（包括生产过程中使用，但不在成品中出现的物料），阐明每一物料的指定名称、代码（企业内部编号）和用量、质量标准、检验发放号等。如原辅料的用量需要折算时，还应当说明计算方法。注明产品理论收率。

3. 生产操作要求

生产操作要求即操作过程及工艺条件，应对以下内容做出规定：

(1) 对生产场所和所用设备的说明（如操作间的位置和编号、洁净度级别、必要的温湿度要求、设备型号和编号等）。

(2) 关键设备的准备（如粉碎、筛分、混合、压片、包衣等）所采用的方法或相应操作规程编号。

(3) 技术安全、工艺卫生及劳动保护等。

(4) 详细的生产步骤和工艺参数说明（如物料的核对、预处理、加入物料的顺序、混合时间、温度等）。

(5) 所有中间控制方法及质量标准。

(6) 预期的最终产量限度，必要时，还应当说明中间产品的产量限度，以及物料平衡的计算方法和限度。

(7) 待包装产品的贮存要求，包括容器、标签及特殊贮存条件。

(8)包装操作步骤的说明。

附页上应记录工艺规程修改历史。

生产工艺规程实施前应组织相关操作人员、技术和质量管理人员培训，充分理解和掌握生产工艺规程后方可进行操作。须严格按照已批准的生产工艺规程操作，任何人不得擅自更改。技术、质量等部门在药品生产过程中应监控生产工艺执行情况，同时不断跟踪随访、改进和完善生产工艺规程。如需变更，须经批准且经过验证（如需要）后方可实行。

领取任务：

学习片剂生产工艺，熟悉片剂生产操作过程及工艺条件。

二、片剂生产工艺流程

根据生产指令和工艺规程编制生产作业计划。领料员收料、来料验收，主要检查核对检验报告、数量、装量、包装、质量，再将物料送入洁净区进行片剂生产。片剂生产工艺流程图见图1-2。备料主要工作是进行领料、粉碎、筛分。配料时按处方比例进行称量、投料。混合制粒，制粒方法有干法、湿法或直压（直接粉末压片），在此以湿法制粒为例。干燥，湿法制粒（除流化床一步法制粒外）需干燥，可采用烘箱干燥或流化床干燥。整粒、总混，此时进行颗粒取样检测含量、水分，检查外观。压片，应检查硬度、平均片重、片重差异、崩解度、含量、厚度、外观等。根据产品要求，压片完成后可选择进行人工挑选，检查外观光洁度、裂片等，再进行后续操作。包衣，根据指令确认是否进行包衣。内包装：可采用瓶包装或铝塑包装。外包装应检查成品外观、数量、质量。最后入库。片剂生产质量控制要点见表1-1。

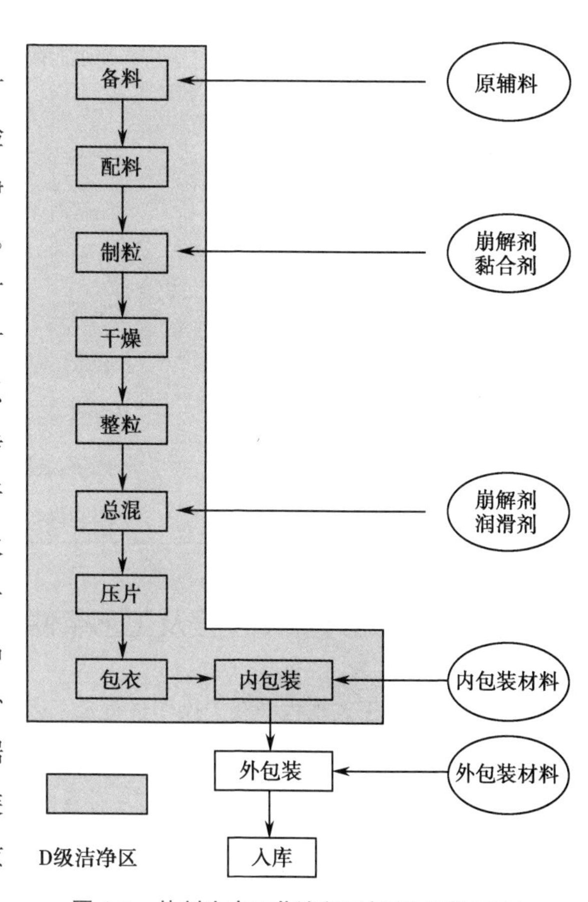

图1-2　片剂生产工艺流程图（湿法制粒工艺）

表1-1　片剂生产质量控制要点

工序	质量控制点	质量控制项目	频次
备料	原辅料	异物	1次/批
	粉碎筛分	细度、异物	1次/批
配料	投料	品种、数量	1次/班

续表

工序	质量控制点	质量控制项目	频次
制粒	颗粒	黏合剂品种、浓度	1次/批、班
		筛网	
		含量、水分	
干燥	烘箱	温度、时间	随时/班
	沸腾床	风量、温度、时间、滤袋	随时/班
整粒	颗粒	粉体密度、粒度分布	1次/批、班
总混	颗粒	含量均匀度	1次/批、班
压片	片	片重差异	定时/班
		片重、硬度、厚度	定时/班
		外观检查	定时/班
		崩解时限(溶出度)	定时/批(1次/批)
挑选	片	外观、异物	随时/班
包衣	片	色泽均匀、无花斑、光洁	随时/班
		崩解时限、片重差异	1次/锅
内包装	片	外观、附粉、异物	随时/班
	瓶	外观、装量、热封质量、塞纸、瓶盖、标签	随时/班
外包装	装盒	装量、说明书、标签	随时/班
	标签	内容、数量、使用记录	随时/班
	装箱	数量、装箱单	1次/批、班
		印刷内容	1次/批、班

三、片剂生产操作过程及工艺条件

片剂的生产工艺规程中有关操作过程及工艺条件一般描述如下所述:

1. 备料(粉碎筛分)　备料操作工艺过程:检查粉碎机、筛分机已清洁,机器正常,筛网完好、接料袋完好、清洁。检查备料间清场合格。复核配好的物料包装完好,标签内容与生产指令一致。扎紧接料袋口,防止跑药粉。将物料加入料斗内,操作者加料时不得裸手直接接触。在筛分机上下出口处扎紧接料袋。将粉碎后的粉末加入筛分机内筛分。装细粉的容器应标明品名、批号、重量、日期、操作者、复核者,密封后转入中间库备用。粉碎筛分完毕后清场。计算粉碎筛分前后的收得率,收得率不少于98%。

计算公式:收得率=筛分后重量/粉碎前重量 ×100%(注:筛分后重量包括粗粉)

随时做好粉碎记录。

备料操作工艺条件:粉碎时粉碎机电流不超过设备要求;粉碎和筛分时加料速度注意控制;接

料口应系紧，不得漏药粉。

2. 配料　配料操作工艺过程：检查配料室已清场，核对生产指令无误，方可生产。复核校对计量器具的合格标志，应在有效期内。复核原辅料的品名、规格、数量，检查外包装情况，有生产指令方可配料。上述项目符合标准后，将所需配料的原辅料按照生产指令分别将粉碎用料、提取用料进行称量，然后分别装入洁净的容器内，并标明品名、用途、批号、数量、日期、配料人，按批码放整齐备用。配料称量时双人复核，双人签字。

配料完毕进行清场，整理配料记录。

配料操作工艺条件：计量器具必须在检验合格期内，误差符合标准；配料准确，质量符合标准。

3. 制粒、干燥（采用烘箱干燥）　制粒、干燥操作工艺过程：检查制粒、干燥设备已清洁无误，制粒间清场合格。复核并领取物料细粉的批号、数量、合格证无误后方可投料。先将物料按比例放入制粒机内制成均匀的颗粒，平摊放入干燥盘内，送入干燥箱内进行干燥或放入流化床内进行流化干燥。烘箱干燥过程中，需上下左右倒盘和翻动颗粒，使颗粒不粘结。按规定时间干燥后的颗粒装入洁净的容器中，称量、密封，贴签标明批号、数量、日期、操作人，转入中间站。

制粒、干燥操作工艺条件：房间洁净度为D级，干燥温度为60~80℃，盘中物料厚度为1~2cm，干颗粒水分为3%~5%。

4. 整粒、总混　整粒、总混操作工艺过程：检查整粒机、混合机已清洁，整粒、总混间已清场。复核所需整粒的品名、数量、批号、件数，与生产指令一致。按工艺要求，安装好整粒机（颗粒摇摆机）上规定目数筛网，上紧、上匀；开动整粒机均匀加料；将整好的颗粒与外加成分加入混合机内总混；总混好的物料，标明批号、数量、日期、操作人，转入中间站。

整粒、总混操作工艺条件：房间洁净度为D级，整粒筛网取14~16目（根据产品定整粒筛网目数）。

5. 压片　压片操作工艺过程：检查压片设备，模具符合标准，操作间清场合格，校对计量器具。复核待压片的药粉品名、批号、数量，与生产指令无误。将药粉装入物料斗内。点动机器调整装量，装量符合标准。正常运转时，要随时检测重量是否符合标准，如出现偏差要及时调整，并做好检测记录。压制好的片由出料口筛分，除去细粉，放入洁净干燥的容器中。压制好的片进行挑选，剔除碎片、裂片等不合格片。将挑选好的压片盛在洁净的容器内，密闭、防潮，容器中外贴标签，标明品名、批号、数量、规格、日期、操作者，转中间站。压片中的不合格品及剩余物料按规定转回中间站，并做好记录。一批压片完后，清场并整理记录。

压片操作工艺条件：室内温度18~26℃，相对湿度45%~65%；片重差异按具体的品种工艺要求核定；压片速度按设备核定；每隔20分钟抽检平均片重一次，及时调整片重，并做记录；压制好的片应表面光洁、无裂片。

6. 包衣　包衣操作工艺过程：检查包衣设备、模具符合标准，操作间清场合格，校对计量器具。空机试运行，调试喷雾系统、热风等，判断设备是否正常。领取包衣材料和溶剂配制包衣液；中间站领取素片，核对品名、批号、规格、重量、检验报告单。待达到工艺条件要求，将片子加入包衣锅内，进行包衣，检查增重情况和包衣片外观。将包衣完成的片子盛在洁净的容器内，密闭、防潮，容器中外贴标签，标明品名、批号、数量、规格、日期、操作者，转中间站。

包衣操作工艺条件：包衣时注意随时观察片子外观；增重达到要求时即可停止包衣。

7. 内包装（采用瓶包装） 核对瓶子、纸带等包装材料的品名、规格、领用数量，核对待包装片的品名、规格、数量。将空瓶放入理瓶机内，使瓶口朝上进入轨道。在数片盘内加入片剂，随时检查粒数。在塞纸机处塞入纸片，塞纸杆头部最低位置时进入瓶内 5~15mm，使纸全部塞入瓶中，又不撞伤药片。除塞纸外也可选塞棉花及配套设备。在旋盖机处旋紧盖子，检查盖子松紧度。清场，并整理好原始记录。

8. 外包装 核对标签、说明书等包装材料的品名、规格、文字内容、领用数量。小包装纸盒外观整洁，纸颜色一致，表面不允许有明显的损坏，纸盒方正，无凸角和漏洞，盒盖压合适中，落盖后要严密，对角线相等，内径规格最大允许偏差量为 ±2mm。盒内药品及数量与盒面标识一致，必须装有说明书，每批抽检 20 盒，装量必须 100% 准确。小盒装中盒时，要求数量 100% 准确，小盒文字图案顺序一致，每批抽检 10 个中盒。塑料瓶也可直接装入中盒，或用 PE 收缩膜裹包装入大箱中。外包装所用纸箱，要求箱体方正，箱盖对齐，对角线相等，不压不错，误差 <3mm。纸箱外观整洁，箱面印刷图案文字清晰，颜色深浅一致，表面不允许有明显的损坏和污迹。大箱板外面层、内面层不得有裂缝。每批抽检 5 箱，要求数量 100% 准确，摆放顺序一致，每箱要求有内容完全的装箱单。包装材料领用数、实用数、剩余数、损耗数应核对无差错，退库或销毁应有记录。清场，并整理好原始记录。

目前制药行业包装方式有多种，但最小销售单元应有说明书，标识清晰完整。

各工序生产操作注意事项见 ER-1.1- 文本 2。

生产操作注意事项

四、生产过程管理

生产过程管理包括生产过程文件管理、生产过程技术管理和批号管理。

1. 生产过程文件管理 生产过程中主要标准文件有生产工艺规程、岗位操作法和标准操作规程（SOP）等。

生产工艺规程如前所述。岗位操作法是对各具体生产操作岗位的生产操作、技术、质量等方面所作的进一步详细要求，是生产工艺规程的具体体现。具体包括：生产操作法，重点操作复核、复查，中间体质量标准及控制规定，安全防火和劳动保护，异常情况处理和报告，设备使用、维修情况，技术经济指标的计算，工艺卫生等。标准操作规程（SOP）是指经批准用以指示操作的通用性文件或管理办法，是对某一项具体操作的书面指令，是组成岗位操作法的基础单元，主要内容是操作的方法及程序。

生产标准文件不得随意更改，生产过程应严格执行。

2. 生产过程技术管理 生产过程技术管理包括生产前准备、生产操作阶段、中间站管理、待包装中间产品管理、包装后待包装与不合格产品的管理。

（1）生产前准备

1）生产指令下达：生产部门根据生产作业计划和生产标准文件制定生产指令，经相关部门人员复核，批准后下达各工序，同时下达标准生产记录文件。

2）领料：领料员凭生产指令向仓库领取原料、辅料或中间产品。领料时核对名称、规格、批号、数量、供货单位、检验部门检验合格报告单，核对无误方可领料，标签凭包装指令按实际需用数由专人领取，并计数发放。发料人、领料人需在领料单上签字。

3）存放：确认合格的原料、辅料按物料清洁程序从物料通道进入生产区配料室，并做好记录。

（2）生产操作阶段：生产操作前须做好生产场地、仪器、设备的准备和物料准备。

生产操作需严格按生产工艺规程、标准操作规程进行投料生产，设备状态标志换成“正在运行”；做好工序关键控制点监控和复核，做好自检、互检及质管员监控；设备运行过程做好监控；生产过程做好物料平衡；及时、准确做好生产操作记录；工序生产完成后将产品装入周转桶，盖好盖，称重，填写“中间产品标签”。

（3）中间站管理：中间站是存放中间产品、待重新加工产品、清洁的周转容器的地方。中间站必须有专人管理，并按“中间站清洁规程”（ER-1.1- 文本 3）进行清洁。进出中间站的物品外包装必须清洁，无浮尘。进入中间站物品必须有内外标签，注明品名、规格、批号、重量。中间站产品应有状态标志，如合格——绿色、不合格——红色、待检——黄色，不合格品限期处理。进出中间站必须有传递单，并且填写中间产品进出站台账。

中间站清洁规程

（4）待包装中间产品管理：车间待包装中间产品，放置于中间站（或规定区域）挂上黄色待检标志，填写品名、规格、批号、生产日期和数量；及时填写待包装产品请检单，交质检部取样检验；检验合格由质检部门通知生产部，生产部下达包装指令，包装人员凭包装指令领取标签，核对品名、规格、批号、数量、包装要求等，进入包装工序。

（5）包装后产品与不合格产品的管理：包装后产品置车间待验区（挂黄色待验标志），由车间向质量管理部门填交“成品请验单”，质检部门取样检验，确认合格后，质检部门签发“成品检验报告单”。

检验不合格的产品，由质检部门发出检验结论为不符合规定的检验报告单，将产品放于不合格区，同时挂上红色不合格标志，并标明不合格产品品名、规格、批号、数量。

3. 批号管理 批号是用于识别“批”的一组数字或字母加数字，用于追溯和审查该批药品的生产历史。每批药品均应编制生产批号。

正确划分批是确保产品均一性的重要条件。在规定限度内具有同一性质和质量，并在同一连续生产周期中生产出来的一定数量的药品为一批。按 GMP 规定批的划分原则为：固体、半固体制剂在成型或分装前使用同一台混合设备一次混合量所生产的均质产品为一批；中药固体制剂，如采用分次混合，经验证，在规定限度内，所生产一定数量的均质产品为一批。

实训思考

1. 简述片剂的干法制粒生产工艺流程。
2. 简述片剂的生产工艺条件。

项目二

片剂生产前准备

任务一　人员进出固体制剂生产区域

能力目标：

1. 能正确进出D级区域。
2. 能正确进出一般生产区。

一、口服固体制剂洁净区对人员的要求

人员进入片剂车间路径

人员按照一定的着装要求才能进入固体制剂生产各个工序。人员进入片剂车间路径见ER-1.2-动画1。口服固体制剂车间洁净区的空气洁净度等级为D级。进入D级洁净区的着装要求：应将头发、胡须等相关部位遮盖；应穿合适的工作服和鞋子或鞋套；应采用适当措施，以免带入洁净区外的污染物。

所有进入生产区的人员均应按规定进行更衣。工作服的选材、式样及穿戴方式应与所从事的工作和洁净度级别要求相适应，并不得混用。D级洁净服式样见图1-3。用过的衣服如需再次使用，应与洁净未使用的衣服分开保存，并规定使用期限。

洁净室内人员必须遵守洁净室的规定，人员应尽可能减少进出洁净区的次数，同时在操作过程中应尽量减少动作幅度，避免不必要的走动或移动，以保持洁净区的气流、风量和风压等稳定，保障洁净区的净化级别。

进入洁净生产区的人员不得化妆和佩戴饰物。操作人员需佩戴手套，不能裸手直接接触药品、与药品直接接触的包装材料和设备表面。

A. 分体式

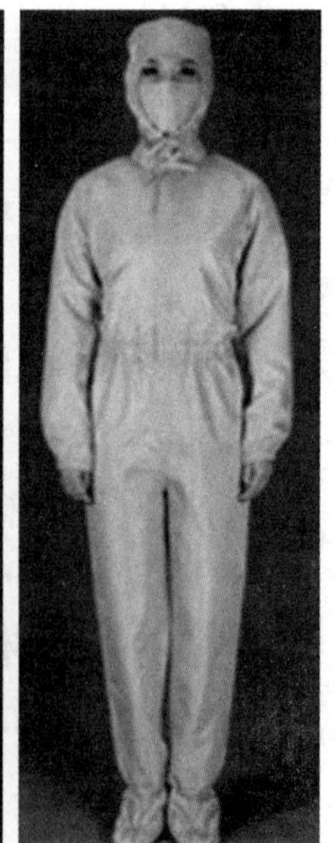
B. 连体式

图1-3　洁净服

生产区、仓储区禁止吸烟和饮食；禁止存放食品、饮料、香烟和个人药品等非生产用物品。

为了达到最好的阻隔效果，洁净服和口罩应具备透气、吸湿、少发尘（菌）、少透尘（菌）等性

能，应能阻止皮屑、人体携带的微生物群、颗粒以及湿气（汗），并且尽可能阻止其穿透。洁净服材质一般为防尘去静电材质，常见的为涤纶长丝加导电纤维，棉质和混合纤维亦可。式样有连体或分体（上衣和头罩相连）。洁净服少设或不设口袋，无横褶、带子，袖口、裤腰及裤管口收拢，尺寸大小应宽松合身，边缘应封缝，接缝应内封。帽子或头罩必须遮住全部毛发。口罩应由 4~6 层纱布制成，洗涤 15 次后的 5 层纱布阻菌率仍可达 97%。也可采用一次性口罩，但应对其生产条件和包裹方式有要求。

生产厂房仅限于经批准的生产人员出入，未经批准人员不得进入。生产、贮存和质量控制区不应当作为非本区工作人员的直接通道。

体表有伤口、患有传染病或其他可能污染药品的生产人员不得从事直接接触药品的生产。

领取任务：

按标准操作程序正确进出一般生产区和洁净区。

二、人员进出生产区要求

（一）人员进出一般生产区标准操作

进入一般生产区的人员，先将携带物品（雨具等）存放于指定的位置。进入更鞋室，更换工作鞋，将换下的鞋放入鞋柜内。进入第一更衣室，自上而下更换工作服（更衣时注意不得让工作服接触到易污染的地方），扣好衣扣，扎紧领口和袖口；佩戴工作帽，应确保所有头发均放入工作帽内，不得外露；在衣镜前检查工作服穿戴是否合适；清洁手部，进盥洗间用药皂（或洗手液）将双手反复清洗干净。进入一般生产区操作室。洗手图见 ER-1.2- 图片 1，洗手的标准程序见 ER-1.2- 文本 1。

六步洗手法

洗手的标准程序

退出一般生产区时，按进入时逆向顺序更衣，将工作服、工作鞋换下，分别放入自己衣柜、鞋柜内，离开车间。

（二）人员进出 D 级洁净区标准操作

进入 D 级洁净区人员，先将携带物品（雨具等）存放于指定的位置。进入更鞋室，更换工作鞋，将换下的鞋放入鞋柜内。进入第一更衣室（一更），脱去外衣，放置个人物品于柜内，按洗手程序进行手清洗。进入第二更衣室（二更），按号穿洁净服，将袖口扎紧、扣好纽扣，戴工作帽，必须将头发完全包在帽内、不外露，对镜自检。按洗手程序进行手清洗和消毒。通过气锁间进入洁净室（ER-1.2- 视频 1）。

ER-1.2-视频1
人员进出 D 级洁净区操作

退出更衣应按进入更衣的程序逆向顺序，在二更换下洁净服，将洁净服按号归位（包括衣服、裤子、帽），在一更穿上外衣，更鞋柜处换下工作鞋在指定鞋柜内，离开洁净区。

实训思考

1. 简述人员进出一般生产区的程序。
2. 简述人员进出 D 级洁净区的程序。

任务二　物料进出固体制剂生产区域

能力目标：√

1. 能将物料正确进出 D 级区域。
2. 能将物料正确进出一般生产区。

一、物料进出洁净区要求

物料进入固体制剂生产区域时，首先要与仓库管理员进行交接。作为仓库管理方，应按先进先出（FIFO）/ 近效期先出（FEFO）原则进行发放，具体操作时采用其中一种原则即可。同时为防止零头(开封物料)累积，参照零头先发的原则。一般均采取整包发送的原则，每种物料的发放总量稍大于生产指令中的处方量。经仓库内物料交接，生产区领料员接收，做好物料标志，传递进入各生产工序，传递路径可见 ER-1.2- 动画 2。

物料进入片剂车间流转

（一）物料交接

物料交接常见有两种方式：一种是仓库管理员按生产指令和领料单将所需物料从仓库备料区转移至生产区，物料在生产区进行交接。另一种是生产接收人员将生产指令和领料单所需物料从仓库备料区转移至生产区，物料在仓库的备料区进行交接。

（二）领料员接收

生产区域物料的接收由领料员来完成。领料员按生产指令和 / 或领料单，负责及时领回本批次生产所用原辅材料及包装材料；及时准确填写领料单。出库前应检查所发物料标识完好，外包装状态完好，如发现异常情况应拒收，并按偏差处理，做好偏差记录。

领料员复核内容：①原辅料的物料名称、物料代码、物料批号、物料所需量、实际发放数量等信息与领料单上是否相符；②包装材料的物料名称、物料代码、物料批号、物料所需量，详细清点实际发放包装材料数量，检查包装材料上所印刷的文字内容及尺寸大小与所要包装的药品是否相符。根据 2010 年修订 GMP 的要求包装材料清点发放的基本原则由专人发放，印刷包装材料还应专人保管并计数发放。

（三）物料标识

1. 仓储区内的原辅料的标识　仓储区内的原辅料应至少标明下述内容：①指定的物料名称和企业内部的物料代码；②企业接收时设定的批号；③物料质量状态（如待验、合格、不合格、已取样）；

④有效期或复验期。

只有经质量管理部门批准放行并在有效期或复验期内的原辅料方可使用。

2. 中间产品和待包装产品的标识　中间产品和待包装产品应至少标明下述内容：①产品名称和企业内部的产品代码；②产品批号；③数量或重量（如毛重、净重等）；④生产工序（必要时）；⑤产品质量状态（必要时，如待验、合格、不合格、已取样）。

3. 包装材料　与药品直接接触的包装材料和印刷包装材料的管理和控制要求与原辅料相同。

包装材料应当由专人按照操作规程发放，并采取措施避免混淆和差错，确保用于药品生产的包装材料正确无误。

印刷包装材料应当设置专门区域妥善存放，未经批准人员不得进入。切割式标签或其他散装印刷包装材料应当分别置于密闭容器内储运，以防混淆。

印刷包装材料应当由专人保管，并按照操作规程和需求量发放。

领取任务：

模拟领料员，完成物料进出一般生产区和洁净区的操作。

二、物料传递设备

1. 风淋室　风淋室或风淋间（air shower）见图 1-4，是人员或物料进入洁净区由风机通过风淋喷嘴喷出经过高效过滤的洁净强风吹除人或物体表面吸附尘埃的一种通用性很强的局部净化设备。一般由箱体、门、高效过滤器、送风机、配电箱、喷嘴等几大部件组成。安装于洁净区与非洁净区之间。风淋室有人用和货用之分，吹淋方式有单侧吹淋、双侧吹淋、顶部吹淋等多种组合。其前后两道门为电子互锁，可起到气闸的作用。门可以使用手动门、自动门、快速卷帘门等多种选择。

2. 传递窗　传递窗（transfer window）见图 1-5，是洁净室的一种辅助设备，主要用于洁净区之间、洁净区与非洁净区之间小件物品的传递，可减少洁净室的开门次数，最大限度地降低洁净区的污染。两侧门具有互锁装置，确保两侧门不能同时处于开启状态。可选配件有紫外线杀菌灯，对讲机等。

3. 气闸室　气闸室（airlock）利用相对于连接两侧的环境均为负压，将空气全排，从而阻止两侧（或以上）房间之间的气流贯通，防止不同环境之间产生交叉污染。为维持气闸室的压力，气闸室门需安装空气锁，空气锁是具有强制性的带延迟时间控制的出入口互锁装置，强制保证最小通过时间，能维持一定的压差。空气锁显示面板如图 1-6 所示。

气闸室可人用或货用，前者称为 PAL（personnel airlock），后者称为 MAL（material airlock），一般亦称为缓冲间。对于物料缓冲室，还具有“搁置”自净，以免进入洁净区后，对洁净区造成污染。

图 1-4　风淋室(风淋间)

图 1-5　传递窗

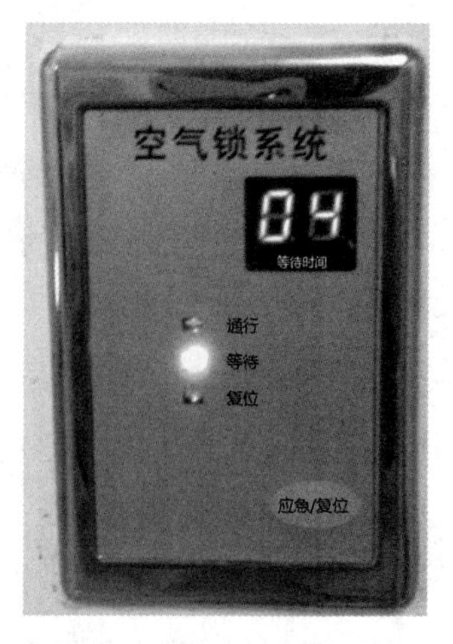

图 1-6　空气锁

三、领料岗位

领料时按生产指令或领料单进行领料，检查物料的品名、批号、规格、数量等信息。

1. 领料时若发现下列问题，领料操作不得进行　①未经企业 QC 检验或检验不合格的原辅料、包装材料(无物料放行单)；②包装容器内无标签、合格证；③因包装被损坏、内容物已受到污染；④外包装、内容物已霉变、生虫、鼠咬烂；⑤在仓库存放已过复检期，未按规定进行复检；⑥其他有可能给产品带来质量问题的异常现象。

领料标准操作规程

做好物料领用记录，核对无误并签名 / 日期。将原辅料及包装材料推进脱包室。领料标准操作规程见 ER-1.2- 文本 2。

2. 物料进入洁净区　原辅料、内包材：物料应在风淋室(或缓冲间)脱去其外包装，无法脱外包的物料外包装清洁消毒干净或更换包装后可进入车间，脱去外包装的物料应标上“物料标识”，注明物料名称、内部批号、重量、物料状态等内容。外包材：仓库管理员直接根据领料单需求量按件计数发放，无须脱外包装(ER-1.2- 视频 2)。

物料进出D 级洁净区

3. 物料、容器具进出一般生产区　仓库中存放物料外包装应保持清洁整齐完好，码放在指定区域。车间不允许堆积多余物料，车间领料员按“批生产指令”领取物料，并摆放整齐。凡进入操作室的物料一般情况下在指定区域风淋室(或缓冲间)脱去外包装，然后进入操作室。不能脱去外包装的特殊物料，操作者应用清洁抹布在风淋室(或缓冲间)将灰尘擦净，然后进入操作室，避免把灰尘带入车间。

物料、包装成品、废弃物退出洁净区或一般生产区，均应按物料通道搬运。

实训思考

1. 从仓库领料要做哪些工作？
2. 物料进入洁净区要做哪些处理？

任务三　片剂生产前检查

能力目标：√

1. 能采用正确方法进行清场。
2. 能进行常用计量器具的校验。
3. 能按操作规程记录温湿度、压差。
4. 能识别各种状态标识。
5. 能正确填写生产记录。

片剂生产前需进行清场和清洁状况、工艺条件、现场 SOP 及记录、现场标识等的检查，确保设备和工作场所没有上批遗留的产品、文件或与本批产品生产无关的物料，设备处于已清洁及待用状态并有相应记录存档。核对生产所需的物料或中间产品的名称、代码、批号和标识，确保生产所用物料或中间产品正确且符合要求（ER-1-2- 视频 3）。

不得在同一生产操作间同时进行不同品种和规格药品的生产操作（例外情况是确保不会发生混淆或交叉污染为前提）。在生产的每一阶段，应当保护产品和物料免受微生物和其他种类的污染。在干燥物料或产品，尤其是高活性、高毒性或高致敏性物料或产品的生产过程中，应当采取特殊措施，防止粉尘的产生和扩散。

生产前准备工作

生产过程中应当尽可能避免出现任何偏离工艺规程或操作规程的偏差。一旦出现偏差，应当按照偏差处理操作规程执行。应当进行中间控制和必要的环境监测，并予以记录。

领取任务：

片剂生产区进行清场和清洁状况检查，熟悉生产状态标识，并学会如何正确填写记录，为进行片剂批生产做好准备。

一、清场和清洁操作

为防止药品生产中不同批号、品种、规格之间的污染和交叉污染，各生产工序在生产结束、更换品种及规格或换批号前，应彻底清理及检查作业场所。有效的清场管理程序，可以防止混药事故的发生。每批药品的每一生产阶段完成后必须由生产操作人员清场，并填写清场记录。清场记录内容包括：操作间编号、产品名称、批号、生产工序、清场日期、检查项目及结果、清场负责人及复核人签名。清场记录应当纳入批生产记录。清洁是对设备、容器具等具体物品进行擦拭或清洗，属卫生方面的行为。清场是在清洁基础上对上一批生产现场的清理，以防止药品混淆、差错事故的发生，防止药品之间的交叉污染。清场原则按先物后地，先里后外，先上后下的顺序进行清场。

1. 清场分类　清场分为小清场和大清场：同品种产品在连续生产周期内，批与批之间生产，以及单班结束后需进行小清场，设备进行简单清洁；换品种或超过清洁有效期后重新使用前要进行大清场，设备需进行彻底清洁。

2. 洁净工具和清洗介质　所用的清洁工具有清洁布、一次性洁净布、无纺布拖把、擦窗器、吸尘器、塑料刷、不锈钢清洁桶、塑料清洁桶、各设备专用工具等。

清洗介质常用的有饮用水、热饮用水、纯化水、75% 乙醇、95% 乙醇、压缩空气等。

3. 设备清洁规定　每台设备有相应的标准清洁程序，说明清洁开始前需对设备进行必要的拆卸和清洁，根据产品溶解性选择清洗介质，清洁所用时间、清洗介质用量、在线清洗的关键参数。对与药物直接接触的设备内外表面，最后一遍必须用纯化水冲洗或用一次性洁净布以纯化水擦洗。

已清洁标识

简单清洁结束后，应在设备日志上进行记录。彻底清洁结束后，悬挂“已清洁”标识（ER-1.2- 图片 2）。

其他特殊情况（如与药物直接接触部分每次维修后），应及时挂“待清洁”状态标识（ER-1.2- 图片 3）。

待清洁标识

转移至容器清洗室清洁的部件，在转移前应先进行初步清洁：用吸尘器吸除或清洁布擦拭物品表面粉尘，或用聚乙烯袋包裹，防止粉尘飞扬。

各设备零部件、容器具、工器具、取样装置清洁后，将待烘物及时移至烘干室或烘箱中进行烘干，烘干后及时转移至容器具存放室。

清洁效果评价：简单清洁，设备外表面无堆积物料；彻底清洁，则设备内外表面均无可见残留物。

4. 车间的清场规定

（1）操作间小清场：将所有物料移至中间站，用饮用水擦拭生产用具、衡器、记录台、桌椅、回风口等外表面，收集生产废弃物，用拖把或吸尘器清洁地面，清场结束后，在房间日志上做好记录。

（2）操作间大清场：将所有物料移至中间站，清理生产废弃物，用吸尘器吸除地面较多粉尘处。用清洁布以饮用水擦拭生产用具、衡器、记录台、桌椅内外表面、防护栏、货架、回风口等至目测无尘。用擦窗器以饮用水擦拭照明灯罩外表面、送风口外表面、天花板、墙壁、门窗等至目测无尘。用拖把以饮用水清洁地面至目测无尘。清场结束后，挂上“已清场”状态标识。

非操作间大清场或小清场完成后做好清洁记录。小清场一般每天一次，大清场每周一次或更换品种时进行。

清场标准操作程序

清场效果评价：小清场要求房间内无物料、物品摆放整齐；大清场要求房间内无物料，房间及物品内外表面目测均无尘。清场标准操作程序见 ER-1.2- 文本 3。

5. 清场检查　生产后检查，清场结束后，操作人员自检合格后，进行记录，QA 签字确认。生产前检查，通过检查，确保生产前生产设备及车间区域卫生符合生产要求。

二、计量器具管理

1. 计量器具管理基本原则　计量器具必须贴有定期检定 / 校准证书（ER-1.2-图片 4）并确保计量器具在有效期内，无证不得使用，校准证书应能反映出器具类别及有效截止日期。

校准证书

校准的量程范围应当涵盖实际生产和检验的使用范围。

校准记录应当标明所用计量标准器具的名称、编号、校准有效期和计量合格证明编号，确保记录的可追溯性。

不得使用未经校准、超过校准有效期、失准的衡器、量具、仪表以及用于记录和控制的设备、仪器。

2. 计量器具的使用与维护保养　对于操作复杂的计量器具，使用部门应根据说明书制定出操作规程（包含操作步骤、注意事项、维护保养等内容）。

计量器具须专人保管（设备上的附件除外），关键计量器具必须有使用记录。

各部门的计量器具经检定 / 校验合格后方可使用，不合格的计量器具、没有合格证书 / 内校记录的计量器具、合格证 / 内校记录逾期的计量器具均严禁使用。

计量器具的使用环境（温度、湿度等）应符合操作规程或使用说明书的要求。

使用计量器具应严格按规程或说明书的要求，不得擅自改变操作方法，不得超量程使用，以确保测试的准确性。

使用人员应按操作规程或使用说明书要求进行维护保养，对长期不使用的计量器具应擦洗干净并妥善保管。

使用中发现计量器具出现异常情况、对器具性能有疑虑时，应立即停止使用，及时上报并联系检修，并做好相应记录。

3. 计量器具的分类管理及周期检定制度　根据计量器具的使用场合、对示值的精度及测试要求的实际需要，将计量器具分为 A、B、C 三类，见表 1-2。

表 1-2　计量器具的分类管理

	A 类计量器具	B 类计量器具	C 类计量器具
定义	用于安全防护、医疗卫生、环境监测方面的列入国家强制检定目录的工作计量器具；用于工艺控制、质量检测对计量数据要求很高的计量器具	除 A 类外，其他用于工艺控制、质量检测对计量数据准确度要求较高的计量器具	固定安装、与设备配套不可拆卸的计量器具；安装在管路上仅起指示性作用的仪器仪表；不易拆卸且可靠性高，量值不易改变的计量器具；对计量器具无严格准确度要求的、性能不易变化的低值易耗品

续表

	A类计量器具	B类计量器具	C类计量器具
举例	天平(砝码);电子天平、台秤(用于生产控制或检验);电子秤;玻璃液体温度计(用于生产控制或检验);酒精计;压力表(用于安全防护如安装于蒸汽管道;灭菌锅等上面);氧压表;酸度计;可见分光光度计;紫外分光光度计;红外分光光度计;原子吸收分光光度计等	洁净车间及空调机组上的压差计;数显式及指针式的温湿度表;配液罐上的数显温度表及温控仪;电导率仪;磅秤;滴定管;容量瓶;单标线吸管;质检处其他不属于A类的精密仪器如恒温培养箱、生化培养箱、尘埃粒子计数器等	制水系统、空调系统上的压力表;空调机组上的玻璃温度计;固定于设备上的压力表、电流、电压表;玻璃量筒等

注:A类计量器具应严格按照国家规定的检定周期送到国家指定部门进行周期检定。

B类计量器具必须按企业内部文件《计量器具周期检定计划及记录》中规定的周期进行校验。对于要求相对严格的或没有能力自行校验的B类计量器具应送到有资格的单位(计量检定部门或生产厂家)进行校验;对于有能力自行校验的计量器具,必须严格按校验规程中规定的校验环境及步骤进行校验,校验完毕后填写校验记录并保存。

C类计量器具中固定在设备的仪表可在设备验证时或大修时安排校验,安装在管路上的仪表及玻璃类仪表,可通过与经过检定的计量器具比对的方法判定其是否合格,所有C类计量器具的校验周期均可适当延长,不装碱液的C类玻璃仪器可一次性校验,盛装碱液的三年校验一次。C类计量器具校验后可直接录入计量器具校验计划及记录中。

常用计量器具的检定见ER-1.2-文本4。

4. 封存与启用 暂时不用的计量器具应到设备管理员处备案,贴上封存标志,封存的计量器具可不进行周期检定或校验。重新启用计量器具时必须经重新检定或校验,合格后方可投入使用。

ER-1.2-文本4

常用计量器具的检定

5. 降级使用与报废 一般工作计量器具经校验,发现准确度下降,但误差在下一级精度范围内,可降级使用,如果性能不稳定,经相关部门维修后仍不能达到相应的精度,经使用部门主管同意并到设备管理员处备案后可直接报废,如果属于公司固定资产,按固定资产管理流程办理。

三、生产区温湿度、压差控制

1. 洁净区监控频率

(1)洁净区操作间监控:温湿度、压差每天上午和下午各记录一次。

(2)洁净区非操作间监控:原辅料及中间品存放点(如物料接收室、物料暂存室、中间站、物料暂存区等)采用温湿度记录仪进行24小时监控温湿度。如有必要监控压差,每天上午、下午各记录一次。

洁净区人流出入口只监控压差,每天上午和下午各记录一次。物料出入口,在物料进出时监控压差,并记录。

容器具烘干室监控温湿度和压差,每天上午和下午各记录一次。

洁具清洗室、容器清洗室、清洗区只监控压差,每天上午和下午各记录一次。

其他非操作间只监控温湿度,每天上午和下午各记录一次。

2. 生产区监控项目的可接受范围

(1)温度范围:18~26℃,容器具烘干室烘干温度应小于45℃。

(2)相对湿度范围:生产期间,洁净区为45%~65%(如产品有特殊要求,按该产品工艺要求进行控制),控制区为70%以下。

(3)压差范围:洁净区与控制区的静压差≥10Pa;洁净区内产尘间、防爆间及特殊区域(潮湿、易污染的房间)与相邻房间的静压差≥5Pa,其中产尘间和防爆间包含粉碎称量间、制粒间、压片间、包衣间、胶囊填充间、铝塑包装间等。特殊区域包括容器具烘干室、容器具清洗室、洁具清洗室、物料接收室等。

3. 监控程序　操作人员应确保温湿度计、压差表在校验有效期内。操作人员每天使用前应对压差表进行零点校验,将门打开后确认压差表指针回零,如果没有回零,则由专业技术人员进行零点调节,并在监控记录的备注中注明。操作人员应对房间温湿度、压差进行观察,并做好记录。

四、生产状态标识管理

1. 操作间状态标识　所有操作间均应有状态标识(ER-1.2-图片5)。生产开始时,小清场时和小清场后,房间挂"生产中"状态牌,并填写房间名称、房间编号、产品名称、产品批号、规格、操作者及日期。生产结束后进行大清场,房间未清洁或正在清洁挂"待清场"或"清场中"状态牌,填写产品名称、产品批号、签名及日期;清场完毕,换"已清场"状态牌,并填写名称、编号、清洁人/日期及有效期至。

2. 生产设备状态标识　生产设备都应有状态标识(ER-1.2-图片6)。开始生产时,小清场时和小清场后,设备挂"生产中"状态卡。生产结束后对设备进行大清场时,设备未清洁或设备正在清洁时挂"待清洁"状态卡;设备清洁完毕后,换"已清洁"状态卡。

需进行清洗检测或清洗验证的设备及所属房间清洁完毕后,操作人员除需进行操作间大清场和设备大清场的操作外,还需在房间状态标识的右上角粘贴"确认状态",对存放在非操作间内的设备零配件或可移动设备,直接在"已清洁"标识右上角粘贴"确认状态"标识。操作人员通知QA进行目测。QA目测合格后,在"确认状态"标识的已目测项打"√",并通知检验人员取样。检验人员取样后,在已取样项打"√"。检验合格经QA确认后,在放行项打"√",并填写"QA/日期"。若目测或检测结果不符合要求,操作人员将该房间换"待清洁"标识牌,设备换"待清洁"状态卡,对不合格项重新进行清洁。未完成验证的新设备挂"待确认"状态卡。待修设备挂"待修"状态卡。

3. 容器具状态标识　生产区流转的容器均应由状态标识(ER-1.2-图片7)。容器清洗室未清洁的容器,应挂"待清洁"标识牌,填写品名、批号、签名及日期。已清洁的直接接触物料的容器具挂"已清洁"标识牌,并填写名称、编号、清洁人/日期及有效期至。对需要清洗检测或清洗验证的容器具,在"已清洁"标识上粘贴"确认状态"。操作步骤同生产设备。

4. 物料状态标识　所有中间产品均应有区域状态标识(ER-1.2-图片8)。车间内生产工序各中间品生产过程中,领取用于盛装中间品的容器具在领取至岗位时应做好"产品标识",填写预装入产品名称、批号、规格、皮重及操作者/日期,待生产结束后入中间站时填写毛重、净重,复核者在复核标识信息后签名及填写日期。车间内包装工序的各中间产品,如铝塑板、塑瓶等,完成内包装的铝塑板、塑瓶在进行外包装前挂"待包装"标识牌,填写产品名称、产品批号、规格、签名及日期,并按批进行隔离。检验不合格，换“不合格”证，并进行隔离保管。

生产过程中如发现异常，应立即停止使用，换“待处理”状态卡，并进行隔离。计划销毁的不可利用物料及非商业化产品，所有废弃物均贴上“待销毁”状态卡。

5. 物料标识　车间接收物料时，确保物料包装上有物料标识。配料时，原辅料称量后装入聚乙烯袋中，按件做好“物料标识”，填写以下内容：物料名称、物料编号、容器号、皮重、毛重、净重、件数、总重、用于产品的批号、规格、标识人、复核人、日期及有效期至，按批次将不同用途物料分别装入不同料桶内，并做好“产品标识”。车间内各生产工序各中间品，操作人员入中间站时桶上外挂“产品标识”，填写内容有：产品名称、产品批号、规格、工序、容器号、皮重、毛重、单件净重、件数、有效期至、标识人、复核人及日期。

外包装时，本批次未能达到整箱的包装产品，做好“零箱标识”，填写以下内容：名称、规格、产品批号、数量、标识人及日期。

6. 生产状态标识的管理及销毁　车间生产状态标识由专人管理、专柜贮存。

生产过程中使用过的标识由各工序操作人员放置于专用 PE 袋中，生产结束后，上交统一销毁。

7. 标识规定　见表 1-3。

表 1-3　状态标识

<table>
<tr><td rowspan="4">ER-1.2-图片5
操作间状态标识</td><td>生产中</td><td>绿色</td></tr>
<tr><td>待清场</td><td>黄色</td></tr>
<tr><td>清场中</td><td>黄色</td></tr>
<tr><td>已清场</td><td>绿色</td></tr>
<tr><td rowspan="6">ER-1.2-图片6
生产设备状态标识</td><td>生产中</td><td>绿色</td></tr>
<tr><td>待清洁</td><td>黄色</td></tr>
<tr><td>已清洁</td><td>绿色</td></tr>
<tr><td>待修</td><td>红色</td></tr>
<tr><td>待确认</td><td>黄色</td></tr>
<tr><td>确认状态</td><td>白色</td></tr>
<tr><td rowspan="3">ER-1.2-图片7
容器状态标识</td><td>已清洁</td><td>绿色</td></tr>
<tr><td>待清洁</td><td>黄色</td></tr>
<tr><td>确认状态</td><td>白色</td></tr>
<tr><td rowspan="5">ER-1.2-图片8
物料状态标识</td><td>不合格</td><td>红色</td></tr>
<tr><td>待包装</td><td>绿色</td></tr>
<tr><td>待销毁</td><td>红色</td></tr>
<tr><td>待处理</td><td>黄色</td></tr>
<tr><td>合格</td><td>绿色</td></tr>
</table>

五、生产记录表填写

1. 生产记录应当及时填写 记录应当及时填写，内容真实、完整。不得超前记录和回顾记录。记录应当留有填写数据的足够空格。

(1)及时：即要求在操作中及时记录。不提前、不滞后，记录与执行程序同步。

(2)准确：要求按实际执行情况和数据填写，填写数据精度应与工艺要求和显示一致。

(3)真实：严禁不真实、不负责地随意记录或捏造数据和记录，根据实际情况，如实填写。

(4)完整：对影响产品质量的因素均应记录，对异常情况必须详细记录。记录表格中的某项没有数据或不适用时需要按规定划掉或标注，不得留有空格，如无内容填写时要用"—"或"N/A"表示，内容与前面相同时应重新抄写，不得用"〃"或"同上"表示，对于出现大批空格的部分，可用"\"将空白处划掉或在整个区域内横贯地划"Z"线，同时签上划线人的名字及日期。

2. 记录字迹清晰、易读、不易擦除 记录应使用黑色或蓝色的碳水笔填写，不得使用铅笔和圆珠笔，确保长时间保存仍能从记录中追溯当时生产的情况。

应当尽可能采用生产和检验设备自动打印的记录、图谱和曲线图等，并标明产品或样品的名称、批号和记录设备的信息，操作人应当签注姓名和日期。

3. 日期、时间、姓名填写规定

(1)日期填写规定：日期格式年月日必须按顺序写全，年份应用四位数表述，不得简写。如2012年1月5日，可以写成"2012.1.5"或"2012.01.05"，但不得写成12.1.5或12/1/5。不得签以前的日期。若未及时记录日期，应签名并签当前日期，还应注明实际操作日期及原因。

(2)时间填写规定：时间应使用当时的北京时间。小时应表述为24小时制式，或12小时制式。如"9:00至19:30"等价于"自9:00 a.m.至7:30 p.m."。小时、分钟、秒钟可表述为HH:MM:SS和MM'SS"两种格式，例如10:30:45和1'35"。

(3)姓名填写规定：应签全名，不可简写、草写或只写姓或名。

4. 记录的修改 记录应当保持清洁，不得撕毁和任意涂改。

记录如需修改，应在原数据处整齐划上两条线，注意应仍可辨认，在修改附近空白处写上更正的内容，并由更改者签名并注明修改日期，必要时，注明更改原因。

记录如需重新誊写，则原有记录不得销毁，应当作为重新誊写记录的附件保存。

记录需要备注时，应在需要备注的地方需注明上标符号，如"*""△"或数字等，在当页备注栏进行备注说明(也可备注在其他适当页，但需做好备注说明的链接和签名确认)并由备注者签名/日期，必要时由上级主管或QA进行确认签名/日期。

5. 记录的复核 凡对产品质量、收率、安全生产及环境保护有重要影响的工艺参数、操作过程必须由岗位复核人进行复核。

6. 记录的保存和处置 生产记录应保存至该批产品有效期后一年。在规定保存期限内不得遗失或擅自处理，到贮存期限的生产记录需进行处置时，应填写文件销毁处置记录，由质量管理部门主管批准，批准后应在 QA 监督下销毁。

标识的填写要求等同记录，使用完的或废弃的物料包装的标识（状态标识、产品标识等）应及时用记号笔将原标识划去或将标志撕毁。

生产记录填写管理规程见 ER-1.2- 文本 5。

生产记录填写管理规程

实训思考

1. 大清场和小清场分别适合什么情况？应挂怎样的状态标识？
2. 温湿度计的校验频次如何？压差计的校验频次如何？
3. 记录填写不正确时，应怎样处理？

项目三

生产片剂

任务一　固体制剂备料（粉碎筛分）

能力目标：

1. 能根据批生产指令进行备料（粉碎筛分）岗位操作。
2. 能描述粉碎筛分的生产工艺操作要点及其质量控制要点。
3. 会按照 FGJ-300 型高效粉碎机、XZS400-2 旋涡振动筛分机的操作规程进行设备操作。
4. 能对粉碎筛分中间产品进行质量检验。
5. 会进行粉碎筛分岗位工艺验证。
6. 会对 FGJ-300 型高效粉碎机、XZS400-2 旋涡振动筛分机进行清洁、保养。

粉碎是依靠外力（人力、机械力、电力等）克服固体物料分子之间的内部凝聚力而将其分裂的操作。大块物料分裂成小块，称为破碎；将小块物料磨成细粉，称为粉磨。破碎和粉磨又统称为粉碎。粉碎后的粉末需进行筛分（亦称为过筛）。筛分是借助筛网孔径大小将物料进行分离的方法。筛分是为了获得较均匀的粒子群。粉碎、筛分一般由同一组操作人员完成。每处理一种物料必须彻底清场，清洁卫生后经检查合格方能进行另一种物料的处理。

粉碎和筛分设备应有吸尘装置，含尘空气经处理后排放。滤网、筛网每次使用前后，均应检查其磨损和破裂情况，发现问题要追查原因并及时更换。

随着供应商原辅料加工工艺以及生产工艺水平的提高，某些产品生产工艺不需要对原辅料进行粉碎与筛分，粉碎与筛分等预处理操作会带来交叉污染的风险，应尽可能避免。

领取任务：

按批生产指令选择合适设备将物料粉碎至适宜的粒度大小，并进行中间产品检验。同步进行粉碎筛分工艺验证。工作完成后，对设备进行维护与保养。

一、粉碎筛分设备

（一）粉碎设备

1. 冲击式粉碎机（高效粉碎机） 冲击式粉碎机由粉碎机主机、物料收集袋和除尘机组组成，见图1-7。工作原理是利用活动齿盘和固定齿盘间（ER-1.3-图片1）的高速相对运动，使被粉碎物经齿冲击、摩擦及物料彼此间冲击等综合作用进行粉碎。在粉碎机器壁的底部，配有筛网，比筛网尺寸小的物料经筛分网出料。粉碎的粒度由刀片的形状、大小，轴转速和筛网的孔径来调节。特点是结构简单、坚固、运转平稳、粉碎效果良好，被粉碎物可直接由主机粉碎腔中排出，粒度大小通过更换不同孔径的筛网获得。

高效粉碎机内部齿轮

2. 气流粉碎机（流能磨） 气流粉碎机的主要构成为粉碎室和控制叶轮，见图1-8。粉碎室的喷射系统由若干处于同一平面或三维分布的粉碎喷嘴组成。喷嘴与压缩空气分配站相连，粉碎室下部呈锥体，底面有清洗盖。物料由进料仓进入粉碎室，压缩空气通过粉碎喷嘴加速，以两倍于音速的高速，带动原料在多喷嘴的交会点剧烈对撞、摩擦。在强大负压差的作用下，对撞后的物料随上升气流一起运动到粉碎机上部控制叶轮的分选范围，粗颗粒被叶轮产生的强制涡流场形成的高速离心力抛向筒壁而下落继续粉碎，上升物料与下落粗粉形成了流化状态。符合细度要求的微粉则通过控制叶轮，经出料口输送到叶轮分级机、旋流分级机被层层分级形成多个成品，少量微粉由脉冲式除尘器收集达到气固分离。净化空气由引风机排出系统。气流粉碎机的工作原理见ER-1.3-图片2。

气流粉碎机的工作原理

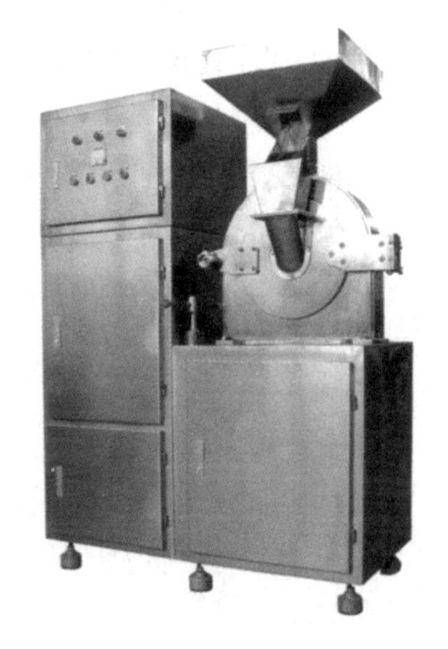
图1-7　冲击式粉碎机

图1-8　气流粉碎机

（二）筛分设备

1. 旋涡振动筛（旋振筛） 旋振筛是以立式振动电机或专用激振器为振动源，立式振动电机（或激振器）上、下端装有偏心重锤，可产生水平、垂直、倾斜的三元运动，通过调节上、下偏心重锤的相位角,改变物料在筛面上的运动轨迹以达到筛分各种物料的目的。该机特点是:物料运动轨迹和振幅可调,满足不同工艺要求;颗粒、细粉、浆液均可筛分过滤;筛分效率高,既可概略分级,又可进行精细筛分或过滤;体积小、重量轻、安装移动方便;网架设计独特、换网容易,筛网寿命长、清洗方便、操作简单;全封闭,无粉尘溢散,有利于改善劳动条件;粗、细料自动分级排出,能实现自动化作业;出料口绕轴线 360° 任意设置,便于布置配套设备;耗能小,噪声小、满足节能、环保要求;保养简单,可单层或多层使用。

2. 电磁式往复高频筛 该机由电机、高频振动器、往复装置等组成(ER-1.3- 图片 3)。工作原理是电机带动往复装置使筛箱往复运动,同时利用 2~10 组高频振动器使筛网高频颤动,保持筛网网孔通畅,不堵塞,并可打碎易粘结物料。通过这种复合振动方式,使物料在筛网上高效筛分。特别适用于超轻、超细,易粘结物料的筛分、分级和选型。

电磁式往复高频筛的结构

二、粉碎筛分岗位操作

生产前准备工作

进岗前按进入 D 级洁净区要求进行着装,进岗后做好厂房、设备清洁卫生,并做好生产前工作(ER-1.3- 文本 1)。

(一)粉碎筛分岗位标准操作规程(ER-1.3- 视频 1)

固体制剂备料

1. 设备安装配件、检查及试运行 打开粉碎机主盖,安装好规定目数的筛网,筛网两头拧紧并紧固螺母,用手转动主轴时应无卡住现象,主轴活动自如。

检查齿盘螺栓是否松动;排风除尘系统是否运行正常。

接通粉碎机电源,开启粉碎机,确保无异常情况,停机待用。

打开筛分机上盖,安装好规定目数的筛网,盖上上盖,上紧卡箍。

接通筛分机电源,开启筛分机,确保无异常情况,停机待用。

粉碎

2. 生产过程 按批生产记录,从原辅料暂存间领取物料,确认物料名称、批号等无误,并对物料进行目检后送至称量间。

按称量标准操作程序对物料、接料袋进行称量,做好记录,并进行双人复核。

在粉碎机出口处扎紧接料袋,筛分机上下出口处分别扎紧接料袋。

将物料加入料斗内,开启粉碎机,进行粉碎(ER-1.3- 动画 1)。

粉碎完毕,进行称重,记录粉碎后物料重量。

筛分

将粉碎后物料加入筛分机,开启筛分机进行筛分(ER-1.3- 动画 2)。

如有必要,可将上出口的物料再次加入筛分机内进行筛分。

筛分完毕,进行称重,记录筛分后物料重量。

3. 生产结束 将处理好的原辅料分别装于内有洁净塑料袋的洁净容器中,填写好称量标签,标明物料的名称、规格、数量、批号、日期和操作者,放在塑料袋上,交下一道工序,或放入中间品暂存间。

生产结束后,按“清场标准操作规程”(ER-1.3- 文本 2)要求进行清场,做好房间、设备、容器等清洁记录。

清场标准操作规程

按要求完成记录填写。清场完毕，填写清场记录。上报QA检查，合格后，发清场合格证，挂"已清场"牌。

4. 异常情况处理　生产过程中发现设备问题及解决办法故障，必须停机，关闭电源，及时报告，确定故障排除后，再开机生产。

粉碎机常见故障、发生原因及排除方法见表1-4。

表1-4　粉碎机常见故障、发生原因及排除方法

常见故障	发生原因	排除方法
主轴转向出现相反	电源线连接不正确	检查并重新连接
钢齿、钢锤磨损严重	物料的硬度过大或使用过长时间	更换钢齿、钢锤
粉碎时声音沉闷、卡死	加料速度过快或皮带过松	减慢加料速度；调紧或更换皮带
运转时有胶臭味	皮带过松或已损坏	调紧或更换皮带

筛分机常见故障、发生原因及排除方法见表1-5。

表1-5　筛分机常见故障、发生原因及排除方法

常见故障	发生原因	排除方法
粉料粒度不均匀	筛网安装不密闭，有缝隙	检查并重新安装
设备不抖动	偏心失效、润滑失效或轴承失效	检查润滑，维修更换

FGJ-300高效粉碎机标准操作程序

5. 注意事项　粉碎机应空载起动，起动顺畅后，再缓慢、均匀加料，不可过急加料，以防粉碎机过载引致塞机、死机。定期为机器加润滑油。每次使用完毕，必须关掉电源，方可进行清洁。旋振筛加料必须均匀，不可过多过快。操作时手不得伸向转动部位。

不允许在未安装筛子的情况和夹子未紧固的情况下开机。不允许在超负荷的情况下开机。不允许在机器运行时进行任何调整。FGJ-300高效粉碎机、XZS400-2旋涡振动筛分机标准操作程序分别见ER-1.3-文本3、ER-1.3-文本4。

XZS400-2旋涡振动筛分机标准操作程序

（二）粉碎筛分工序工艺验证

1. 验证目的　粉碎过筛工序工艺验证主要针对粉碎机粉碎效果进行考察，评价粉碎工艺稳定性。

2. 验证项目和标准　工艺条件包括筛目大小、药粉的细度、进出料速度等。

(1)测试程序：按规定的粉碎机转数、筛网目数和加料速度，进行生产。在粉碎特定时间时取样。选取时间点应分布在粉碎开始的1/3部分A、中间1/3部分B和末尾1/3部分C，分别取三个样品，取样量保持一致。

取样后进行粉末粒度检测，计算筛分率（粉碎收率）和物料平衡。

筛分率＝通过××目筛网的粉末重量/粉末总重　×100%

粉碎物料平衡＝(实收量＋尾料量＋残损量)/领料量　×100%

筛分物料平衡 =（细粉量 + 粗粉量 + 残损量）/ 领料量 ×100%

（2）验证通过的标准：按制定的工艺规程粉碎，粉碎后物料应符合质量标准的要求，原料粉通过100 目，过筛率大于工艺规定的某一固定值（如 99%），说明粉碎、过筛工艺合理。

（三）粉碎筛分设备的日常维护与保养

1. 粉碎机的日常维护与保养的注意事项 设备使用前应检查设备各部件是否正常；设备使用结束后应及时清洁，加料斗、筛网、粉碎腔等要清洁干净；清洗零部件时应轻拿轻放，机器拆装过程中注意正确顺序和位置，避免部件损坏。

每次生产前，空机试运行设备，检查有无漏油、异常噪声和振动，若发现异常情况，则检查排除，必要时通知维修人员进行检修。

2. 筛分机的日常维护与保养的注意事项 设备使用前应检查设备各部件是否正常；设备使用结束后应及时清洁，上盖、筛网、筛分腔等要清洁干净；清洗零部件时应轻拿轻放，机器拆装过程中注意正确顺序和位置，避免部件损坏。

每次生产前，空机试运行设备，检查有无漏油、异常噪声和振动，若发现异常情况，则检查排除，必要时通知维修人员进行检修。

实训思考

1. 粉碎机先启动再加入物料还是先加入物料再启动？原因是什么？
2. 粉碎机轴转向不正确是什么原因造成的？
3. 皮带过松，应如何检查和排除？
4. 转盘钢锤磨损严重应如何处理？
5. 粉碎操作中设备运行声音沉闷是什么原因造成？如何处理？
6. 旋涡振动筛分机工作的基本原理是什么？
7. 如何更换旋涡振动筛分机的筛网？

任务二 称量配料

能力目标：

1. 能根据批生产指令进行称量配料岗位操作。
2. 能描述称量配料工艺操作要点及其质量控制要点。
3. 会按照 TCS-150 电子秤的操作规程进行设备操作。
4. 会对 TCS-150 电子秤进行日常维护与保养。

配料前，应根据片剂生产的“批生产记录”和领料单，核对原辅料品名、规格、代码、批号、生产厂、包装等情况。处方计算、称量及投料必须双人复核，操作者及复核者均应在记录上签名。配好的料应装在洁净容器内，容器内、外都应有标签，写明物料品名、规格、批号、重量、日期和操作者姓名等信息。

配料方式包括手动配料和自动配料。

手动配料：配料过程中需配备局部除尘设施。设有初、中、高效过滤器，采用自循环的方式运行，垂直向下出风，该方式可以有效控制粉尘不会飞扬。粉尘全部收集在初效过滤袋上面，同一产品定期或者根据压差指示进行更换，不同活性成分更换不同滤袋，既可避免污染大气也避免了交叉污染。如称量高致敏物料，可在配有半身或装有手套孔的独立柜子中进行操作。

自动配料：使物料从储料容器中被卸载并以受控的方式进入接收容器，在接收容器中物料被称量。通常采用重力卸载或启动输送的方式进行物料转移。当所需重量的物料被分配至接收容器时，下料系统会自动停止，然后分配下一种物料。

领取任务：

根据已经获得的片剂生产领料单，请按所需称量的量选择称量器具，依据称量器具使用标准操作规程进行物料称量，确保称量的准确性。按处方量进行配料。工作完成后，对设备进行维护与保养。

一、称量配料设备

电子秤（ER-1.3- 图片 4）是国家强制检定的计量器具，未按照规定申请计量检定，或者经检定后不合格的，不予使用。

ER-1.3-图片4

电子秤

1. 置零键作用　其作用为确保零位指示灯亮。若在秤盘上有大于 d/4（d：感量，该电子秤的最小刻度）的非被称量重物时，即使显示窗显示零，零位指示灯也不会亮，只有按置零键后，零位指示灯才亮。

2. 去皮键作用　①去皮功能，即当包装袋置于秤盘上后，按去皮键，去皮灯亮，显示器显示零，此时，再拿掉包装袋，去皮灯亮，零位灯也亮，显示器显示出负的皮重量；②改变皮重，即只要将新的包装袋置于秤盘上，按去皮键，则自动改变了皮重；③清除皮重功能，此时必须拿掉秤盘上重物，然后按去皮键，则皮重自动清除。需要注意的是，当使用另一专用秤盘时，不能将其放在原秤盘上并在“去皮”状态下长期使用，因为这会使零位自动跟踪功能丧失而引入零位漂移，影响秤的准确度，而应该将原秤盘换上新的专用秤盘后再开启电源，使零位指示灯亮。

3. 数字键作用　其作用为置入单价。直接按数字键即可置入单价，置入新单价时，原有单价即自动清除。

二、称量配料岗位操作

实训设备为 TCS-150 电子秤。进岗前按进入 D 级洁净区要求进行着装，进岗后做好厂房、设备清洁卫生，并做好操作前的一切准备工作（ER-1.3- 文本 1）。

（一）称量配料岗位标准操作规程

1. 设备校验 确认电子秤水平状态正常。开机，进行零点校正，确认零点正常。

称量配料

操作人员戴上手套，根据测量范围选择标准砝码进行校验，校验合格方可投入使用。

2. 生产过程 根据生产指令，到原辅料暂存间领取加工好的原辅料，每次只允许领取一种物料，并进行 2 人核对、签名（ER-1.3- 动画 3）。

按投料计算结果进行称量配料操作，2 人核对，逐项进行配制、记录（ER-1.3- 动画 4）。

洁净区下的称量

配料时将各种处理好的原辅料按顺序排好，依照批生产记录，按所需称量的量选择称量器具，依据称量器具使用标准操作规程进行称量。

配料桶进行编号，做好物料状态标识。标明物料名称、批号、皮重、毛重、净重、件数、总重，用于产品的批号、规格、配制人、复核人、配制日期等内容。

每称完一种原辅料，将称量记录详细填入生产记录。

配制完毕后再进行仔细核对检查，确认正确后，2 人核查签字。

3. 生产结束 剩余物料退回原辅料暂存间，对所用量及剩余量进行过秤登记，按公式计算物料平衡，应符合限度要求；并标明品名、规格、批号、剩余数量，每份物料卡应一式 2 份，以备下批使用或按退库处理。

生产结束后，按“清场标准操作程序”（ER-1.3- 文本 2）要求进行清场，做好房间、设备、容器等清洁记录。

按要求完成记录填写。清场完毕，填写清场记录。上报 QA 检查，合格后，发清场合格证，挂“已清场”牌。

4. 注意事项 配料称量实行双人复核制度。

毒剧药品、麻醉药品、细贵药材与精神药品应由 QA 人员监督投料，并记录。

安全使用水、电、气体，操作间严禁吸烟和动用明火。

开启设备时应注意操作是否在安全范围之内，穿戴好工作服和手套，以免在工作中受伤。

在称量或复核过程中，每个数值都必须与规定值一致，如发现有偏差，必须及时分析，并立即报告，直到做出合理的解释，由生产部与质量管理部有关人员共同签发，方可进入下一步工序，同时在批记录上详细记录，并有分析、处理人员的签名。

电子秤使用标准操作规程

电子秤使用标准操作规程见 ER-1.3- 文本 5。

（二）电子秤的日常维护与保养

使用时应注意仪表显示情况，如电力不足应先充电再使用。使用时应注意仪表是否自动回零，以确保称量的准确性。在所需称量的物体称量并轻轻放在秤台上，不能过急，用力过猛、超重等，否则影响称量的准确性。

在使用过程中切勿把水溅在仪器上，除正常按触键位外切勿使用尖锐的东西按键，以防止仪器损坏。使用完毕后，应及时关机并做好秤台、仪器清洁工作。

清理时禁止使用丙酮或酒精清洁仪表，可用干净的布擦拭。当称量不准确时，不要随意打开仪器机壳，必须由专业人员检修。

实训思考

1. 称量岗位的作用是什么？
2. 电子秤使用前校验的步骤有哪些？

任务三　制粒

能力目标：

1. 能根据批生产指令进行制粒岗位操作。
2. 能描述制粒的生产工艺操作要点及其质量控制要点。
3. 会按照 HLSG-50 湿法混合制粒机、FL-5 型沸腾干燥制粒机操作规程进行设备操作。
4. 能对制备的颗粒进行质量检验。
5. 会进行制粒岗位工艺验证。
6. 会对 HLSG-50 湿法混合制粒机和 FL-5 型沸腾干燥制粒机进行清洁、保养。

制粒就是将粉状物料加工成颗粒的过程，并根据物料情况选择是否干燥。常作为压片或胶囊填充前的物料处理步骤，以改善物料的流动性，防止物料分层和粉尘飞扬。

制粒分为湿法制粒和干法制粒两种。采用湿法制粒时，制粒岗位要完成制软材、制湿粒、干燥、整粒等步骤。制湿粒的方法有挤压制粒、高速搅拌制粒、流化床制粒、喷雾制粒、挤出滚圆制粒等。不同制粒方法制得的颗粒形状、大小、强度、崩解性、压缩成型性也不同。干法制粒岗位在完成预混合之后即可制粒，不需干燥。

制粒操作时应注意使用的容器、设备和工具应洁净、无异物。一个批号分几次制粒时，颗粒的松紧度要一致。当混合制粒结束时，应将混合器的内壁、搅拌桨和盖子上的物料擦刮干净，以减少损失，消除交叉污染的风险。

湿法制粒后的干燥，可采用烘箱干燥和流化床干燥。烘箱干燥应注意控制干燥盘中的湿粒厚度、数量，干燥过程中应按规定翻料，并记录。流化床干燥所用空气应净化除尘，排出的气体要有防止交叉污染的措施。操作中随时注意流化室的温度，颗粒流动情况，应不断检查有无结料现象。更换品种时应更换滤袋。定期检查干燥温度的均匀性。

将干燥后的颗粒再给予适当的粉碎，使结块、粘连的颗粒散开得到大小均匀一致的颗粒，称为整粒。一般采用过筛的方法进行整粒。

领取任务：

按批生产指令选择合适的制粒设备，将固体物料制备成符合粒度要求并加以干燥的粒状物料。对制粒工艺进行验证。工作完成后，对设备进行维护与保养。

一、制粒、干燥、整粒设备

1. 制粒设备

（1）流化床制粒机：又称一步制粒机，见图 1-9，是使药物粉末在自下而上的气流作用下保持悬浮的流化状态，黏合剂液体向流化层喷入使药物粉末聚结成颗粒的方法（ER-1.3- 图片 5）。该设备可以使混合、制粒、干燥集中在同一密闭容器内完成，运作快速、高效，并避免粉尘飞扬、泄漏和污染。操作时物料装入容器中，从流化床底下通过筛板吹入适宜温度的气流，使物料在流化状态下混合均匀，再喷入黏合剂液体，粉末开始聚结成粒，经过反复喷雾和干燥，当颗粒大小符合要求时停止喷雾，最后再送入热风对颗粒进行干燥得到干颗粒（ER-1.3- 动画 5）。

流化制粒设备

流化制粒

黏合剂喷入方向有两种，一种顶部喷枪，喷入流动粉末上方；另一种底座上有喷枪，喷嘴位于导流管内，导流管的作用是保证恒定流量的粉末在喷射角内。后一种方式通常用于微丸包衣。

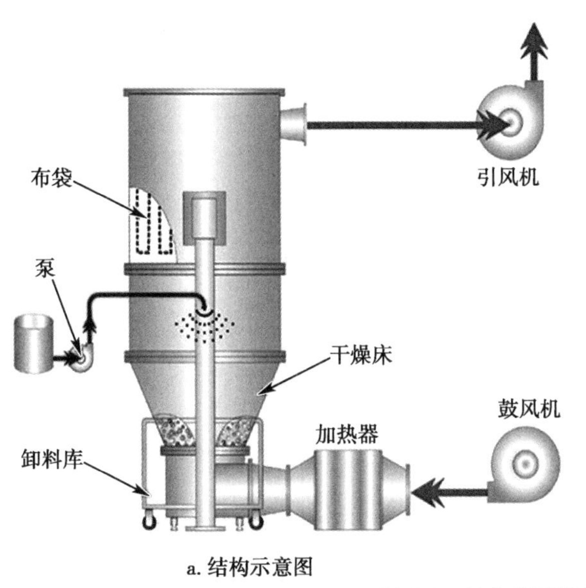

a. 结构示意图

b. 实物图

图 1-9　流化床制粒机

（2）高速搅拌制粒机：将粉体物料与黏合剂在圆筒（锥形）容器中由底部搅拌桨充分混合成湿软物料后再由侧置的高速切割刀切割成均匀的湿颗粒，见图 1-10。该设备的特点是充分密封驱动轴，清洗时可切换成水，较传统工艺减少 25% 黏合剂，干燥时间缩短。每批仅干混 2 分钟，造粒 1~4 分钟，功效比传统工艺提高4~5倍。在同一封闭容器内完成干混-湿混、制粒（ER-1.3-图片6）。手工上料产尘量大，现有采用管道将料桶与制粒机密闭连接，真空上料。黏合剂可配制成溶液加入，传统黏合剂如淀粉、明胶，需要加热成为胶体，则需要选择有夹套加热的黏合剂溶液的制备系统。当前的趋势是将黏合剂粉末直接加入干粉混合物中，只有润湿剂需要单独加入（ER-1.3-动画6）。

快速制粒的部件

快速制粒

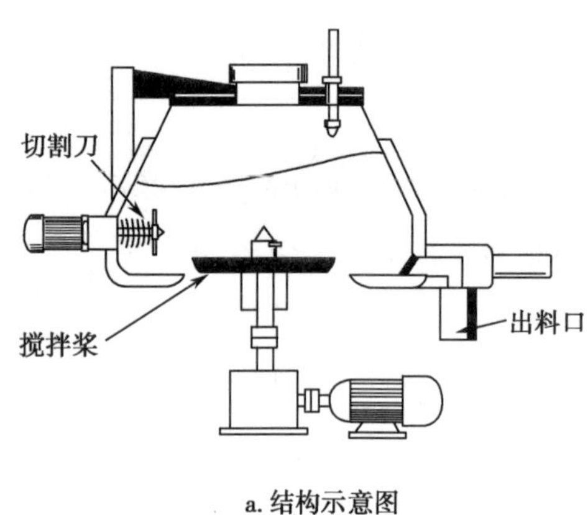

a. 结构示意图

b. 实物图

图1-10　高速搅拌制粒机

目前常见的方式是将高速搅拌制粒机和流化床干燥器结合在一起制粒。

(3) 挤压式摇摆颗粒机：物料采用适当的黏合剂制成软材后，用强制挤压的方式使其通过具有一定大小筛孔的孔板或筛网而制得湿颗粒（图1-11）。此类设备有螺旋挤压式、旋转挤压式、摇摆挤压式（ER-1.3-图片7）等。先经过混合机干混，并加入黏合剂，制成软材，再通过挤压式进行制粒。黏合剂的加入量、加入方式、速度、混合时间，桨转速，桨叶形状对软材质量有显著影响。筛网孔径或挤压轮上的孔的大小则决定了颗粒的大小（ER-1.3-动画7）。

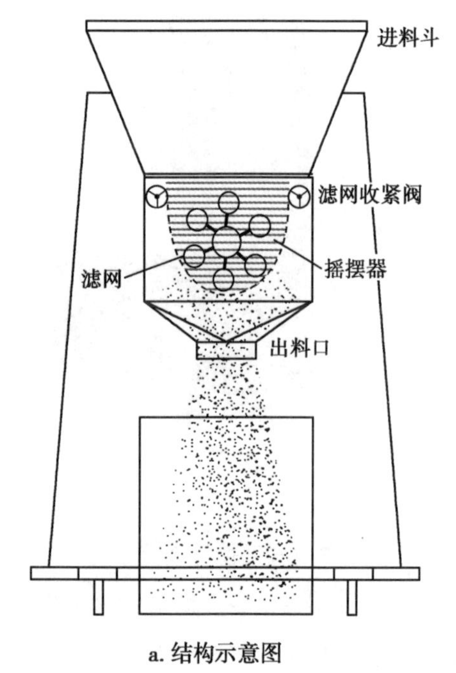

a. 结构示意图

b. 实物图

摇摆挤压式的部件

挤压制粒

图1-11　挤压式摇摆颗粒机

(4)喷雾制粒机:将药物溶液或混悬液用雾化器喷雾于干燥室内的热气流中,使水分迅速蒸发以直接制成球状干燥细颗粒。在数秒内完成原料液的浓缩、干燥、制粒的过程,原料液的含水量可在 70%~80% 以上。干颗粒可连续或间歇出料,废气由干燥室下方的出口流入旋风分离器,进一步分离成固体粉末,经风机和袋滤器后排出(ER-1.3- 图片 8)。喷雾制粒机的雾化器是关键零件,常用雾化器有压力式雾化器、气流式雾化器、离心式雾化器等(ER-1.3- 动画 8)。

喷雾、流化制粒的部件

喷雾制粒

(5)干法制粒机:又称为辊压式制粒机,是利用物料中的结晶水,直接将物料脱气预缩,再通过液压作用用压轮挤压成薄片,最后经过粉碎整粒,分级除尘回收等工艺制成满足要求的颗粒,见图 1-12。该设备适用于在湿、热条件下不稳定药物的制粒。可能影响薄片形成以及颗粒特性的关键辊压参数有辊压压力、进料速度、进料夹角等(ER-1.3- 图片 9)。粉末原料应能稳定进料,不稳定的进料速度会导致泄漏量超出范围,甚至影响颗粒分布、堆密度和强度。在辊压之前增加真空吸气装置,可使料斗内锁住的空气抽出,从而保证粉料均衡进料。粉料随双螺旋挤压杆进入夹角,此时粉料与辊轮的摩擦力产生推力使其穿过辊压区。在辊压区,粉料被高度密度化,粉粒被挤压变形或变碎,最后辊压缝最窄处形成薄片。辊压过程中,真空压力、液压压力等会影响颗粒的特性,而其后的碾磨和筛网控制颗粒成合适大小。

干法制粒机的部件

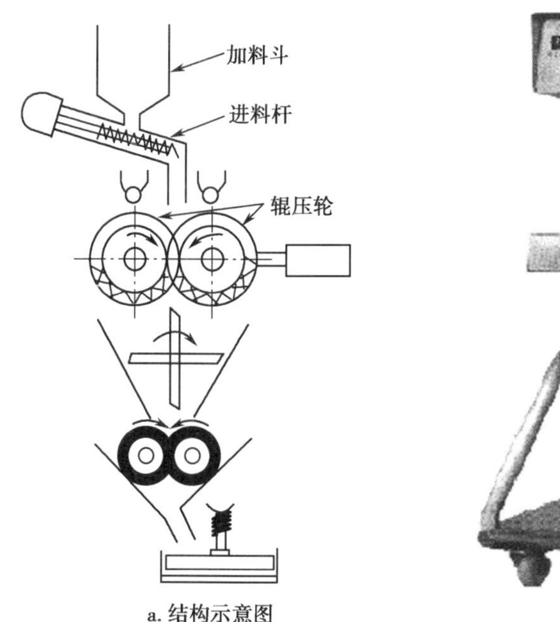

a. 结构示意图

b. 实物图

图 1-12 干法制粒机

2. 干燥设备

(1)热风循环烘箱:利用蒸汽或电为热源,用轴流风机对热交换器以对流换热的方式加热空气,热空气层流经烘盘与物料进行热量交换(ER-1.3- 图片 10)。新鲜空气从进风口补充,废湿热空气从排湿口排出,通过不断补充新鲜空气与不断排出湿热空气,保持烘箱内适当的相对湿度。其特点是部分热风在箱内进行循环,整个循环过程为封闭式,从而增强了传热,节约了能源。主要适用于少量物料的干燥，如产品研发阶段，当主料用量很少又很贵重，但必须保证溶剂不易燃时。需考虑的参数有入风量、入风温度、湿度、干燥时间等，干燥盘的摆放、物料的厚度、干燥物料的量，干燥过程是否需要翻盘和翻盘次数均需经过验证。

热风循环烘箱

(2) 流化床干燥机：有的利用有孔的板或气体分散的盘，使热空气均匀接触湿物料，使物料呈沸腾状态，水分被热空气向上带走，经过气固分离装置（如袋滤器）截住所有颗粒（ER-1.3- 图片 11）。有的利用袋滤器的抖动来收集截住的物料，也有采用不锈钢滤器，再用反吹的压缩空气将过滤器上的产品吹落，在过滤器下游配有风机，创造负压环境，以保证最少的粉尘泄漏。关键控制参数有入风速度，流量，入风温度、湿度，集尘滤袋材质和致密度等。

沸腾干燥机

流化床顶喷制粒和喷雾干燥制粒的比较见 ER-1.3- 图片 12。

3. 整粒设备　粉碎整粒机多用于粗状原料的粉碎和整粒、块状原料的粉碎和整粒、结块原料的分解。加工的原料进入粉碎整粒机的进料口后，落入锥形工作室，由旋转回转刀对原料起旋流作用，并以离心力将颗粒甩向筛网面，同时由于回转刀的高速旋转与筛网面产生剪切作用，颗粒在旋转刀与筛网间被粉碎成小颗粒并经筛网排出。粉碎的颗粒大小，由筛网的数目、回转刀与筛网之间的间距以及回转转速的快慢来调节。原料粉碎、湿料制粒、干料整粒、不符合要求的物料，需回收利用的可按颗粒度的大小要求进行整粒。

流化床顶喷制粒和喷雾干燥制粒的比较

二、制粒岗位操作

进岗前按进入 D 级洁净区要求进行着装，进岗后做好厂房、设备清洁卫生，并做好操作前的一切准备工作（ER-1.3- 文本 1）。

（一）制粒岗位标准操作规程（ER-1.3- 视频 2）

1. 设备检查试运行　将设备、工具和容器用 75% 乙醇擦拭消毒。

设备试运行，开启混合制粒机、流化床干燥机、整粒机等设备，确保无异常情况，停机待用。

混合制粒

2. 生产过程

(1) 领料：按批生产记录，向物料暂存室领取物料，确认品名、批号、桶号无误，运送至制粒间待用。

(2) 配制黏合剂：按批生产记录核对黏合剂及溶剂数量、名称、桶号，配制黏合剂，配制过程采用双人复核。

(3) 投料：打开桶盖检查聚乙烯袋袋口密封捆扎，再次双人复核物料名称、编号、数量、桶号等。按批生产记录要求的顺序及方式进行投料。

(4) 预混合：按批生产记录设定搅拌桨转速和搅拌时间，进行预混合。

(5) 制软材：按批生产记录设定搅拌桨转速、运行时间，加入黏合剂，开始制软材，制成合适的软材。

(6) 制湿粒：按生产工艺设定搅拌桨转速、制粒刀转速和制粒时间，将软材制成均匀的湿颗粒（ER-1.3- 动画 9）。

制湿粒

(7) 出料：将湿颗粒出料至容器中。再检查物料是否出尽，如有必要进行人工出料，将制粒锅内的物料完全出尽。

(8) 干燥方式：流化床干燥、烘箱干燥。

①流化床干燥：按生产工艺设定进风温度、进风量对流化床预热；预热结束后，加入物料。设定进风温度、进风量，待物料达到规定物料温度或出风温度时，岗位操作人员取样，送中控室或分析室检测，待检测合格，再进行整粒。

干燥

②烘箱干燥：将湿颗粒平铺至烘盘，每个烘盘物料高度不超过 2cm。设定温度进行干燥。每隔一段时间对物料进行翻动，烘盘位置上下左右进行交换。经过规定时间干燥后冷却（ER-1.3- 动画 10）。

(9) 整粒（ER-1.3- 视频 3）：选择合适的筛网规格、垫片厚度，控制转子转速，将干颗粒通过整粒机进行整粒。取适量物料进行干燥失重检测（ER-1.3- 动画 11）。

整粒

3. 生产结束 整粒结束后，将干颗粒进行称重，做好“产品标识”，贮存于中间站；生产结束后，按“清场标准操作程序”（ER-1.3- 文本 2）要求进行清场，做好房间、设备、容器等清洁记录。

按要求完成记录填写。清场完毕，填写清场记录。上报 QA 检查，合格后，发清场合格证，挂“已清场”牌。

整粒过程

4. 异常情况处理 生产过程中发现设备问题及解决办法故障，必须停机，关闭电源，及时报告，确定故障排除后，再开机生产。

颗粒干燥失重失控时，要及时报告 QA 进行处理。

在投料时发现有异物应立即停止生产并及时报告 QA。

湿法制粒过程中，常遇到的问题及解决办法见表 1-6。

表 1-6 湿法制粒过程中容易遇到的问题及解决办法

常遇到的问题	产生原因	解决办法
颗粒过松	黏合剂用量不够或黏性不够	根据产品工艺程序适当增加黏合剂用量
	制粒时间过短	增加制粒时间
颗粒过湿	黏合剂用量过多	适当降低搅拌桨转速，防止物料堵塞，并在流化床干燥初始阶段加大进风量
流化床过滤袋堵塞	有较多的物料黏附在过滤袋上	手动振荡过滤袋，或加大振荡频率
流化床塌床物料结块	流化床风量不够，物料堆积于筛网上无法沸腾	(1) 适当加大风量 (2) 将结块物料去除，手工过筛，再进行干燥

湿法混合制粒机常见故障、发生原因及排除方法见表1-7。

表1-7　湿法混合制粒机常见故障、发生原因及排除方法

常见的故障	故障的原因	排除方法
出料门速度不当	单向节流阀调节不当 电磁阀排气量调节不当	调整单向节流阀 调整电磁阀排气回路节流阀
运行、制粒、搅拌不工作	观察状态显示，如显示“准备”状态时锅盖未降下或清洗门柄盖未旋紧，急停按钮来复位	将锅盖放下，旋紧柄盖；旋转释放其急停按钮，使状态显示为“就绪”状态
运动中电机停转	观察变频器故障显示状态	对照变频器说明书，查原因改参数
触摸屏出现“？”	通讯线接触不良	检查通讯线插头、插座
未成颗粒(程序未完成自动出料)	峰值电流设定过低	调高峰值电流值
指令开关拨指进气位置无气 指令开关拨指进水位置无水	管路阻塞或膜片阀圈烧坏	通管路、更换线圈

沸腾制粒机常见故障、发生原因及排除方法见表1-8。

表1-8　沸腾制粒机常见故障、发生原因及排除方法

出现故障	产生原因	排除方法
流化状态不佳	(1)长时间没有抖动，布袋上吸附的粉末太多 (2)滤袋是否锁紧 (3)床层负压过高，粉末吸附在袋滤上 (4)各风道发生阻塞，风道不畅通 (5)油雾器缺油	(1)检查过滤抖动气缸 (2)检查锁紧气缸 (3)调小风门的开启度，抖动过滤袋 (4)检查并疏通风管 (5)油雾器加油
排出空气中的细粉末	(1)过滤袋破裂 (2)床层负压过高将细粉抽出 (3)滤袋破旧	(1)检查过滤袋，如有破口、小孔，必须补好，方能使用 (2)调小风门开启度 (3)更换滤袋
制粒时出现沟流或死角	(1)颗粒含水量过高 (2)湿颗粒进入原料容器里置放过久 (3)温度过低	(1)降低颗粒水分 (2)先不装足量，等其稍干后再将湿颗粒加入；颗粒不要久放料容器中；启动鼓造按钮将颗粒抖散 (3)升温
干燥颗粒时出现结块现象	(1)部分湿颗粒在原料容器中压死 (2)抖动过滤袋周期太长	(1)启动鼓造按钮将颗粒抖散 (2)调节抖袋时间
制粒操作时分布板上结块	(1)压缩空气压力太小 (2)喷咀有块状物阻塞 (3)喷雾出口雾化角度不好	(1)检查喷雾开闭情况是否灵活、可靠，调节雾化压力 (2)调节输流量，检查喷咀排除块状异物 (3)调整喷咀的雾化角度
制粒时出现豆状大的颗粒且不干	雾化质量不佳	调节输液量；调节雾化压力
蒸汽压力不足，且温度达不到要求	(1)换热器未正常工作 (2)疏水器出现故障	(1)检查换热器，处理故障 (2)排除疏水器故障，放出冷凝水

HLSG-50 湿法混合制粒机标准操作规程见 ER-1.3- 文本 6。

FL-5 型沸腾干燥制粒机标准操作程序见 ER-1.3- 文本 7。

FZB-300 整粒机标准操作程序见 ER-1.3- 文本 8。

颗粒的质量控制标准操作规程见 ER-1.3- 文本 9。

HLSG-50 湿法混合制粒机标准操作规程

FL-5 型沸腾干燥制粒机标准操作程序

FZB-300 整粒机标准操作程序

颗粒的质量控制标准操作规程

（二）制粒工序工艺验证（ER-1.3- 视频 4）

1. 验证目的　制粒工序工艺验证主要针对制粒机所制备的颗粒效果进行考察，评价制粒工艺稳定性。

制粒工艺验证

2. 验证项目和标准

（1）工艺条件：包括预混时间、黏合剂用量、搅拌转速、制粒刀转速、制粒时搅拌转速、搅拌制粒时间、干燥温度和时间。

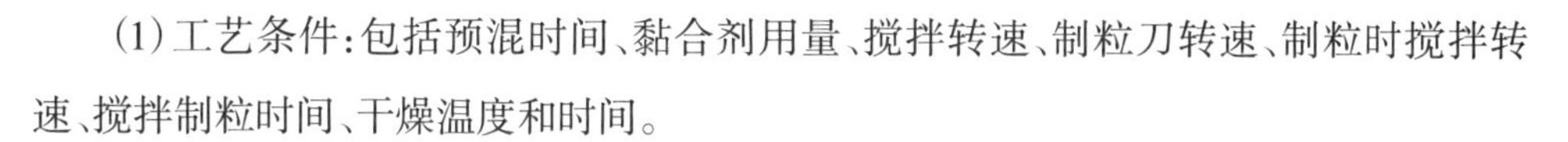

（2）验证程序：按制定的工艺规程制粒。在 3 个不同的部位分别取样，取样量保持一致。

检测水分、含量、固体密度、外观。计算制粒收率和物料平衡：

制粒收率 =（总混合后颗粒总量）/（投入原辅料量 + 投入粉头量）× 100%

制粒物料平衡 =（总混合后颗粒总量 + 粉头量 + 可见损耗量）/（投入原辅料量 + 投入粉头量）× 100%

（3）验证通过的标准：按制定的工艺规程制粒，所生产的颗粒应符合质量标准的要求。

（三）整粒工序工艺验证

1. 验证目的　确认该过程能对团块、大颗粒进行整粒，产生分布均匀的干颗粒。

2. 验证项目和标准

（1）按标准操作规程进行整粒，取样测定颗粒的堆密度、粒度范围。

（2）合格标准：整粒前后颗粒的堆密度之差应 ≤ 0.2g/ml，整粒后的颗粒能全部通过 ×× 目筛，小于 100 目的细粉不应超过总重的 10%。

（四）制粒设备的日常维护与保养

1. 湿法混合制粒机的日常维护与保养的注意事项　检查设备连接压缩空气管线有无泄漏、真空管有无破损；检查搅拌桨以及切割刀是否安装正确可靠；检查真空泵油位是否正常，油质是否变化，必要时更换或加注真空泵油。清洁真空泵空气过滤器；检查出料活塞是否灵活、到位，清洗喷头。

2. 沸腾干燥制粒机的日常维护与保养的注意事项　风机要定期清除机内的积灰、污垢等杂质，防止锈损，第一次拆修后应更换润滑油；进气源的油雾器要经常检查，在用完前必须加油，润滑油为

5″机械油、7″机械油，如果缺油会造成气缸故障或损坏，分水滤气器有水时应及时排放；喷雾干燥室的支撑轴承转动应灵活，转动处定期加润滑油；设备闲置未使用时，应每隔十天启动一次，启动时间不少于1小时，防止气阀因时间过长润滑油干枯，造成气阀或气缸损坏。

沸腾干燥制粒机的清洗过程：拉出原料容器，喷雾干燥室，放下滤袋架，关闭风门，用有一定压力的自来水冲洗残留的主机各部分的物料，特别对原料容器内气流分布板上的缝隙要彻底清洗干净。冲洗不了的可用毛刷或布擦拭。洗净后，开启机座下端的放水阀，放出清洗液。特别对过滤袋应及时清洗干燥，烘干备用。

实训思考

1. 简述沸腾干燥制粒机的正确操作程序。
2. 湿法制粒时所得颗粒过湿应如何解决？
3. 使用快速混合制粒机制粒时出料门速度不当是什么原因造成的？
4. 流化干燥过程中流化状态不佳应如何解决？
5. 采用沸腾干燥机进行颗粒干燥时，发现颗粒出现结块现象应如何解决？

任务四　总混

能力目标：

1. 能根据批生产指令进行总混岗位操作。
2. 能描述总混的生产工艺操作要点及其质量控制要点。
3. 会按照HDA-100型多向运动混合机的操作规程进行设备操作。
4. 会进行总混岗位的工艺验证。
5. 会对HDA-100型多向运动混合机进行清洁、保养。

整粒结束后的颗粒中需要加入润滑剂和外加崩解剂等辅料时，可采取总混操作使之混合均匀，总混过程是保证药物含量均一性的重要操作工艺。总混过程中合适的混合体积会影响混合效果，可通过混合物的堆密度得出的数据计算出理论装载量，有效体积通常为20%~85%的体积，或使用1/3~2/3的装载体积为合理体积。

领取任务：

按批生产指令选择合适混合设备将物料与外加成分进行总混，进行中间产品检验。混合结束后对混合工艺进行验证。工作完成后，对设备进行维护与保养。

一、混合设备

混合设备常用的非常多,从大类上来分可分为干法混合和湿法混合两大类。干混设备主要包括旋转式混合机、二维运动混合机、三维多向运动混合机等,湿混设备主要包括槽型混合机、双螺旋锥形混合机等,总混设备通常选用干混机。混合机的转速、装料体积、装料方式、混合时间等会影响混合的效果。

V型混合

1. V型混合机 V型混合机见图1-13,其工作原理是电机通过三角皮带带动减速器转动,继而带动V型混合筒旋转。装在筒内的干物料随着混合筒转动,V型结构使物料被分开至两臂,旋转中又回到单臂中重组合,反复分离、合一,用较短时间即可混合均匀(ER-1.3-动画12)。

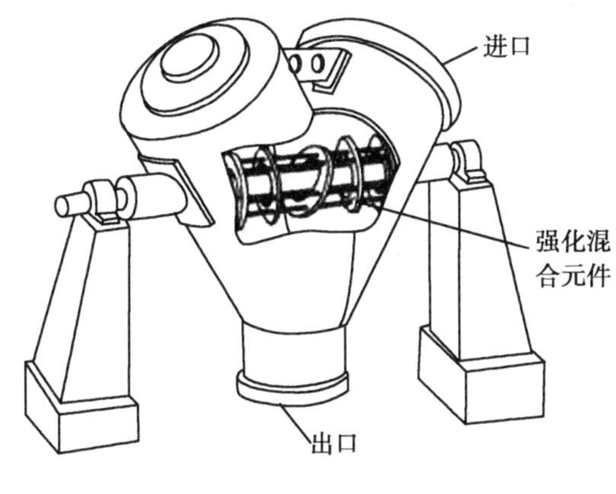

a. 结构示意图

b. 实物图

图1-13 V型混合机

2. 方形混合机 方形混合机与V型混合机相似,容器在中轴上转动,物料以连续转动的方式进行流动,见图1-14。其优势在于混合后物料不经过转移,可直接将方形混合桶移至压片机上方采用重力下料方式进行压片,因而是目前推荐使用的混合机。

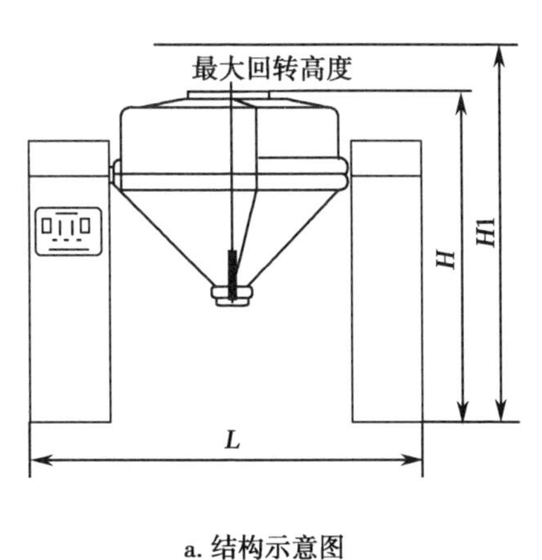

a. 结构示意图

b. 实物图

图1-14 方形混合机

3. 二维混合机　二维混合机（见图 1-15）主要由转筒、摆动架、机架三大部分构成。转筒装在摆动架上，由四个滚轮支撑并由两个挡轮对其进行轴向定位，在四个支撑滚轮中，其中两个传动轮由转动动力系统拖动使转筒产生转动，摆动架由一组曲柄白杆机构来驱动，曲柄白杆机构在机架上，摆动架由轴承组件支撑在机架上。转筒可同时进行两个运动，一个为转筒的转动，另一个为转筒随摆动架的摆动。被混合物料在转筒内随转筒转动、翻转、混合的同时，又随转筒的摆动而发生左右来回的掺混运动，在这两个运动的共同作用下，物料在短时间内得到充分的混合。

4. 三维多向运动混合机　三维多向运动混合机由主动轴被动及万向节支持着混料桶在 X、Y、Z 轴方向做三维运动，见图 1-16。筒体除了自转运动，还做公转运动，筒体中的物料不时地做扩散流动和剪切运动，加强了物料的混合效果，因筒体的三维运动，克服了其他种类的混合机混合时产生离心力的影响，减少了物料比重偏析，保证物料的混合效果。混合均匀性好，时间短。三维运动混合机由机座、传动系统、电器控制系统、多项运动机构、混合桶等部件组成。由于混合桶具有多方方向的运动，使桶体内的物料混合点多，混合效果好，其混合均匀度要高于一般混合机混合的物料，药物含量的均匀度误差要低于一般混合机。三维多向运动混合机的混合桶体型设计独特，桶体内壁经过精细抛光、无死角、无污染物料，出料时物料在自重作用下顺利出料，不留剩余料，具有不污染、易出料、不积料、易清洗等优点。

图 1-15　二维混合机

图 1-16　三维多向运动混合机

二、总混岗位操作

进岗前按进入 D 级洁净区要求进行着装，进岗后做好厂房、设备清洁卫生，并做好操作前的一切准备工作（ER-1.3- 文本 1）。

（一）总混岗位标准操作规程（ER-1.3- 视频 5）

1. 设备安装检查及试运行　检查设备是否正常完好，对有直接接触药品的设备表面、容器、工具等进行消毒备用。设定转速和时间，进行空机试运行。

总混（视频）

2. 生产过程　按批生产记录仔细核对待混合的各原辅料品名、批号、数量等。外加的其他物料应进行过筛处理。打开总混机加料口，往筒内加入工艺规定量的原辅料，然后锁紧加料口。将总混机转速调整至工艺规定的转速和混合时间，启动机器进行混合。

混合结束后，一般不能马上下料，需等筒内药粉平复下来再行出料（ER-1.3- 动画 13）。

总混（动画）

3. 生产结束 及时收料，将其放入周转桶内挂上状态标志，按照工艺要求进行流转。生产结束后，按“清场标准操作程序”（ER-1.3- 文本 1）要求进行清场，做好房间、设备、容器等清洁记录。

按要求完成记录填写。清场完毕，填写清场记录。上报 QA 检查，合格后，发清场合格证，挂“已清场”牌。

HDA-100 型多向运动混合机标准操作程序

4. 注意事项 操作人员要与总混机的运行轨迹保持一段安全距离，防止造成人身事故。更换品种时，必须对混合机筒体进行彻底清洗。混合过程中，操作员不得离开现场，以免发生意外。

HDA-100 型多向运动混合机标准操作程序见 ER-1.3- 文本 10。

（二）总混工序工艺验证（ER-1.3- 视频 6）

1. 验证目的 确认该过程能够将颗粒与外加辅料混合均匀。

2. 验证项目和标准

总混设备验证

（1）操作按标准程序进行，在设定的混合时间按对角线法取样，按质量标准测定颗粒的主药含量均匀度，填写记录。

（2）合格标准：混合后颗粒的主药含量均匀（测定值之间的 RSD ≤ 2%）。

（三）总混设备的日常维护与保养

总混设备的日常维护与保养应注意：保证机器各部件完好可靠；设备外表及内部应洁净，无污物聚集；加料、清洗时应防止损坏加料口法兰及桶内抛光镜面，以防止密封不严与物料黏积，各润滑杯和油嘴应每班加润滑油和润滑脂；定期检查皮带及链条的松紧，必要时应进行调整或更换。

实训思考

1. 如何判断物料已经混合均匀？
2. 说明不同类型的混合机的工作原理。
3. 如何保证小剂量药物的混合均一性？
4. 针对不同性质的物料，该如何选择合理的方法进行混合？

任务五 压片

能力目标：

1. 掌握压片岗位的标准操作规程及关键操作步骤。
2. 能够按照批生产指令完成压片岗位生产操作。
3. 了解压片过程中间产品的质量检验项目。
4. 了解压片岗位的工艺验证过程。

压片是指将颗粒或粉末压制成片剂的工艺过程。在片剂的生产中,压片机是最为关键和重要的设备。目前国内各制药企业所使用的压片机可简单地分为单冲式压片机和多冲式旋转压片机(普通旋转压片机、亚高速旋转压片机、高速旋转压片机、包芯片压片机、全粉直接压片机等)。

单冲式压片机主要由冲模、加料机构、填充调节机构、压力调节机构和出片机构组成,见图 1-17。其原理是通过偏心轮的转动带动上下冲运转,使之产生相对运动而压制成药片。单冲式压片机是间歇式生产设备,其生产效率低,一般每分钟 40~100 片。压片时由于上冲单向加压而容易产生裂片、噪声大等缺点。单冲压片机可以手摇,也可以电动连续压片,一般适用于小批量生产和实验室试制。

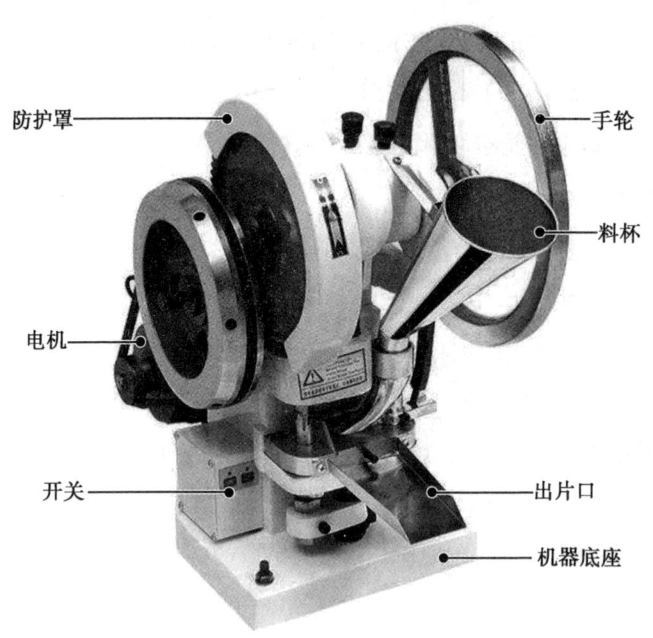

图 1-17　单冲式压片机

多冲式旋转压片机按模具的轴心随转台旋转的线速度可分为普通旋转压片机、高速旋转压片机和亚高速旋转压片机等,其产量每小时为几万到几十万片之间,可满足不同的生产需求。普通旋转压片机转台的最高转速只能达 30r/min 左右,生产能力较低,一般每小时 10 万片左右;高速旋转压片机转台的转速一般为 50~90r/min,生产量大概为每小时 20 万 ~50 万片。在实际生产过程中,选择普通旋转压片机难以承担任务,而选择高速旋转压片机则会出现投资过高和利用率低的局面。亚高速旋转压片机的生产能力介于普通和高速之间,转台的最高转速可达 40r/min 左右,其生产能力大概为每小时 20 万 ~26 万片,与高速旋转压片机相比,具有结构简单、价格便宜、运行成本低等优点。

多冲式旋转压片机还有多种分类方法,可按冲模数目来编制机器型号,如俗称 5 冲、19 冲、33 冲压片机等。以转盘旋转一周填充、压片、出片等操作的次数,可分为单压、双压等。单压是指转盘旋转一周只填充、压片、出片一次;双压指转盘旋转一周时填充、压片、出片各进行两次,因此生产效率是单压的两倍。双压压片机有两套压轮,为了减少机器的振动及噪声,降低设备的动力消耗,两套压轮一般设计为交替加压，因此压片机的冲数皆为奇数。

旋转式包芯机

包芯片是近年来国内外发展而来的新剂型，也称干法包衣片。Yuichi Ozeki 等人将单冲式压片机进行了改造，研制出一步干法包衣压片机。该机与传统的压片机结构上的不同在于，一步干法包衣压片机的冲头含有双层结构：中心冲和外周冲，中心冲的直径比外周冲的直径小。该系统可以装备在旋转压片机上用于工业化大生产（ER-1.3-图片 13）。

粉末直接压片是将药物的粉末与适宜的辅料分别过筛并混合后，不通过湿法制粒或干法制粒而直接压制成片。由于其不必经过制粒、干燥，工艺过程简单，节能省时的同时，还能保护药物，特别是增加对湿热敏感药物的稳定性，产品崩解或溶出快，成品质量稳定，并能提高片剂制备的工业自动化程度，符合 GMP，因此粉末直接压片机越来越多地被各国的医药企业所采用，在国外约有 40% 的片剂品种采用粉末直接压片的工艺进行生产。目前国内虽然还以湿法制粒工艺进行压片为主，但随着药用辅料新品种、压片设备的不断引进和完善，粉末直接压片法的应用也将逐渐增加。粉末直接压片是将各种粉末材料直接干压成型，与颗粒相比，细粉流动性差，易在饲粉器中出现空洞或流动时快时慢，造成片重差异，因此采用振荡饲粉或强制饲粉装置可以使粉末均匀流入模孔。由于粉末中存在的空气比颗粒中的多，可压性差，压片时容易产生顶裂，需降低压片速度，此时可采用两次压缩法解决这个问题，经过第一次预压后，排出细粉中的空气，减少裂片现象，增加片剂的硬度。另外，细粉还具有飞扬性，在直接压片时，会产生大量粉尘，出现污染与漏粉现象，因此除了在直接压片处方筛选时选择可压性和流动性较好的辅料外，用于全粉直接压片的机械还应具备强制饲粉装置，密闭加料装置，刮粉器与转台间的严密接合、较好的除尘装置以及完善的预压机构等，才能有助于保证整个直接压片过程的顺利进行。目前国内也有一些厂家生产的旋转压片机可以用于全粉压片，但在实际应用中还有一些不完善，尚需我国制药机械专家进一步努力。

压片机所压的片形，最初多为扁圆形，以后发展为上下两面的浅圆弧形和深圆弧形，这是为了包衣的需要。随着异形压片机的发展，椭圆形、三角形、长圆形、方形、菱形、圆环形等片剂随之产生。另外，随着制剂的不断发展，因复方制剂、定时释放制剂的要求而制成双层、三层、包芯等特殊的片剂，这些都需在特殊压片机上完成。

在固体制剂生产车间中，压片机必须独立安置在一个操作间内，一般为“压片室”。压片室与外室保持相对负压，粉尘由吸尘装置排除。机器运转部分应隔离在安全区域内，使噪声降到最低并保证安全。压片工段应设冲模室，由专人负责冲模的核对、检测、维修、保管和发放。冲模使用前后均应检查品名、规格、光洁度，检查有无凹槽、卷皮、缺角和磨损，发现问题应追查原因并及时更换。

压片过程中应按照不同时间点进行取样，检查片重差异、脆碎度和崩解度。片剂入桶前可采用刷子式或震动式除尘器，再通过在线金属检测器进行检测并剔片。金属检测器可将设备磨损、人工疏忽产生的金属粉末、金属离子等金属异物的风险降低。药片一般收集于聚乙烯塑料袋内，再放置于不锈钢料桶内。也有专门收置药片的料桶，带有上料口和布袋式软质下料口阀门。

领取任务：

按批生产指令完成片剂的生产，并按要求在生产过程中对片剂进行抽样检查。压片机已完成设备验证，进行压片工艺验证。压片工序完成后，按照 SOP 要求进行设备清洁和清场。

一、压片设备

多冲式旋转压片机主要由工作转盘、加料机构、填充调节机构、上下冲的导轨装置和压力调节机构组成，见图 1-18。工作转盘由 3 部分组成：上层为上冲、中层为中模、下层为下冲，中层位置装有填料斗。当转盘作旋转运动时，均布于转台的多副冲模按一定轨迹做圆周升降运动，通过压轮将颗粒状物料压制成片剂。

图 1-18　多冲式旋转压片机

压片过程可分为三步：①充填（filling）；②压片（compression）；③出片（ejection）。三道程序连续进行，通过调节填充量可改变片重，通过调节压力可改变片剂硬度。采用流栅式加料机构，可使物料均匀地充满模孔，减少片重差异（ER-1.3- 图片 14）。

在设备的一侧通常装有吸粉箱，当压片机在高速运转中，产生粉尘和中模下坠的粉末，通过吸粉嘴排出，避免了粉尘对生产环境的影响以及对生产人员的危害。

旋转压片机原理

二、压片岗位操作

实训设备：ZP35B 旋转式压片机（ER-1.3- 图片 15）

进入岗位前按进入 D 级洁净区要求进行着装，进入岗位后做好厂房、设备清洁卫生，并做好操作前的一切准备工作（ER-1.3- 文本 1）。

ZP35B 旋转式压片机

（一）压片岗位标准操作规程（ER-1.3- 视频 7）

1. 设备安装配件、检查及试运行

（1）冲模领取：从模具室领出冲模，核对模具名称、规格、编号、数量与批生产记录一致，检查光洁度，剔除有缺陷的冲头。

（2）冲模清洗：用 95% 乙醇清洗冲模至无可见油污，再用一次性清洁布擦干（必要时放烘干室烘干），并检查冲模不得留有水迹、油迹，冲头表面光洁、无损伤。同时用 95% 乙醇溶液将转台擦拭至无可见油污。

压片（视频）

（3）配件安装：从容器存放室领出压片机配件，检查是否完好、清洁，并确保在清洁有效期内，再按设备标准操作程序组装模具、配件。

（4）设备试运行：接通电源，开启压片机，经试运行，确保无异常情况后，停机待用。

(5)装料袋准备:领取聚乙烯袋,称量容器皮重,填写名称、批号、规格、工序、容器号、皮重等,挂在容器外。

2. 生产过程

(1)领料:从中间站领取总混好的颗粒,确认桶盖密封完好,品名、规格、批号等与批生产记录一致。

(2)加料:在压片机加料斗内加入物料,应均匀,保持颗粒流动性正常,不阻塞,防止填充不均。

(3)试压:根据产品工艺要求及设备标准操作程序,调节各参数试压,待片子平均片重、硬度、外观、重量差异、崩解时限等项目符合要求后开始正式压片。

(4)正式压片:根据试压合格的参数进行正式压片,压好的素片放入素片桶内或衬有两层洁净聚乙烯袋的料桶内。操作人员需按要求进行外观、平均片重等项目检查,并记录;操作人员另需按要求取样送至中控室,检测重量差异、硬度、崩解时限等项目,并记录(ER-1.3-动画14)。

压片(动画)

3. 结束过程 压片结束,关闭压片机。将装有素片的聚乙烯袋袋口扎紧,送至中间站,并做好产品标识。

生产结束后,按"清场标准操作程序"(ER-1.3-文本2)要求进行清场,做好房间、设备、容器等清洁记录。

按要求完成记录填写。清场完毕,填写清场记录。上报QA检查,合格后,发清场合格证,挂"已清场"牌。

4. 异常情况处理 压片过程中,出现片量差异、硬度、崩解时限等生产过程中质量控制指标接近标准上限或下限时,应及时调节填充量、压片机转速、主压片厚等参数;如超出标准范围,或外观出现松片、裂片、黏冲、黑点等问题时,应停止生产,及时报告QA进行调查处理。

松片是由于片剂硬度不够,受振动易松散成粉末的现象。检查方法为将片剂置中指和示指之间,用拇指轻轻加压看其是否碎裂。裂片是指片剂受到振动或经放置后,从腰间开裂或顶部脱落一层的现象。检查方法为取数片置小瓶中振摇,应不产生裂片;或取20~30片放在手掌中,两手相合,用力振摇数次,检查是否有裂片。黏冲是指片剂的表面被冲头黏去一薄层或一小部分,造成片面粗糙不平或有凹陷的现象。刻有文字或横线的冲头更易发生黏冲现象。压片过程中常遇到的问题及其主要产生原因和解决办法见表1-9。

表1-9 压片过程中常遇到问题的原因及解决措施

	主要产生原因	解决措施
松片	黏合剂黏性不够或用量不足	选择合适的黏合剂或增加用量
	颗粒过干	控制适宜含水量,可喷入适宜稀乙醇
	压力过小	适当增加压力
	转速过快	减慢转速

续表

	主要产生原因	解决措施
裂片	室内温湿度过低	调整温湿度
	黏合剂选择不当或用量不足	选择合适的黏合剂或增加用量
	细粉过多	调整细粉比例
	压力过大	适当降低压力
	推片阻力过大	增加润滑剂
	压缩速度较快，空气不能顺利排出	增加预压力，或降低转速
	颗粒过干	控制适量的水分，喷入适量稀乙醇
黏冲	颗粒含水量过多	适当干燥，确定最佳含水量
	润滑剂作用不当	选择合适润滑剂或增加用量
	冲头表面粗糙、表面已磨损或冲头表面刻有图案	更换冲头，冲头抛光，保持高光洁度
	物料易吸湿，工作场所湿度太高	控制环境相对湿度
片面有异物	颗粒内有异物	检查颗粒并处理
	上冲润滑过量	延长润滑间隔
	上冲挡油圈破损、脱落	更换挡油圈
变色 / 色斑	颗粒过硬	控制颗粒硬度，将颗粒适当粉碎
	物料混合不匀	应充分混合均匀
重量差异超限	颗粒大小不匀，细粉太多	重新制粒，控制颗粒大小
	颗粒流动性不好	改善颗粒流动性
	下冲升降不灵活或长短不一	更换下冲
	加料斗装量时多时少	保持加料斗装量恒定，为 1/3~2/3
崩解迟缓	崩解剂品种、用量不当	调整崩解剂品种、用量，改进加入方法
	疏水性润滑剂用量过多	减少疏水性润滑剂用量或改用亲水性润滑剂
	黏合剂的黏性太强或用量过多	选择合适的黏合剂及其用量
	压力过大	调整压力
	颗粒粗硬	将颗粒适当粉碎

5. 注意事项

(1)初次试车应将充填量减少，片厚放大，将颗粒倒入斗内，点动开车，同时调节充填和压力，逐步增加到片剂的重量和硬软度达到质量要求，然后启动电动机，空转 5 分钟，待运转平稳后方可投入生产。

⑵运转过程中操作工不得离岗，观察加料斗是否磨转盘，经常检查机器运行状态，出现异常声音及时停车处理。

⑶注意物料余量，当接近无物料时及时停车，以防止机器空转损坏模具。

⑷速度的选择对机器的使用寿命有直接的影响，由于原料的性质黏度及片径大小和压力，在使用上不能作统一规定，因此使用者必须根据实际情况而定，一般可根据片剂直径大小区别，直径大的宜慢，小则宜快。压力大的宜慢，小则宜快。

ZP35B 旋转式压片机标准操作程序

ZP35B 旋转式压片机标准操作程序见 ER-1.3- 文本 11。

素片质量控制标准操作规程见 ER-1.3- 文本 12。

素片质量控制标准操作规程

（二）压片工序工艺验证

1. 验证目的　压片工序工艺验证主要针对压片机的压片效果进行考察，评价压片工艺的稳定性，确认按制定的工艺规程压片后的片剂能够达到质量标准的要求。

2. 验证项目和标准

⑴参数：压片机转速、压力、压片时间等。

⑵按规定的压片机转速、压力及相关工艺参数，进行生产。分开始、中间、结束 3 次取样检测片重差异、外观，每次取样量为 20 片，分 3 次取样检测脆碎度、崩解度。

⑶检测半成品的外观、崩解度、脆碎度、片重差异，并计算崩解时限的 RSD 值。

⑷验证通过的标准：按制定的工艺规程压片，制备片剂应符合质量标准的要求，外观、片重差异、脆碎度以及含量均应符合质量标准，崩解时限 RSD ≤ 5.0%，说明压片工艺合理。

（三）压片设备的日常维护与保养

压片机的日常维护与保养应注意以下几点：

1. 保证机器各部件完好可靠。

2. 各润滑油杯和油嘴每班加润滑油和润滑脂，蜗轮箱加机械油，油量以浸入蜗杆一个齿为宜，每半年更换一次机械油。

3. 每班检查冲杆和导轨润滑情况，用机械油润滑，每次加少量，以防污染。

4. 每周检查机件（蜗轮、蜗杆、轴承、压轮等）是否灵活，上下导轨是否磨损，发现问题及时与维修人员联系，进行维修，方可继续进行生产。

实训思考

1. 压片前要进行压片机的组装，其顺序怎样？

2. 调整加料器出口高度的作用是什么？

3. 压片机有预压装置，有何作用？

4. 压片过程中出现黏冲应如何处理？

任务六　包衣

能力目标：

1. 能根据批生产指令进行包衣岗位操作。
2. 能描述包衣的生产工艺操作要点及其质量控制要点。
3. 会按照 BGB-10C 高效包衣机的操作规程进行设备操作。
4. 能对包衣工艺过程中间产品进行质量检验。
5. 会进行包衣岗位的工艺验证。
6. 会对 BGB-10C 高效包衣机进行清洁、保养。

包衣是指在片芯的表面包上适宜材料的衣层，使药物与外界隔离的操作，除片剂外，也可用于颗粒或微丸。包衣的目的主要包括：①防止药物的配伍变化；②掩盖药物的不良气味，增加患者的顺应性；③避光、防潮，以提高药物的稳定性；④采用不同颜色包衣，增加药物的辨识能力，提高用药的安全性；⑤制成肠溶衣片，避免药物在胃内被破坏；⑥改变药物释放的位置及速度，如胃溶、肠溶、缓控释等。

包衣片按包衣材料不同可一般分为糖衣片和薄膜衣片，薄膜衣片又包括胃溶型、肠溶型、不溶型等。包衣的方法主要有以下三种：滚转包衣法、流化包衣法和压制包衣法。其中滚转包衣法亦称锅包衣法，是经典且广泛使用的包衣方法，可用于糖包衣、薄膜包衣以及肠溶包衣等，包括普通滚转包衣法和埋管包衣法。包衣锅一般是用紫铜或不锈钢等稳定且导热性良好的材料制成，常为荸荠形。

包衣岗位的操作间为包衣室，包衣室与外室应保持相对负压，包衣设备应带有吸尘装置，进入包衣锅内的空气应经过滤。难溶性包衣材料需要使用有机溶剂进行溶解，因此使用有机溶剂的包衣室和包衣液配制室应进行防火防爆处理。包糖衣时配制糖浆煮沸后还应过滤除去杂质，色素溶解后也需要过滤处理，再加入糖浆中搅匀。包薄膜衣时，首先要根据工艺要求计算包衣材料的重量，按规定配制一定浓度的包衣液。包衣过程中，要注意控制进风温度、出风温度、锅体转速、压缩空气的压力，使包衣片快速干燥，不粘连而细腻。

薄膜包衣主要包括以下几个步骤：

包衣溶液或混悬液的配制→装料→预热→喷雾→干燥和冷却→卸料。

包衣过程是片芯通过喷雾区域后，包衣液黏附在片芯表面并迅速干燥，随着包衣锅转动，片芯不断经过喷雾区域，包衣操作反复进行，直至包衣完成。

包衣过程中需通过排气将水分带走，排出的空气中会含有一定量的粉尘微粒，因此需采用除粉装置。

卸料时可采用手工卸料、重力卸料。目前较常见是利用特制的卸料铲斗使包衣片提起，在正向转动下进行出料。也有反向转动包衣锅的卸料方式，利用锅内挡板，在反向转动时，通过包衣锅前的密闭滑道卸到容器中，这种方式可以不用打开包衣锅门。

领取任务：

按批生产指令选择合适的包衣设备将检验合格的药物素片，喷洒上所需包衣的材料，使成为包衣片，并进行中间产品检验。包衣设备已完成设备验证，进行包衣工艺验证。工作完成后，对设备进行维护与保养。

一、片剂包衣设备

片剂包衣机可分为普通包衣机、网孔式高效包衣机、无孔式高速包衣机和流化包衣机。前三者采用滚转包衣技术，后者采用流化包衣技术。旋转式包芯压片机可实现压制包衣技术。

1. 普通包衣机　普通包衣机是由荸荠形或球形包衣锅、动力部分、加热器和鼓风装置等组成。材料一般使用紫铜或不锈钢等金属，见图 1-19。包衣锅轴与水平呈 30°~45°，使药片在包衣锅转动时呈弧形运动，在锅口附近形成旋涡（ER-1.3- 图片 16）。包衣时，可将包衣材料直接从锅口喷到片剂上（ER-1.3- 图片 17），调节加热器对包衣锅进行加热，同时用鼓风装置通入热风或冷风，使包衣液快速挥发。在锅口上方装有排风装置。另外可在包衣锅内安装埋管，将包衣材料通过插入片床内埋管，从喷头直接喷到片剂上，同时干热空气从埋管吹出穿透整个片床，干燥速度快。

图 1-19　普通包衣机

包衣机

喷枪

2. 网孔式高效包衣机　包衣时，片芯在具网孔的旋转滚筒内做复杂的运动。包衣介质由蠕动泵至喷枪，从喷枪喷到片芯，在排风和负压的作用下，热风穿过片芯、底部筛孔，再从风门排出（ER-1.3-图片18，ER-1.3-图片19）。使包衣介质在片芯表面快速干燥。是目前较为常见的包衣设备，除包衣主机外，还有热风风机和排风风机组成包衣机组（图1-20），可实现封闭式包衣。

泵头

图1-20　网孔式高效包衣机

网孔式高效包衣机组原理图

现还有连续薄膜包衣机可进行规模化生产（ER-1.3-图片20）。

连续薄膜包衣机

3. 无孔式高速包衣机　包衣时，片芯在无孔的旋转滚筒内做复杂的运动，包衣介质也是从喷枪喷到片芯，热风由滚筒中心的气道分配器导入，经扇形风浆穿过片芯，在排风和负压作用下，从气道分配器另一侧风抽走，使包衣介质在片芯表面快速干燥。可适用于直径较小的颗粒、微丸等的包衣，见图1-21。

4. 流化床包衣机　流化床包衣机是利用高速空气流使药片悬浮于空气中，上下翻滚，呈流化状态。将包衣液喷入流化态的片床中，使片芯表面附着一层包衣材料，通入热空气使其干燥。

二、包衣岗位操作

进岗前按进入D级洁净区要求进行着装，进岗后做好厂房、设备清洁卫生，并做好操作前的一切准备工作（ER-1.3-文本1）。

（一）包衣岗位标准操作规程（ER-1.3-视频8）

1. 设备检查及试运行　打开电源，连接压缩空气，将包衣机、搅拌桶空机运转5分钟确保无异常情况，停机待用。

图1-21　无孔式包衣机

根据批生产记录，领取包衣材料。操作人员将溶媒加入各配制桶内，按工艺要求控制搅拌速度，戴上洁净手套将包衣材料溶解或混匀。难溶的包衣材料应用溶媒浸泡过夜，使其彻底溶解、混匀。

包衣（视频）

2. 生产过程

（1）领料：从中间站领取素片，核对桶外产品标识上品名、规格、批号和批生产记录一致。

(2)包衣前调节喷浆系统,流量稳定,扇面正常;调节喷枪位置。

(3)打开桶盖,确认素片桶产品标识一致,素片外观无裂片、碎片、黏冲、黑点等后,再将素片倒入包衣锅内。

(4)根据批生产记录设定包衣锅转速、进风量和进风温度,进行预热除尘;当出风温度达到要求后,按工艺要求重新设定参数,开始喷雾包衣。

(5)包衣过程中,严格控制工艺参数,并随时检查片子的外观。

(6)包衣片增重达到工艺要求后,停止喷浆,按工艺要求进行干燥、冷却(抛光);岗位操作人员根据工艺要求取样检测外观、增重等。

(7)安装出料器,将片子卸入衬有两层聚乙烯袋的圆形料桶内(ER-1.3- 动画 15)。

包衣(动画)

3. 结束过程　包衣结束,关闭包衣机。将装有包衣片的聚乙烯袋袋口扎紧,送至中间站,并做好产品标识。

生产结束后,按"清场标准操作程序"(ER-1.3- 文本 2)要求进行清场,做好房间、设备、容器等清洁记录。

按要求完成记录填写。清场完毕,填写清场记录。上报 QA 检查,合格后,发清场合格证,挂"已清场"牌。

4. 异常情况处理　包衣前需检查素片外观,如有裂片、碎片、黏冲、黑点等情况,应立即停止生产。

包衣过程中遇到的设备故障及处理办法见表 1-10。

表 1-10　包衣机常见故障及处理办法

故障现象	产生原因	处理方法
机座产生较大震动	(1)电机紧固螺栓松动 (2)电机与减速机之间的联轴节位置调整不正确 (3)减速机紧固螺栓松动 (4)变速皮带轮安装轴错位	(1)拧紧螺栓 (2)调整对正联轴节 (3)拧紧螺栓 (4)调整对正联轴节
包衣锅调速不合要求	(1)调速油缸行程不够 (2)皮带磨损	(1)油缸中添满油 (2)更换皮带
风门关闭不紧	风门紧固螺钉松动	拧紧螺钉
包衣机主机工作室不密封	密封条脱落	更换密封条
热空气效率低	热空气过滤器灰尘过多	清洗或更换热空气过滤器
异常噪声	(1)联轴节位置安装不正确 (2)包衣锅与送排风接口产生碰撞 (3)包衣锅前支承滚轮位置不正	(1)重新安装联轴节 (2)调整风口位置 (3)调整滚轮安装位置
蠕动泵开动包衣液未传送	(1)软管位置不正确或管子破裂 (2)泵座位置不正确	(1)更换软管 (2)调整泵座位置,拧紧螺帽

续表

故障现象	产生原因	处理方法
减速机轴承温度高	(1)润滑油牌号错误 (2)包衣药片超载 (3)润滑油少	(1)换成所需的机油 (2)按要求加料 (3)添加润滑油
喷浆管道泄漏	(1)管接头螺母松 (2)软管接口损坏 (3)组合垫圈坏	(1)拧紧螺母 (2)剪去损坏接口 (3)更换垫圈
喷枪不关闭或关得慢	(1)气源关闭 (2)粉针损坏 (3)气缸密封圈损坏 (4)轴密封圈损坏	(1)打开气源 (2)更换料针 (3)更换密封圈 (4)更换密封圈
枪端滴漏	(1)针阀与阀座磨损 (2)枪端螺帽未压紧 (3)气缸中压紧活塞的弹簧失去弹性或已损坏	(1)用碳化矽磨砂配研 (2)旋紧螺帽 (3)更换弹簧
压力波动过大	(1)喷嘴孔太大 (2)气源不足	(1)改用较小的喷嘴 (2)提高气源压力或流量
胶管经常破裂	(1)滚轮损坏或有毛刺 (2)同一位置上使用过长	(1)修复或更换滚轮 (2)适时更换滚轮压紧胶管的部位
胶管往外脱或往里缩	胶管规格不符	更换胶管

包衣过程中常出现的问题及解决办法见表1-11。

表1-11　包衣过程中常出现的问题及解决办法

包衣常出现的问题	可能原因	解决办法
片面粘连	流量过大，进风温度过低	适当降低包衣液流量，提高进风温度，加快锅转速
色差	喷射扇面不均，或包衣机转速慢	调节喷枪喷射角度或适当提高包衣机转速
片面磨损	包衣机转速过快、流量太小或片芯硬度低	调节转速及流量大小或提高片芯硬度
花斑	包衣液搅拌不匀	配制包衣液时应充分搅拌均匀

5. 注意事项

(1)喷雾包衣时应掌握的原则：使片面湿润，又要防止片面粘连，温度不宜过高或过低。若温度过高，则干燥太快，成膜粗糙；若温度过低，浆液流量太大，则会导致粘连现象。

(2)配制包衣液时，搅拌速度应使容器中液体完全被搅动，液面刚好形成旋涡为宜。

(3)采用乙醇制包衣液时，应仔细检查每个阀门，防止泄漏，以免爆炸。

BGB-10C 高效包衣机标准操作程序见 ER-1.3- 文本 13。

BGB-10C 高效包衣机标准操作程序

薄膜衣片质量控制标准操作规程见 ER-1.3- 文本 14。

（二）包衣工序工艺验证

1. 验证目的 包衣工序工艺验证主要针对包衣机包衣效果进行考察，评价包衣工艺稳定性。

2. 验证项目和标准

（1）试验条件的设计：锅速、进风 / 排风温度、喷射速度、包衣液浓度、用量，每次取 5~10 个样品。

（2）评估项目：外观、片重、片重差异、溶出度（崩解度）。通过标准：上述检测项目的结果均符合《中国药典》（2015 年版）的规定。

薄膜衣片质量控制标准操作规程

（三）包衣设备的日常维护与保养

整套设备每工作 50 小时或每周须清洁、擦净电器开关探头，每年检查调整热继电器、接触器。工作 2 500 小时后清洗或更换热风空气过滤器，每月检查一次热风装置内离心式风机。

排风装置内离心式风机、排气管每月清洗一次，以防腐蚀。工作时要随时注意热风风机、排风风机有无异常情况，如有异常，须立即停机检修。每半年不论设备是否运行都需分别检查独立包衣滚筒、热风装置内离心式风机、排风装置内离心式风机各连接部件是否有松动。每半年或大修后，需更新润滑油。

实训思考

1. 包衣机包衣过程中出现喷枪不能关闭或关闭太慢，应采取哪些措施？
2. 包衣后衣膜表面粗糙，应采取哪些措施？

项目四

片剂的质量检验

任务一　阿司匹林片的质量检验

能力目标：

1. 能根据 SOP 进行片剂的质量检验。
2. 能进行硬度仪、崩解仪、脆碎仪、溶出仪、高效液相色谱仪等操作。
3. 能描述片剂的质量检验项目和操作要点。

药品生产企业的生产活动是一个上下工序紧密联系的过程，而药品检验是药品质量体系中的一个重要环节。质量源于设计，在生产中由于受人员、机器、物料、方法、环境等因素的影响，会出现生产漂移，产品质量发生波动是必然的，因此必须进行生产控制和药品检验。严格按照规定方法对药品进行全项检验，是保证药品质量的重要措施和有效手段，对防止不合格物料或中间产品进入下一环节起到重要作用，杜绝不合格产品出厂销售，保证药品质量。每批物料和产品均需进行检验并出具检验报告书，检验报告书中的结论作为物料和产品放行的依据之一。物料只有经质量管理部门批准放行并在有效期或复验期内方可使用。产品只有在质量受权人批准放行后方可销售。

质量标准是检验的依据，也是质量评价的基础，在完成中间产品、待包装品和成品的检验后，确认检验结果是否符合质量标准，完成其他项目的质量评价后，得出批准放行、不合格或其他结论。外购或外销的中间产品和待包装产品也应有质量标准，如果中间产品的检验结果用于成品的质量评价，则应制定与成品质量标准相对应的中间产品质量标准。

对于片剂而言，外观、重量差异、硬度、脆碎度和崩解时限是影响其成品质量的关键因素。因而在压片开始、中间每隔一段时间及结束，均需进行外观、重量差异、硬度、脆碎度和崩解时限检查。当检验结果接近限度要求或与以往趋势不同时，应通知生产进行相应调节。超出限度要求时，则需进行相应的调查。

▶▶领取任务：

对生产出的阿司匹林片进行全面质量检验，包括性状、鉴别、含量、游离水杨酸、溶出度等。

一、片剂质检设备

1. 硬度仪　片剂硬度仪见图1-22，用于测定片剂的硬度。片剂应有适宜的硬度，以便完整成型，符合片剂外观的要求且不易脆碎。片剂的硬度涉及片剂的外观质量和内在质量，硬度过大，会在一定程度上影响片剂的崩解度和释放度，因此，在片剂的生产过程中要加以控制。具体的测定方法是：将药片立于两个压板之间，通过手动或者步进电机驱动沿直径方向慢慢加压，刚刚破碎时的压力即为该片剂的硬度，一般能承受29.4~39.2N的压力即认为合格。

2. 崩解仪　崩解仪见图1-23，是按《中国药典》(2015年版)规定测定崩解时限的仪器。崩解时限是片剂及其他固体制剂如胶囊、丸剂等，在规定的液体介质中溶化或崩解为碎粒需要一定的时间。

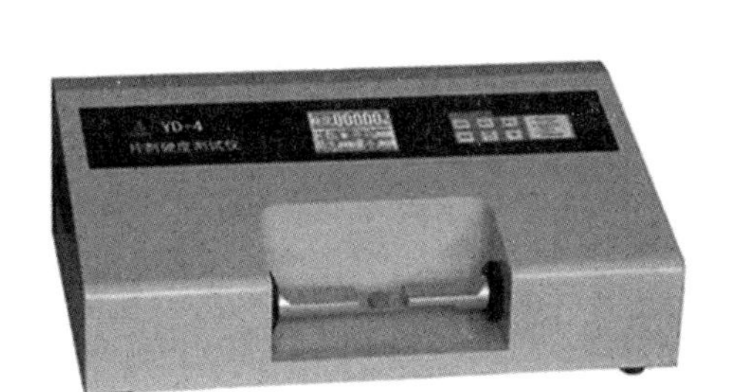

图1-22　硬度仪

图1-23　崩解仪

崩解仪主要由升降装置和恒温控制两部分组成。升降装置主要由吊篮、吊杆等组成，用来使装有药片的试管上下运动，模拟胃肠运动。试管的底部装有一定孔径的金属筛网，以利于碎粒漏出。恒温控制部分主要控制水温，使之接近体温，一般为(37±1)℃。

3. 脆碎仪　脆碎仪见图1-24，是检查非包衣片脆碎情况及其他物理强度，如压碎强度等的检测仪器。

脆碎仪的基本组成和运行：内径约为286mm，深度为39mm，内壁抛光，一边可打开的透明耐磨塑料圆桶，桶内有一自中心向外壁延伸的弧形隔片(内径为80mm±1mm)，使圆筒转动时，片剂产生滚动。圆筒直立固定于水平转轴上，转轴与电动机相连，转速为(25±1)r/min。每转动一圈，片剂滚动或滑动至筒壁或其他片剂上。

4. 溶出仪　溶出仪见图1-25，是专门用于检测口服固体制剂溶出度或释放度的药物试验仪器。它能模拟人体的胃肠环境及消化运动过程，是一种药物制剂质量控制的体外试验装置。

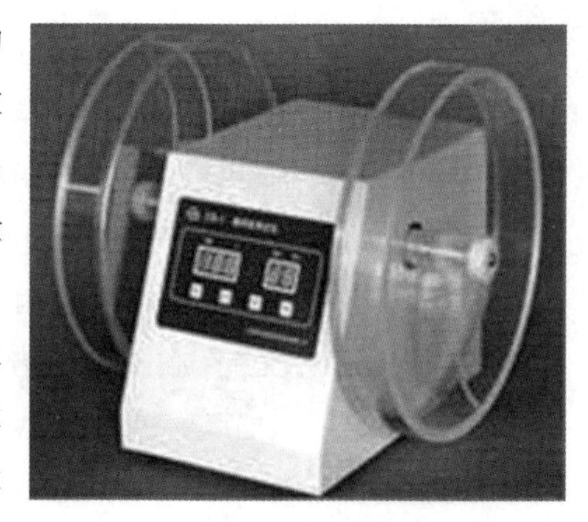
图 1-24　脆碎仪

溶出仪可用于成品检验，也可用于制剂生产过程中的中间品控制：控制糖衣片、薄膜衣片片芯溶出度，确保包衣后成品合格；控制片剂试压后溶出度合格，保证整批成品合格；控制肠溶衣片包衣后每锅溶出度，确保成品批检验合格。

溶出仪由机座、机头、升降机构、水浴箱、加热组件及温度传感器、转杆、玻璃溶出杯组成。机座内的电动机运行时，使机头沿升降机构上升或下降。机头上的电动机运行时，通过机头内的传动机构带动各转杆在溶出杯内溶剂中转动。加热组件内的水泵、加热器用塑胶管与水浴箱连通，构成外循环式加温水浴，可使溶出杯内溶剂的温度保持恒定（一般为 37℃）。机头内的微电脑测控装置使系统具有水温、转速、定时、位置等多项自动测控功能。检验人员通过机头面板上的显示窗和键盘，可以随时监视和操纵仪器的工作。

5. 高效液相色谱仪　高效液相色谱仪见图 1-26，主要用于药物含量的检测分析。高效液相色谱仪的系统由储液器、泵、进样器、色谱柱、检测器、记录仪等几部分组成。储液器中的流动相被高压泵打入系统，样品溶液经进样器进入流动相，被流动相载入色谱柱（固定相）内，由于样品溶液中的各组分在两相中具有不同的分配系数，在两相中作相对运动时，经过反复多次的吸附 - 解吸的分配过程，各组分在移动速度上产生较大的差别，被分离成单个组分依次从柱内流出，通过检测器时，样品浓度被转换成电信号传送到记录仪，数据以图谱形式打印出来。

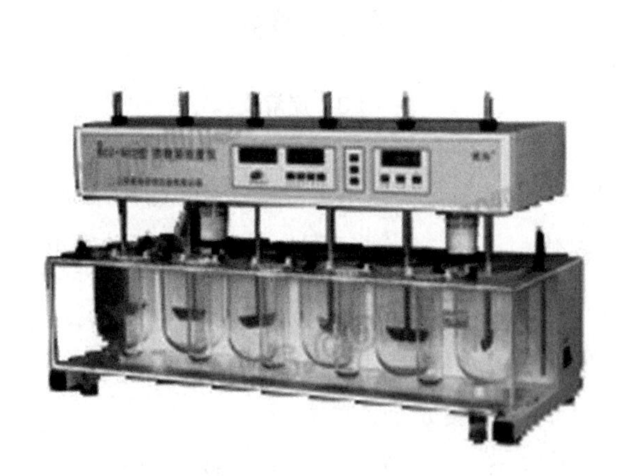
图 1-25　溶出仪

图 1-26　高效液相色谱仪

二、片剂质检过程

阿司匹林片成品质量检验

（一）阿司匹林片质量标准

1. 成品质量标准　阿司匹林片成品质量标准见表 1-12（ER-1.4- 视频 1）。

表 1-12　阿司匹林片成品质量标准

检验项目	标准	
	法定标准	稳定性标准
性状	白色片	白色片
鉴别	(1)与三氯化铁试液反应显紫堇色 (2)含量测定项下的色谱图中,供试品溶液主峰和对照品主峰的保留时间一致	-
含量	90%~110%	90%~110%
游离水杨酸	<3.0%	<3.0%
溶出度	≥ 80%	≥ 80%
微生物限度		
细菌数	≤ 1 000CFU/g	≤ 1 000CFU/g
霉菌和酵母菌数	≤ 100CFU/g	≤ 100CFU/g
大肠埃希氏菌	不得检出	不得检出

2. 中间品质量标准　阿司匹林片中间品的质量标准见表 1-13(ER-1.4- 视频 2)。

表 1-13　阿司匹林片中间品质量标准

中间产品名称	检验项目	标准
干颗粒	干燥失重	≤ 3.0%
混颗粒	主药含量	95.0%~105.0%
片剂(ER-1.4- 动画 1)	性状	白色或类白色片
ER-1.4-动画1 片剂质检	片量差异	± 7.5%
	硬度	5~10kg
	厚度	3mm
	崩解时限	≤ 15 分钟
	脆碎度	≤ 1.0%,并不得有断裂、龟裂和粉碎的片子

3. 贮存条件和有效期规定　贮存条件:密封,干燥处保存;有效期:24 个月。

ER-1.4-视频2 阿司匹林片中间品的质量检验

(二)阿司匹林片质量检验规程

1. 性状　目测

2. 鉴别　取本品细粉适量(约相当于阿司匹林 0.1g),加水 10ml,煮沸,放冷,加三氯化铁试液 1 滴,即显紫堇色。

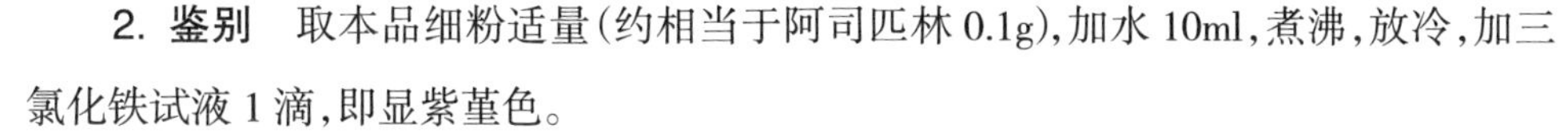

或采用 HPLC,含量测定项下的色谱图中,供试品溶液主峰和对照品主峰的保留时间一致。

3. 游离水杨酸检查

(1)HPLC 色谱条件:流动相为乙腈 - 四氢呋喃 - 冰醋酸 - 水(20∶5∶5∶70),检测波长为 303nm。

(2)供试液配制:取本品细粉适量(约相当于阿司匹林 0.5g),精密称定,置 100ml 量瓶中,用 1% 冰醋酸的甲醇溶液振摇使阿司匹林溶解,稀释至刻度,摇匀,滤膜滤过,取续滤液为供试品溶液(临用新制)。

(3) 对照品配制：取水杨酸对照品约 15mg，精密称定，置于 50ml 量瓶中，加 1% 冰醋酸的甲醇溶液溶解并稀释至刻度，摇匀，精密量取 5ml，置 100ml 量瓶中，加 1% 冰醋酸的甲醇溶液稀释至刻度，摇匀，为对照品溶液。进样体积设定为 10μl。

(4) 系统适应性评价：重复进样 6 针对照品溶液，记录峰面积，6 针对照品溶液峰面积 RSD ≤ 5.0%；进两针 1% 冰醋酸甲醇溶液；进一针程序控制对照品溶液。系统适应性建立后每个供试品溶液进样一针，每进样 12 针和序列的最后均需进 1 针程序控制对照品溶液。

(5) 结果判断：$A_tC_s/A_sC_t \leq 3.0\%$。

A_t 供试品峰面积，C_s 对照品浓度，A_s 对照品峰面积，C_t 供试品浓度。

4. 溶出度

(1) 溶出参数：溶出介质为盐酸溶液（稀盐酸 24ml 加水至 1 000ml）500ml（50mg 规格）、1 000ml（0.3g/0.5g），第一法转篮法测定，转速 100r/min，取样时间 30 分钟。

(2) 对照品溶液：取阿司匹林对照品精密称定，加 1% 冰醋酸甲醇溶液溶解并稀释成每 1ml 含 0.08mg（50mg 规格）、0.24mg（0.3g 规格）、0.4mg（0.5g 规格）的溶液为阿司匹林对照品溶液；取水杨酸对照品，精密称定，加 1% 冰醋酸甲醇溶液溶解并稀释制成每 1ml 含 0.01mg(50mg)、0.03mg(0.3 规格)、0.05mg（0.5g 规格）的溶液，作为水杨酸对照品溶液。

(3) 供试品溶液准备

1) 测定前，应对仪器装置进行必要的调试，使转篮底部距溶出杯底部 (25 ± 2) mm。仪器运转时整套装置应保持平稳，均不能产生明显的晃动或振动（包括装置所处的环境）。

2) 在 6 个溶出杯中各加入所需量的溶出介质，水浴恒温至 (37 ± 0.5) ℃。

3) 检查每个溶出杯中的温度，必须保持在 (37 ± 0.5) ℃。

4) 称取 6 片供试品，记录重量。分别将 6 片供试品投入 6 个溶出杯中，已调整好高度的桨叶立即开始以 100r/min 的速度搅拌，并记录开始时间。

5) 到规定取样时间后，从每个溶出杯中快速抽取 10ml，经滤器滤过，取续滤液为供试品溶液。

(4) 色谱条件同含量测定方法

1) 进样：阿司匹林对照品溶液、水杨酸对照品溶液、供试品溶液各进样 10μl，分别注入液相色谱仪中，记录峰面积。

2) 数据处理：按外标法以峰面积分别计算每片中阿司匹林与水杨酸的含量，将水杨酸含量乘以 1.304 后，与阿司匹林含量相加即得每片溶出量。

5. 含量测定方法

(1) HPLC 色谱条件：流动相为乙腈 - 四氢呋喃 - 冰醋酸 - 水（20：5：5：70），检测波长为 276nm。

(2) 供试品溶液配制：取 20 片，精密称定，充分研细，精密称取细粉约相当于阿司匹林 10mg，置 100ml 量瓶中，用 1% 冰醋酸的甲醇溶液强烈振摇使阿司匹林溶解，并用 1% 冰醋酸的甲醇溶液稀释至刻度，摇匀，滤膜滤过，续滤液为供试品溶液。

(3) 对照品溶液配制：精密称定阿司匹林约 10mg，加 1% 冰醋酸的甲醇溶液振摇使溶解并定量稀释至 100ml。

(4)进样体积 10μl,外标法以峰面积计算,即得。

6. 干燥失重　采用水分测定仪进行测定,取样品约 5g 置托盘上,精密测定,105℃条件下,自动干燥模式测定。

7. 平均片重和片重差异

(1)平均片重:采用万分之一分析天平,取 10 片称量,所得数值除以 10 即得平均片重。

(2)片重差异:取 20 片,称取总重,求得平均片重。再精密称取每片片重,应在规定范围内。

8. 硬度　取 10 片,用硬度测定仪测定,取平均值。

9. 厚度　取 5 片,用游标卡尺测定。

10. 脆碎度　取本品约 6.5g,在脆碎仪中检查,减失重量应符合规定。

实训思考

1. 片剂的质量检验项目有哪些?
2. 片剂在线检验项目有哪些?

任务二　阿司匹林肠溶片的质量检验

能力目标:

1. 能根据 SOP 进行肠溶衣片的质量检验。
2. 能进行肠溶衣片释放度检验操作。

包衣片的质量检验项目与片剂的检验项目基本一致。在片重差异检查中,薄膜包衣片在包衣后检查,而糖衣片在包衣前检查。肠溶衣片需检查释放度。

领取任务:

进行阿司匹林肠溶衣片的质量检验。

一、溶出所用设备

溶出仪、高效液相色谱仪(介绍详见任务一　阿司匹林片的质量检验)。

二、肠溶衣片质检过程

(一)阿司匹林肠溶衣片成品质量标准

阿司匹林肠溶衣片成品质量标准见表 1-14。

表 1-14　阿司匹林肠溶衣片成品质量标准

检验项目	标准	
	法规标准	稳定性标准
性状	白色片	白色片
鉴别	(1)与三氯化铁试液反应显紫堇色 (2)含量测定项下的色谱图中,供试品溶液主峰和对照品主峰的保留时间一致	-
含量	90%~110%	90%~110%
游离水杨酸	<3.0%	<3.0%
释放度		
酸介质	<10%(2 小时)	<10%(2 小时)
缓冲液	≥ 70%(45 分钟)	≥ 70%(45 分钟)
微生物限度		
细菌数	≤ 1 000CFU/g	≤ 1 000CFU/g
霉菌和酵母菌数	≤ 100CFU/g	≤ 100CFU/g
大肠埃希氏菌	不得检出	不得检出

比较阿司匹林肠溶片与阿司匹林片的质量检验要求,主要在释放度检查,因而以下主要完成的任务是阿司匹林肠溶片的释放度检查(ER-1.4- 视频 3)。

ER-1.4-视频3
阿司匹林肠溶片的释放度检查

(二) 阿司匹林肠溶衣片释放度检查规程

1. 释放参数

(1)酸中释放:酸释放介质 0.1mol/L 的盐酸溶液 600ml(50mg 规格)或 750ml(0.3g 规格),第一法转篮法测定,转速 100r/min,取样时间 2 小时。

(2)缓冲液中释放:酸释放介质中继续加入 37℃的 0.2mol/L 的磷酸钠溶液 200ml(50mg 规格)或 250ml(0.3g 规格),混匀,用 2mol/L 盐酸溶液或 2mol/L 氢氧化钠溶液调节溶液 pH 至 6.8 ± 0.05,取样时间 45 分钟。

2. 对照品溶液

(1)酸释放对照品溶液:取阿司匹林对照品精密称定,加 1% 冰醋酸甲醇溶液溶解并稀释成每 1ml 含 8.25μg(50mg 规格)、40μg(0.3g 规格)的溶液为阿司匹林对照品溶液 1。

(2)缓冲液释放对照品:取阿司匹林对照品,精密称定,加 1% 冰醋酸甲醇溶液溶解并稀释制成每 1ml 含 44μg(50mg 规格)、0.2mg(0.3g 规格)的溶液,作为阿司匹林对照品溶液 2;取水杨酸对照品,精密称定,加 1% 冰醋酸甲醇溶液溶解并稀释至每 1ml 含 3.4μg(50mg 规格)、5.5μg(0.3g 规格)的溶液,作为水杨酸对照品溶液。

3. 供试品溶液准备

(1)测定前,应对仪器装置进行必要的调试,使转篮底部距溶出杯底部(25 ± 2)mm。仪器运转时整套装置应保持平稳,均不能产生明显的晃动或振动(包括装置所处的环境)。

(2)在 6 个溶出杯中各加入所需量的酸释放介质,水浴恒温至(37 ± 0.5)℃。

(3)检查每个溶出杯中的温度,必须保持在(37 ± 0.5)℃。

(4)称取6片供试品,记录重量。分别将6片供试品投入6个溶出杯中,已调整好高度的桨叶立即开始以100r/min的速度搅拌,并记录开始时间。

(5)到规定取样时间后,从每个溶出杯中快速抽取10ml,经滤器滤过,取续滤液为供试品溶液1。

(6)在溶出杯中加入所需量的37℃缓冲液释放介质,并加酸或碱调节pH至6.8 ± 0.05,继续溶出,并记录时间。

(7)到规定取样时间后,从每个溶出杯中快速抽取10ml,经滤器滤过,取续滤液为供试品溶液2。

4. HPLC色谱条件　流动相为乙腈-四氢呋喃-冰醋酸-水(20∶5∶5∶70),检测波长276nm。

5. 进样

(1)将阿司匹林对照品溶液、水杨酸对照品溶液、供试品溶液各进样10μl,分别注入液相色谱仪中,记录峰面积。

(2)数据处理:按外标法以峰面积分别计算每片中阿司匹林与水杨酸的含量,供试品溶液1以阿司匹林对照品溶液1为对照,计算酸中释放量;供试品溶液2则以阿司匹林对照品溶液2和水杨酸对照品溶液为对照,将水杨酸含量乘以1.304后,与阿司匹林含量相加即得缓冲液中释放量。

6. 质控标准　酸中释放量小于阿司匹林标示量10%;缓冲液中释放量为标示量70%。

实训思考

哪些品种需检查释放度?

项目五

片剂包装贮存

任务一　瓶包装

能力目标：

1. 能根据批生产指令进行瓶包装（片剂内包）岗位操作。
2. 能描述瓶包装的生产工艺操作要点及其质量控制要点。
3. 会按照PA2000Ⅰ型数片机、PB2000Ⅰ型变频式塞纸机、PC2000Ⅱ型变频式自动旋盖机等的操作规程进行设备操作。
4. 能对瓶包装工艺过程中间产品进行质量检验。
5. 会进行瓶包装岗位的工艺验证。
6. 会对瓶包装设备进行清洁、保养。

包装是在流通过程中保护产品，方便储运，促进销售，按一定的技术方法所用的容器、材料和辅助物等的总体名称。包装材料本身毒性要小，与所包装的产品不起反应，以免产生污染，应具有防虫、防蛀、防鼠、抑制微生物等性能，能一定程度上阻隔水分、水蒸气、气体、光线、气味、热量等。

片剂的包装有塑瓶包装和铝塑包装，本任务主要完成塑瓶包装生产线，铝塑包装生产线见“实训情境二　硬胶囊的生产”的包装任务。

领取任务：

按批生产指令将片剂装入塑瓶中，并进行质量检验。包装设备已完成设备验证，进行包装工艺验证。工作完成后，对设备进行维护与保养。

一、瓶包装设备

塑料瓶包装生产线（图1-27）一般由以下几个机组组成：

1. 自动理瓶机　把空瓶子放入储料部分，经正瓶装置保证所有进入输送带的瓶子直立放置，输送到自动包装线上（ER-1.5-图片1）。

全自动理瓶机

图 1-27　塑料瓶包装生产线

2. 自动吹风式洗瓶机　把经过特殊处理的空气，吹入瓶内，使瓶内的尘埃或异物吹出瓶外，并由吸尘置装将其回收。

3. 自动数片机　按每瓶装量要求设定，药片经过机器预数后通过检测轨道落入，被记忆挡板挡住，当空瓶到达出片口时，预先数好的片子会落入瓶中，如此循环下去（ER-1.5- 图片 2）。

自动数片机

4. 自动塞入机　据装瓶工艺要求，自动把辅料（干燥剂、棉花、减震纸）塞入瓶内。

5. 自动旋盖机　盖子进入旋盖机的轨道为可调式，根据盖子尺寸不同进行调整，可剔除瓶子未旋盖或盖内无铝箔的情况。

6. 自动封口机　在高频电磁场的作用下，使铝箔产生巨大涡流而迅速发热，熔化铝箔下层的黏合膜并与瓶口黏合，从而达到快速非接触式气密封口的目的。高速瓶包装联动线见 ER-1.5- 图片 3。

高速瓶包装联动线

二、瓶包装岗位操作

进岗前按进入 D 级洁净区要求进行着装，进岗后做好厂房、设备清洁卫生，并做好生产前准备工作（ER-1.5- 文本 1）。

生产前准备工作

（一）瓶包装岗位标准操作规程（ER-1.5- 视频 1）

1. 设备安装配件、检查及试运行　数片机、塞纸机等设备的零部件按要求进行安装。生产线上各空机试运行正常后停机。

2. 生产过程（ER-1.5- 动画 1）

瓶包装岗位操作

（1）领料：从中间站领取待包装的检验合格的片剂；按领料操作规程领取合格的包装材料（瓶子、盖子、纸带等）。

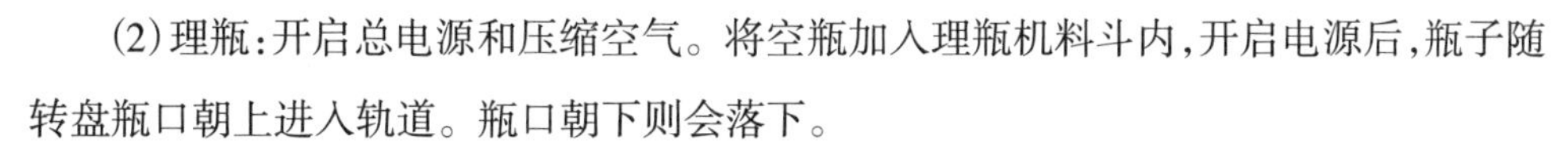

（2）理瓶：开启总电源和压缩空气。将空瓶加入理瓶机料斗内，开启电源后，瓶子随转盘瓶口朝上进入轨道。瓶口朝下则会落下。

（3）数片：在数片盘中加入片剂，调整两导轨挡板的间距和调瓶闸门位置及落片斗的高低，选择手动方式，调节皮带调速旋钮，药瓶进入输送带机并被送至落片漏斗下时，按动工作启动按钮。根据产品性质种类调节数片筛动频率。调试正常后，采用自动方式工作（ER-1.5- 图片 4）。

瓶包装

(4)塞纸:安装纸卷,调节夹瓶闸门和挡瓶闸门,调整塞纸杆至合适高度,使纸全部塞入瓶中,又不致撞伤药片。打开转动指令开关和输送链条开关,开启塞纸。

自动数片机

(5)旋盖:加入瓶盖,打开电源开关,瓶盖输送带和理盖盘开始工作。调节理盖盘的旋转速度,使盖迅速滑入导盖路轨。待输送带上端有一定量药瓶及导盖路轨内有一定量的瓶盖后,按开关控制箱上的开动按钮进行开车生产。开启自动,实现来瓶起动,缺瓶停车。

3. 结束过程

(1)内包装结束,关闭各设备电源。将产品送至外包装间,并做好产品标识。

(2)生产结束后,按"清场标准操作程序"(ER-1.5-文本2)要求进行清场,做好房间、设备、容器等清洁记录。

清场标准操作程序

(3)按要求完成记录填写。清场完毕,填写清场记录。上报QA检查,合格后,发清场合格证,挂"已清场"牌。

4. 异常情况处理 旋盖机常见故障及解决办法见表1-15。

表1-15 旋盖机常见故障及解决方法

故障现象	故障原因	处理方法
旋盖太紧	摩擦片压力太大	打开上盖调整旋盖松紧螺帽,减少弹簧对摩擦片的压力
旋盖太紧	(1)擦片压力太小 (2)旋盖夹头松	(1)打开上盖,调松松紧螺帽到适当的程度 (2)发现夹头工作时有打滑声,说明未夹紧,此时要调节旋紧夹盖的松紧调节螺钉
盖子旋不上	旋盖工位处瓶子中心与旋盖夹头中心不在一条中心线上	调节后挡板和夹瓶叉头使瓶子与旋盖夹头中心一致
旋盖夹头空旋时与瓶口摩擦	旋盖夹头低位太低	调节机底部,夹头低位限位顶头高度,使夹头最低位置时不与瓶口相碰

PA2000Ⅰ型数片机标准操作程序见ER-1.5-文本3。

PB2000Ⅰ型变频式塞纸机标准操作程序见ER-1.5-文本4。

PC2000Ⅱ型变频式自动旋盖机标准操作规程见ER-1.5-文本5。

瓶包装线质量控制标准操作规程见ER-1.5-文本6。

PA2000Ⅰ型数片机标准操作程序

PB2000Ⅰ型变频式塞纸机标准操作程序

PC2000Ⅱ型变频式自动旋盖机标准操作规程

瓶包装线质量控制标准操作规程

(二)瓶包装工序工艺验证

1. 验证目的 瓶包装工序工艺验证主要针对瓶装生产线瓶装效果进行考察,评价瓶装工艺稳定性。

2. 验证项目和标准

(1) 工艺参数：数粒机、理瓶机、旋盖机等各项频率。

(2) 取样方法：按各项工艺参数规定设置机器，稳定运行后取样，每 15 分钟取样一次，每次分别抽取 50 个包装单位，检查外观、塞纸、装量、旋盖紧密度、封口密封性等。

(3) 通过标准：上述检测项目的结果均符合规定。

（三）瓶包装设备的日常维护与保养

1. 操作完毕后，关闭电源，清理机器设备，保持设备洁净。
2. 日常检查各部位油孔、油杯、油箱是否润滑好。
3. 日常检查设备的振动及噪声是否正常。
4. 检修变频装置时，务必先切断电源，并等候 3 分钟后，方可检修。
5. 在运转中，操作箱后的连接线绝不可拔除，否则会损坏设备。

实训思考

1. 片剂瓶包装生产线主要包括哪些设备？
2. 出现纸张未塞入瓶中的原因是什么？如何解决？
3. 旋盖太紧或者旋不上的主要原因是什么？

任务二　外包装

能力目标：

1. 能根据批包装指令进行外包装岗位操作。
2. 能描述外包装岗位的生产工艺操作要点及其质量控制要点。
3. 能对外包装工艺过程中间产品进行质量检验。
4. 会对外包装线进行清洁、保养。

生产接收人员与仓储管理员在生产区或备料区进行包装材料交接，生产接收人员应根据生产指令和 / 或物料提取单仔细核对物料名称、物料代码、物料批号、物料所需量，详细清点实际发放包材的数量等信息，并检查所发包装材料的标识完好，包装状态完好，如发现异常情况应拒收，并按偏差程序处理。交接完毕后，生产接收人员应在物料提取单上签名 / 日期。

对未拆封的整箱说明书、标签、小盒、中包装以及整捆大箱，应清点箱数、捆数即可。对于已拆零、散装的说明书、标签、小盒、中包装、大箱等应仔细清点；零箱中完整的小捆包装不必拆散逐个清点，清点小捆数量即可；但已拆小捆的说明书、标签、小盒、中包装、大箱应逐个清点计数。例如：根据生产指令和 / 或物料提取单的需要，需发放一箱说明书零箱，零箱中有 8 个小捆包装（1 000 张 / 捆）

和零散的说明书 991 张，则清点时，计数 8 个小捆为 8 000 张，但 991 张需逐个点数。

包装材料计数发放可防止并发现生产包装过程的遗漏、差错等。

领取任务：

领取包装材料，进行制剂外包装。

一、外包装设备

1. **自动贴标签机**　瓶子输送出来经分瓶轮调至合适贴标速度，在测物电眼处产生红外感应，此时贴标打印机同时进行打印动作，标签贴到瓶子上，在滚贴板的转动下完成贴标。

2. **自动装盒机**　可进行说明书折叠，快速多规格装盒调整，变频调速进行装盒，对于缺说明书、缺瓶、缺纸盒、纸盒打不开等自动检测并停机。

3. **热收缩包装机**　热收缩包装机（图 1-28）用塑料膜进行纸盒的中包装，包装好的物品随输送带转动进入热收缩轨道，塑料膜经轨道加热收缩包装在物品上面，自动完成整个裹包和收缩过程。

4. **打码机**　可用于纸盒、塑料袋、瓶、铝箔、药片等的喷码（图 1-29）。

5. **捆包机**　采用 PP 带进行打包，接头短，不用铁扣，符合国际环保要求（图 1-30）。

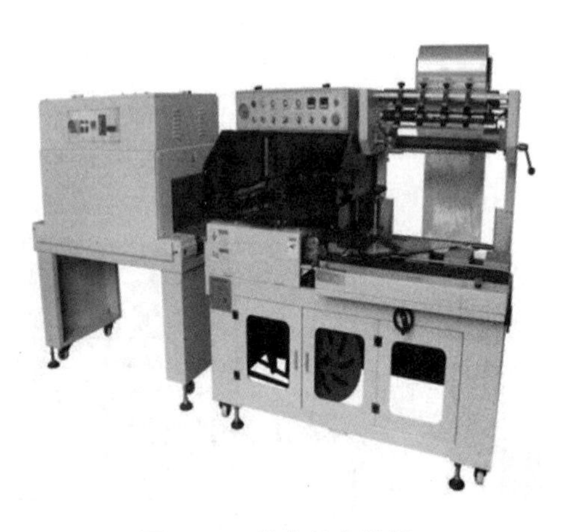

图 1-28　热收缩包装机

图 1-29　打码机

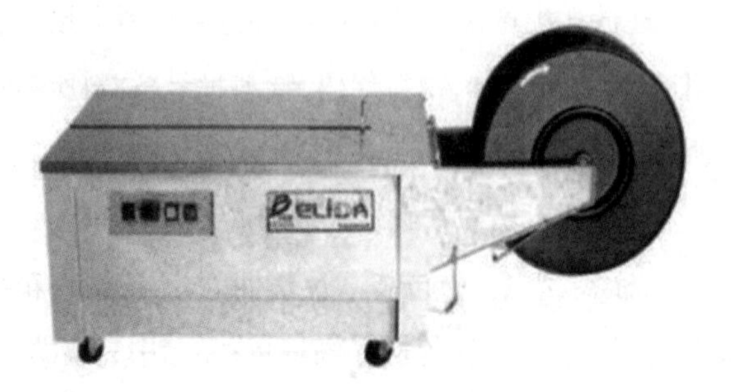

图 1-30　捆包机

二、外包装岗位操作

操作人员按进出一般生产区更衣规程进入操作间。进岗后做好厂房、设备清洁卫生，并做好操作前的一切准备工作。

（一）外包装岗位标准操作规程

1. 领料及领取包材

⑴领料：按包装指令单领取当班生产所需的待包装中间产品，注意核对品名、数量、批号及检验合格证。

⑵领取包材：打印人员向空白包材存放处领取外包装材料，由专人限额发放。空白包装材料的领用过程需双人复核包装材料名称、规格、物料编号、数量。

⑶由专人打印，打印前双人复核打印内容（批号、生产日期、有效期等），打印后的包装材料存放在已打印标签的指定区域，并做好产品标识。

⑷外包装操作人员向外包装管理员领取打印完成的包装材料，双人复核包装材料名称、批号、打印内容、流水号等信息。领取无须打印的包装材料，需双人复核包装材料的名称、物料编号、数量等信息。

⑸将领用的外包装材料与样张核对外观、色差等质量情况，检查无误后再将包装材料放入指定区域，由专人上锁保管。

2. 生产过程

⑴手工包装（ER-1.5- 动画 2）

1）打印批号、有效期、流水号、生产日期：将批号、生产日期、有效期、流水号字头按反版排放，安装在打码机相应位置，打印在小盒、中盒的相应位置上。打印字迹应端正、清晰。打印好的小盒、中盒按流水号用皮套捆住，按次序摆放在不锈钢方盘中。

ER-1.5-动画2

外包装

2）装袋：班组长按每人生产定额，将待包装品发放给包装人员。包装人员将领回的待包装品放于工作台上，将工艺规定数量的待包装品按工艺规定的排列方式、方向装入防潮袋内，袋口朝上，按次序整齐摆放在不锈钢方盘中。每一方盘摆放规定数目的待封口防潮袋。装袋时注意检查待包装品质量，检出不合格品放入废料箱内，做好标记，标明品名、批号、数量、流水号。所有不合格品放入塑料袋，贴上尾料盛装单。

3）封口：启动薄膜封口机，预热，温度达到工艺要求后，对防潮袋进行封口。封好的防潮袋装入周转箱，贴好标签，标明品名、批号、数量、流水号。

4）折叠说明书：手工将说明书横向对折一次，再竖向对折一次；说明书折叠要整齐、无褶皱。

5）装小盒：一手取小盒，沿折痕折成盒装后，将一段封口，盒盖中部贴严圆封签，一手持盒，另一手取热封好的规定数量的防潮袋及折叠好的说明书一张，装入折好的小盒内，盖好小盒，圆封签封口，将装好的小盒顺同一方向排列整齐。

6）装中盒：取中盒，沿折痕折成盒状后，将装好的小盒整齐地装入折好的中盒内，盖上中盒，用圆封签封好,圆封签应端正。

(2)联动线生产

1)试运行:空机运行,正常后调试小盒外观是否符合要求。双人复核打印出的生产日期、有效期、批号等信息准确无误。调试说明书折叠外观是否符合要求,确认每个小盒均有说明书。双人复核确保无异常。取一张包装材料归入批记录作为样张。

2)剔废监控:调出设备剔废监控程序,设定监控范围。取下说明书或药板,检测设备是否能准确剔除缺说明书、缺药板的小盒,准确无误后生产。

3)复核信息:调试结束,双人复核调试的批号、生产日期、有效期是否与批包装指令上的批号、生产日期和有效期一致。确认后,方可联机生产。

4)联机生产:开始联机,正式包装药品,完成折小盒、折说明书、装盒、封口、捆包、打码、捆扎等。

5)过程控制:包装过程中随时检查小盒、中盒的外观,批号字迹清晰、位置端正,封口整齐。

a. 塑封:取规定数量盒为一单位,沿同向摆放,装入收缩膜内,用热收缩机进行塑封。小盒数量应准确,塑封平整。

b. 装大箱:将领取的大箱用封箱胶带先进行封箱底,放入塑料袋。捆包好的小盒依次通过固定光栏扫描器读取电子监管码,逐一检查后装入大箱,将打印好的大箱标签分别粘贴在大箱两侧,满足装箱要求时,用“扫描枪”扫描大箱标签的电子监管码与小盒的包装形成关联关系。装好的大箱需放入一张合格证,再封箱面。需合箱时,应填写合箱记录。生产过程中,取样用于稳定性检查和微生物检测。

c. 大包装:按包装规格装箱,核对产品合格证上的产品名称、产品批号、生产日期、有效期、包装规格、包装日期、包装人准确无误后,装入大箱中,再置上纸垫板后封箱。封箱时保证封胶带平整、美观。

d. 入库待验:对所有大箱标签进行外观检查合格后进行捆扎,按要求将大箱放置于托盘上入库待验。

3. 结束过程

(1)包装结束,班组长收集废料,剥药处理,装入聚乙烯袋中按片数折算重量,贴好标识,放入危险固废收集箱内,并做好相关记录。

(2)班组长收集污损的包装材料,在QA监督下销毁,并做好相关记录。

(3)将剩余的包装材料经QA确认符合退库要求的包装材料进行退库,并做好相关记录。

(4)包装材料平衡计算:将剩余的、污损的及使用的包装材料与领用的包装材料进行平衡计算,确保平衡率符合要求,做好批包装记录。

(5)生产结束后,按“清场标准操作程序”(ER-1.5-文本2)要求进行清场,做好房间、设备、容器等清洁记录。

(6)按要求完成记录填写。清场完毕,填写清场记录。上报QA检查,合格后,发清场合格证,挂“已清场”牌。

4. 异常情况处理

(1)领用的外包装材料与样张核对外观、色差等质量偏差较大时,立即停止领料,报告QA。

(2)生产过程中如设备异常,停止生产,立即报告 QA。

(3)包装材料的平衡计算和外包装平衡率及收率计算时,如发生偏差应按偏差相关程序进行处理。

(二)外包装工序工艺验证

1. 验证目的　外包装工序工艺验证主要针对外包装效果进行考察,评价外包装工艺稳定性。

2. 验证项目和标准

(1)工艺参数:热收缩包装机、打码机、捆包机等各项频率。

(2)取样方法:按各项工艺参数规定设置机器,稳定运行后取样,每 30 分钟取样一次,每次分别抽取 10 个包装单位,检查批号、有效期、生产日期、合格证的印字应清晰,每盒应放有说明书,每箱应放有装箱单,每箱装箱数量应正确等。并进行物料平衡计算,即根据投料量计算可得理论成品数量,根据实际成品数量可得成品收得率。

(3)通过标准:上述检测项目的结果均符合规定。

(三)外包装设备的日常维护与保养

1. 操作完毕后,关闭电源,清理机器设备,保持设备洁净。
2. 日常检查各部位油孔、油杯、油箱是否润滑好。
3. 日常检查设备的振动及噪音是否正常。
4. 检修变频装置时,务必先切断电源,并等候 3 分钟后,方可检修。
5. 在运转中,操作箱后的连接线绝不可拔除,否则会损坏设备。

实训思考

1. 手工包装的程序是怎样的?
2. 联动线生产的包装程序是怎样的?

任务三　成品接收入库

能力目标: √

1. 能进行成品接收入库等仓库管理工作。
2. 会进行成品发放仓库管理工作。

成品的接收入库、发送和运输对保证药品质量至关重要,如缺乏专业和系统的管理,也会带来药品安全的风险。如成品接收入库过程中的差错和混淆,成品储存、发送和运输过程中的温湿度异常和其他储存条件异常等。成品接收入库流程图见图 1-31。

车间将包装好的成品交由仓库入库,可由仓库管理的相关人员(或生产人员)填写成品入库记录,以成品入库单或成品入库凭证等形式入库。仓库接收人员在入库时特别需重点关注的内容有:

成品入库清点(产品的品名、批号、规格、数量),特别是核对并清点零箱药品的数量;成品包装情况,核实实际的产品包装是否与入库单所列信息相符,并检查产品的外包装是否清洁、完好无损;成品储存条件,对于有特殊要求的产品,仓库接收人员应及时将产品转入符合储存要求的条件下储存。

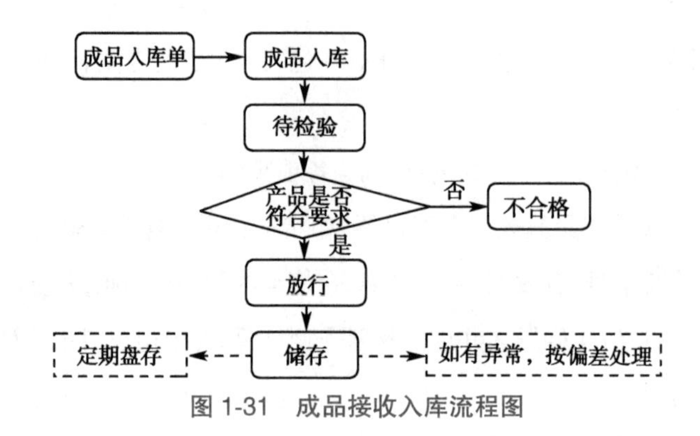

图 1-31　成品接收入库流程图

仓库接收人员在成品接收入库并完成相关记录后,需明确标识产品的质量状态,如储存放于待检区域内,或在每个包装上贴有“待检”状态标识。若企业采用计算机管理系统,可通过其他方式,确保产品的质量状态处于“待检”。在质量部对该批产品未做出是否合格的决定前,该批产品一直处于“待检”状态。

质量部基于对产品全面有效的评估后,由质量受权人批准放行或拒绝。如准予成品合格并放行,则通知物流、库房、生产等部门,成品质量状态由“待检”转为合格。

仓库人员根据成品储存条件,将成品存放于合适库房,如一般库、常温库、冷库、阴凉库等。储存过程中进行定期盘点,若出现实物数量和系统数量或库存报告中的数量存在差异时,应对产生差异的物料或产品进行复盘。复盘结束后,形成盘点报告和差异报告。如有显著差异,需启动偏差处理程序进行进一步的调查。

领取任务:

进行成品入库、仓库储存和药品养护。

(一) 成品接收入库标准操作规程

仓库按质量部的成品放行单、检验报告单和生产部填写的成品入库单验收成品,应逐项核对“三单”上的产品名称、规格、数量、包装规格和批号是否相符,与入库产品是否相符,是否签印齐全。

1. 检查外包装

(1)外包装上应醒目标明产品名称、规格、数量、包装规格、批号、储藏条件、生产日期、有效期、批准文号,每件外包装上应贴上“产品合格证”

(2)找出合箱产品,检查是否分别贴有两个批号的“产品合格证”,其内容是否符合要求;并清点数量,填写《成品验收记录》

2. 验收合格后，放置合格区，挂绿色合格状态标志牌，并填写成品库存货位卡和成品入库总账。

3. 不合格的成品，放置不合格区，按规定处理，并填写不合格品台账。

4. 仓储管理员根据仓库记账簿，填写三联单，即第一联仓库记账单，第二联生产车间记账回执单，第三联财务部统计单。并把第二联交由生产部作收货凭证，第三联交由财务部统计用，第一联作仓库台账用。

（二）成品储存养护标准操作规程

仓库成品的储存养护必须按照药品性质，储存条件合理安排，采用防潮、防霉变、防虫蛀、防鼠咬等措施，合理保持成品堆垛的“五距”（墙距≥ 30cm、顶距≥ 30cm、垛距≥ 50cm、物距≥ 50cm、底距≥ 10cm)，保持库内清洁卫生，成品陈列整齐美观，无倒置、倒垛现象。

1. 内服药和外用药分区码放。

2. 剂型不同的产品分开储存。

3. 对有低温要求的药品需存放在低温库内。

4. 不同品种、规格和批号分垛码放。

5. 性质互相影响、易串味品种与其他药品存放。

6. 采用科学养护方法，控制仓库温湿度，使温湿度维持在正常范围内。保持通风干燥，采用空调设备、排风扇和自然通风等方法达到调温控湿的目的，保证成品储存的质量，每天做温湿度记录。

（三）成品发放标准操作规程

1. 发放成品凭销售合同和发货单准确发放，详细做好记录，同时标签、包装也要认真核对，保持一致，成品的包装完好。

2. 成品的出库遵循先进先出的发货原则，发出的成品复核人员要及时复核，检查账、卡是否相符。

3. 对发出的成品应及时做好详细原始记录，正确书写领货时间、品名、规格、产地、批号、数量、发货人、收货人、收货单位等，并有双方签名记录。

4. 发出的成品每天符合账目，日清月结，保证成品账、物、卡相符。

实训思考

1. 成品入库时有哪些注意事项？

2. 成品发放时有哪些注意事项？

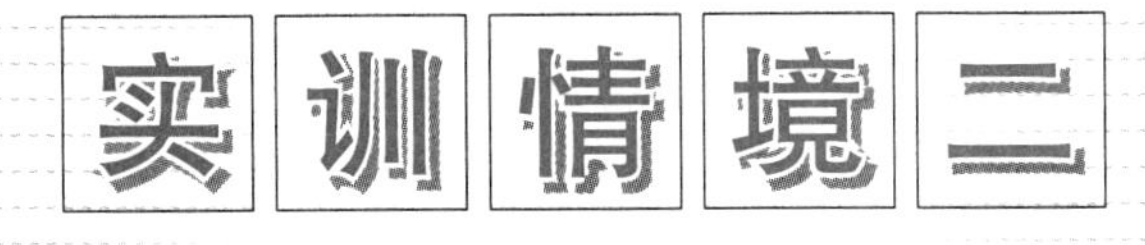

硬胶囊的生产

硬胶囊生产
简介

项目一

接收生产指令

任务　硬胶囊生产工艺

能力目标：

1. 能描述硬胶囊生产的基本工艺流程。
2. 能明确硬胶囊生产的关键工序。

胶囊剂指原料药物与适宜辅料充填于空心胶囊或密封于软质囊材中所形成的固体制剂。通常根据囊壳的不同，可分为软胶囊和硬胶囊。具有可掩盖药物的不良臭味，提高药物的稳定性，药物在体内起效快、生物利用度高，液态药物固体化，质量可控等优点。硬胶囊的生产流程与片剂的相似，因此一般可将硬胶囊生产线与片剂生产线安排在同一车间内，仅需增设胶囊填充机即可。目前全自动胶囊填充机在企业中应用越来越广泛，大大提高了硬胶囊生产效率，降低生产成本。硬胶囊的生产过程包括物料的领取、囊心物的制备、填充、封口、质检及包装等。

领取任务：

根据需生产的制剂品种，选择合适的制备方法，并明确该制剂品种的生产工艺流程。

一、胶囊剂的生产工艺流程

根据生产指令和工艺规程编制生产作业计划，见图 2-1。备料主要是进行领料、并对物料进行粉碎过筛；配料主要是按处方比例进行称量和投料；制粒可采用干法、湿法或直压（直接粉末压片）等方法，在此以湿法制粒为例；干燥，湿法制粒（除流化床一步法制粒外）可采用烘箱干燥或流化床干燥；整粒、总混步骤时需检测颗粒的含量、水分，外观。胶囊填充，使用填充机填充囊心物，填充后的胶囊需进行抛光，并检查外观光洁度、平均重量、重量差异、崩解度、含量；进行内包装，常采用铝塑包装；外包装应检查成品外观、数量、质量；最后入库。

硬胶囊生产工艺中除胶囊填充和铝塑包装岗位外，其他均与片剂生产工艺相似，在此重点阐述上述两个岗位。硬胶囊生产过程中的质量控制点见表 2-1。

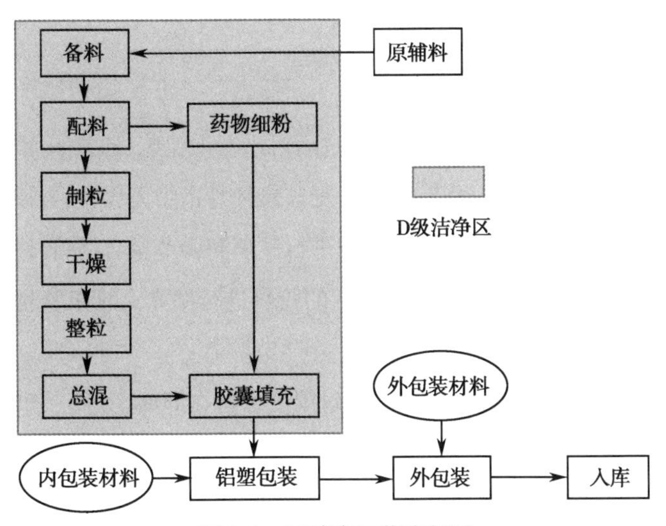

图 2-1　硬胶囊工艺流程图

表 2-1　硬胶囊生产质量控制点

工序	质量控制点	质量控制项目	检查频次
备料	原辅料	异物	随时 / 班
	过筛	异物、细度	随时 / 班，1 次 / 班
配料	投料	品种、数量	1 次 / 班
制粒	颗粒	混合时间	1 次 / 班
		黏合剂外观、浓度、温度	1 次 / 班
		制粒时间	1 次 / 班
		粒度、外观	随时
干燥	烘箱干燥	温度、时间	随时
	流化床	温度、滤袋	随时
	干粒	水分	1 次 / 班
整粒、总混	干粒	筛网、含量	1 次 / 批、班
		异物、粒度	随时
填充	囊壳	规格、外观	1 次 / 班
	胶囊	装量差异	1 次以上
		平均装量	1 次 /15min
		溶出度（崩解时限）	1 次 / 批
		外观	随时
铝塑	胶囊	外观、异物	随时 / 班
	铝塑	热封、批号、装量	随时 / 班
外包装	装盒	装量、说明书、标签	随时 / 班
	标签	内容、数量、使用记录	随时 / 班
	装箱	数量、装箱单、印刷内容	1 次 / 批、班

二、硬胶囊生产操作过程及工艺条件

填充物料制备好之后进行胶囊填充，质检通过后可进行内包装，通常采用铝塑泡罩包装。

1. 胶囊填充　确定胶囊填充机已清洁清场，复核模具与指令无误，检查模具完好程度并符合要求。分别向料斗中加入空心胶囊和待填充物。先进行试填充调节至合格，再进行正常生产。生产过程中随机检查外观、锁口、重量差异等。将填充好的胶囊进行抛光。收集胶囊至双层聚乙烯袋的接料桶内。硬胶囊的填充见 ER-2.1- 图片 1。

胶囊填充操作工艺条件：必须控制操作间相对湿度保持在 60% 以下。随时目视检测，胶囊成品应无锁口不严、瘪头、漏粉等问题。

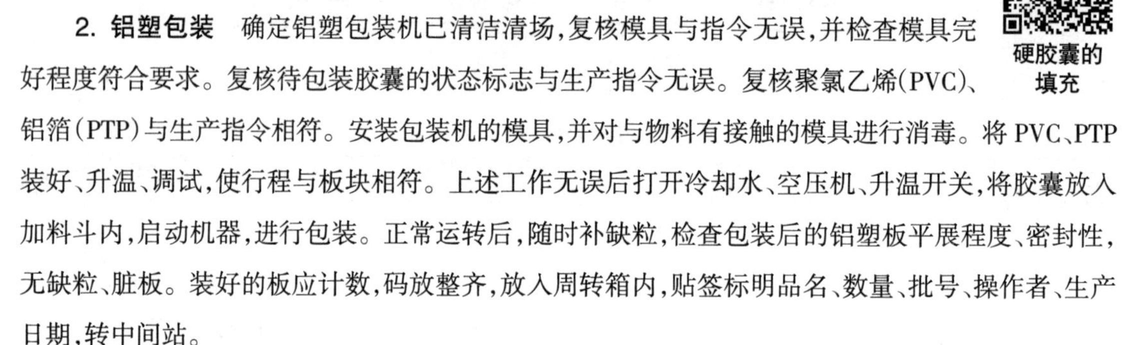

硬胶囊的填充

2. 铝塑包装　确定铝塑包装机已清洁清场，复核模具与指令无误，并检查模具完好程度符合要求。复核待包装胶囊的状态标志与生产指令无误。复核聚氯乙烯(PVC)、铝箔(PTP)与生产指令相符。安装包装机的模具，并对与物料有接触的模具进行消毒。将 PVC、PTP 装好、升温、调试，使行程与板块相符。上述工作无误后打开冷却水、空压机、升温开关，将胶囊放入加料斗内，启动机器，进行包装。正常运转后，随时补缺粒，检查包装后的铝塑板平展程度、密封性，无缺粒、脏板。装好的板应计数，码放整齐，放入周转箱内，贴签标明品名、数量、批号、操作者、生产日期，转中间站。

铝塑包装操作工艺条件：加热板温度按设备要求及气泡成型情况调定。热封辊温度按设备要求及铝塑板热封情况调定。下料应均匀。工作完毕后应切断电源、水源、气源，确保安全。废料应及时处理。随时目检外观，要求铝塑板板形端正、无异物、无缺片、无脏片、无漏粉；热合严密，泡眼完好均匀；批号印字清楚、端正、准确。

实训思考

1. 简述硬胶囊的生产工艺流程。
2. 简述硬胶囊的生产工艺条件。

项目二

生产硬胶囊

任务一　胶囊填充

能力目标：

1. 能根据批生产指令进行胶囊填充岗位操作。
2. 能描述胶囊填充的生产工艺操作要点及其质量控制要点。
3. 会按照 NJP800-B 全自动胶囊填充机的操作规程进行设备操作。
4. 能对胶囊填充中间产品进行质量检验。
5. 会进行胶囊填充岗位工艺验证。
6. 会对 NJP800-B 全自动胶囊填充机进行清洁、保养。

胶囊填充是指使用半自动或全自动胶囊填充机，将药物粉末或颗粒填充于空心囊壳中并抛光成合格胶囊剂的工艺过程。胶囊生产车间须符合 GMP 要求（洁净级别为 D 级），对于明胶胶囊应放置于温度 15~25℃，湿度 35%~65% 的环境中。胶囊在低湿条件下会失水变脆、在高湿条件下会吸水变软，水分的获得或流失，会引起明胶膜层的变化。胶囊的储存区域设计控制为室温 10~30℃，湿度 30%~70%。

领取任务：

按批生产指令将物料用胶囊填充机填充于空心胶囊壳中，并进行中间产品检验。胶囊填充机及相关设备已完成设备验证，进行胶囊填充工艺验证。工作完成后，对胶囊设备进行维护与保养。

一、胶囊填充设备

胶囊填充主要设备有半自动胶囊填充机和全自动胶囊填充机。

1. 全自动胶囊填充机　全自动胶囊填充机（图 2-2）主要由机座和电控系统、液晶界面、胶囊料斗、播囊装置、旋转工作台、药物料斗、填充装置、胶囊扣合装置、胶囊导出装置组成。

它采用间歇运动和多工位孔塞计量方式，可以自动完成硬胶囊的调头、分囊、填充、剔废、合囊、成品推出等胶囊填充过程。与药粉接触的部分不会与药粉发生反应，符合 GMP 标准，所有的运动部件磨损极小，符合人机工程。它具有剂量可调、有安全保护、统计产量计时、胶囊上机率高等特点。

胶囊定向原理

其工作原理如下：装在料斗里的硬胶囊随着机器的运转，逐个进入顺序装置的顺序叉内，经过胶囊导槽和拨叉的作用使胶囊调头，机器每动作一次，释放一排胶囊进入模块孔内，并使其体在下，帽在上（ER-2.2-图片1）。转台的间隙转动，使胶囊在转台的模块中被输出到各工位。真空分离系统把胶囊顺入模块孔中的同时将体和帽分开（ER-2.2-图片2）。接着填充杆把压实的药柱推到胶囊体内。下一个工位把上模块中体和帽未分开的胶囊清除吸掉。再次将下模块缩回与上模块并合，经过推杆作用使填充好的胶囊扣合锁紧。最后将扣合好的成品胶囊推出收集。

帽体分离原理

图2-2　全自动胶囊填充机

图2-3　半自动胶囊填充机

2. 半自动胶囊填充机　半自动胶囊填充机（图2-3）是一种半自动胶囊填充设备，集机、电、气于一体，可分别独立完成播囊、分体、药粉填充、锁紧等步骤。适用于胶囊填充粉状、颗粒状物料。

本机主要由送囊调头分离机构、药料填充机构、锁紧机构、变频调速机构、气动控制和电器控制系统、保护装置等部件以及真空泵和气泵附件组成。可配备不同的模具对不同型号的胶囊进行填充。该设备采用开放式设计，具有经济、适用性强的特点。但存在粉尘大、容易污染且效率低等问题，目前一般不用于企业的生产，主要用于教学实训。

其工作原理如下：空心胶囊从料斗插取到播囊管中，经播囊器释放一排胶囊，受推囊板的作用向前推进至调头位置，胶囊受压囊头向下推压并同时调头（体朝下帽朝上），受负压气流的作用下，进入胶囊模具，囊帽受模孔凸檐阻止留在上模具盘中，囊体受真空的作用，滑入下模孔内，完成胶囊的排囊、调头和分离工作（ER-2.2-图片3）。

胶囊填充工艺过程

料斗上装有调速电机，带动螺旋桨使物料强制灌入空胶囊。下转盘带动模具旋转，下转盘同样同调速电机带动运转，使模具在加料嘴下面运转一周，由气缸推向模具，料斗到位后转盘电机和料斗电机自动启动，填料完成。

通过脚踏阀使顶胶囊气缸动作，已装满药料的胶囊（上下模合在一起）进行锁紧，然后，用于推动胶囊模具，使顶针复位将胶囊顶出，流入集囊箱里。填充好的胶囊挑出废品后，用胶囊抛光机进行抛光，用洁净的物料袋或容器密封保存，即完成胶囊的制备过程。

领取任务：

学习胶囊填充的生产工艺，熟悉生产状态标识，并学会如何正确填写记录，为进行胶囊剂批生产做好准备。

二、胶囊填充岗位操作

生产前准备工作

实训设备：NJP800-B 全自动胶囊填充机。

进岗前按进入 D 级洁净区要求进行着装，进岗后做好厂房、设备清洁卫生，并做好操作前的一切准备工作（ER-2.2- 文本 1）。

（一）胶囊填充岗位标准操作规程

1. 设备安装配件、检查及试运行　按工艺要求安装好填充杆组件，对相关生产用设备进行空载运行，检查设备运行是否正常。一般故障自行排除，不能排除的故障通知设备维修人员进行检修。

2. 生产过程

(1) 领料：根据制剂生产指令开具领料单，领取空心胶囊，核对空心胶囊数量、型号、外观质量。根据制剂生产指令检查上工序移交的待填充品，注意核对品名、批号、规格、净重、检验报告单或合格证等。

(2) 胶囊填充：将空心胶囊和药物粉末或颗粒分别加入胶囊料斗和物料料斗中。试填充，调节定量装置，称重量，计算装量差异，检查外观、套合、锁口是否符合要求，并经 QA 人员确认合格。试填充合格后，机器可正常填充。在填充过程中要随时抽查装量控制填充的速度，检查胶囊的外观、锁口以及装量差异是否符合要求；质监员定时检测装量。

(3) 胶囊抛光：从出料口流出的胶囊，用专用勺子将胶囊加入抛光机漏斗，动作要轻缓。抛光好的胶囊接入套有聚乙烯袋的接料桶内。

3. 结束过程

(1) 填充结束，关闭胶囊填充机、吸尘装置等。

(2) 将合格品和不合格品按中间站管理规程（ER-2.2- 文本 2）转入中间站，并做好产品标识。

中间站管理规程

(3) 生产结束后，按“清场标准操作程序”（ER-2.2- 文本 3）要求进行清场，做好房间、设备、容器等清洁记录。结算本岗位物料，按物料平衡管理规定和收率管理规定进行检查与计算。

(4)按要求完成批生产记录填写。清场完毕，填写清场记录。上报 QA 检查，检查合格后，发清场合格证，挂“已清场”牌。

清场标准操作程序

4. 异常情况处理　胶囊填充过程中，出现平均重量、装量差异、崩解时限等生产过程中质量控制指标接近标准上下限时，应及时调节填充量、胶囊填充机转速等参数；若超出标准范围或出现锁扣不牢等问题时，应停止生产，及时报告 QA 进行调查处理。

胶囊填充过程中常遇到的问题及其主要产生原因和解决办法见表 2-2。

表 2-2　胶囊填充过程中容易出现的问题及解决办法

现象	可能原因	解决办法
瘪头	压力太大	调整压力
锁口不到位	压力太小	调整压力
错位太多	顶针不垂直或冲模磨损	调正顶针，更换冲模
套合后漏粉	囊壳贮存不当，水分流失	空胶囊应贮存于阴凉库

NJP800-B 全自动胶囊填充机标准操作程序见 ER-2.2- 文本 4。

（二）胶囊填充工序工艺验证

NJP800-B 全自动胶囊填充机标准操作程序

1. 验证目的　对胶囊填充机填充效果通过胶囊工序工艺验证进行考察，评价填充工艺稳定性。

2. 验证项目和标准

(1)工艺条件：填充速度；取样点为每 10 分钟，取样 10 粒；检测项目有装量差异、崩解时限、外观，并计算收率和物料平衡。

(2)验证通过的标准：符合胶囊中间产品质量标准，对取样数据进行分析，要求在标准的范围内且所有数据排列无缺陷。

（三）胶囊填充设备的日常维护与保养

机器长时间工作，更换药物生产或者停用较长时间时，需要对药粉直接接触的设备零部件进行清理。机器下部的传动部件要经常擦净油污，使观察运转情况更清楚。

真空系统的过滤器要定期打开清理堵塞的污物。

实训思考

1. 硬胶囊填充机在正式开机前要进行哪些准备工作？
2. 空胶囊上下未能正常分离时应注意进行怎样的调整？
3. 胶囊剂质量有哪些方面的要求？
4. 乙肝解毒胶囊的装量是 0.25g，内控质量标准是 ±8%，填充时装量应控制在什么范围？
5. 请列举胶囊帽体分离不良的原因，并说出解决方法。
6. 发生锁口过松的原因是什么？应如何解决？

7. 发生叉口或凹顶的原因是什么？应如何解决？

任务二　铝塑泡罩包装

能力目标：

1. 能根据批生产指令进行铝塑泡罩包装的操作。
2. 能描述铝塑泡罩包装的生产工艺操作要点及其质量控制要点。
3. 会按照 DPP-80 型铝塑泡罩包装机的操作规程进行设备操作。
4. 能对泡罩包装中间产品进行质量检验。
5. 会进行泡罩包装岗位工艺验证。

药品的铝塑泡罩包装是通过模压成型或真空吸泡将产品封合在透明塑料薄片形成的泡罩与底板(用纸板、塑料薄膜或薄片,铝箔或它们的复合材料制成)之间的一种包装方法。在国外称为 PTP (press through pack)包装,国内称为压穿式包装,是片剂、胶囊、栓剂、丸剂等固体制剂药品包装的主要方式之一。

根据铝塑泡罩包装的不同形式分为双硬铝、双软铝或者是聚氯乙烯(PVC)铝塑泡罩,进行铝塑包装后再进行装盒(装说明书)、裹包和装箱。

领取任务：

按批生产指令将胶囊用胶囊铝塑泡罩包装机进行内包装,并进行中间产品检验。铝塑泡罩包装机及相关设备已完成设备验证,进行胶囊内包装工艺验证。工作完成后,对内包装设备进行维护与保养。

一、铝塑泡罩包装设备

平板式泡罩包装机(图 2-4)一般的工作过程如下:通过 PVC 加热装置对 PVC 进行加热至设定温度,平板正压泡罩成型装置将加热软化的 PVC 吹成光滑的泡罩;然后通过给料装置填充药片或胶囊,由入窝压辊将已成型的 PVC 泡带同步平直地压入热封铝筒相应的窝眼内,再由滚筒辊热封装置将铝箔与 PVC 热封;最后由打字冲裁装置,在产品上打上批号并使产品成型。

该设备整体采用开式布局结构,可视性好,机器维护、调整简单、方便,可采用模块化模具,更换安装做到同机多规格生产,模具费用低。具有加热板温控检测、主电机过载保护,PVC 和 PTP 包材料位检测。

图 2-4　平板式泡罩包装机

二、铝塑泡罩包装岗位操作

实训设备:DPP-80 型铝塑泡罩包装机。

进岗前按进入 D 级洁净区要求进行着装,进岗后做好厂房、设备清洁卫生,并做好操作前的一切准备工作(ER-2.2- 文本 1)。

(一) 铝塑泡罩包装岗位标准操作规程(ER-2.2- 视频 1)

铝塑泡罩包装岗位操作

1. 设备安装配件、检查　根据工艺要求安装整套模具并设定批号。

2. 生产过程

(1) 领料:按“批包装指令”领取待包装半成品、铝箔、PVC 硬片,核对品名、规格、批号、数量与批包装指令一致。

(2) 安装铝箔、PVC 硬片和字粒,接通电源,待温度、气压达到设定值后,打开输送带开关,按下开关,进行空机试运行。检查泡眼、热封、批号、压痕、冲裁等情况,符合规定后,打开加料器转刷,将药由料斗加入,并打开下料闸,使药料由加料器加入泡眼中。

(3) 适当打开下料闸门,调整扫粒速度;点动机器运转,观察扫粒情况。如出现缺粒,即调整扫粒速度和整车的运行速度。

(4) 正常生产时,操作人员观察到个别泡眼缺少物料时,手工补上物料;同时检查裁切下来的铝塑板,剔除漏装、冲裁压坏和受到污染的铝塑板。

3. 结束过程

(1) 工作完毕,按下停机开关,然后依次关停转刷、输送带、压缩机、成型、热封、塑片、铝箔等,再切断电源,关闭进水阀,取下塑片、铝箔以及字模。

(2) 将装有铝塑板的接料桶,送至中间站,并做好产品标识。

(3) 生产结束后,按“清场标准操作程序”(ER-2.2- 文本 3) 要求进行清场,做好房间、设备、容器等清洁记录。

(4) 按要求完成记录填写。清场完毕,填写清场记录。上报 QA 检查,合格后,发清场合格证,挂“已清场”牌。

4. 异常情况处理　出现异常情况,立即报告 QA 人员。如胶囊落地,收集后弃去。

铝塑泡罩包装常见设备故障及解决办法见表 2-3。

表 2-3　铝塑泡罩包装机常见故障发生原因及排除方法

故障现象	原因	措施
PVC 泡罩成型不良	加热辊温度过高或过低	调整温度
	吸泡真空不足	清理成型辊气道异物
	成型辊处冷却水温不好	清除冷却系流水垢异物
	PVC 过厚或过薄	选择合适的 PVC
热封不良	气压不对	调整气压
	气缸摆杆松动	紧固
	热压辊与传动辊不平行	调整平行度
	加热温度低	调整温度
打批号不好	字粒安装位置不对	调整位置
	字粒过紧或过小	调整螺丝压紧度
	张紧轮调节位置不对	调整位置
冲切不准、位置不对	步进辊松动	调整、紧固
	摩擦轮打滑	清洁、紧固
	轮的位置不对	调整位置、间隙

5. 注意事项

(1) 出现不同步时，应先将成型的塑片剪掉，重新拉装，若仍未同步，可调节行程微调旋钮，使其同步。

(2) 机器运行时，不得将手及其他硬物放入模具中，防止人身伤害及设备损坏。

加料器的药料不能太多，过多易被转刷搅破，以能填满泡眼、无空泡为宜。停机时，模具应处分开状态，以免塑片烧断。模具退回时填写记录。

DPP-80 型铝塑泡罩包装机标准操作程序见 ER-2.2- 文本 5。

ER-2.2-文本5

DPP-80 型铝塑泡罩包装机标准操作程序

(二) 铝塑泡罩包装工序工艺验证

1. 验证目的　通过对包装机的包装效果进行考察，评价泡罩包装的工艺稳定性。

2. 验证项目和标准

(1) 工艺条件包括成型温度、热封温度、运行速度等。

(2) 按规定的成型温度、热封温度、运行速度，进行生产。稳定后开始取样，每 15 分钟取样一次，每次取样 6 板，进行装量、外观及封合性检测（渗漏试验）。

(3) 验证通过的标准：目测外观整洁、切边整齐、泡罩外形规整无异性泡，封合性良好。

(三) 铝塑泡罩包装设备的日常维护与保养

1. 日常保养

(1) 机器要经常擦拭，保持清洁，经常检查机器运转情况，发现问题及时处理。按润滑要求进行润滑，工作完毕对压合网纹辊涂上机油，以防生锈并对各导柱与轴承用油脂润滑一次。

(2) 工作时，各冷却部位不可断水，保持水路通畅，做到开机前先供水，然后再对加热部分进行加热。加热辊面要保持清洁，清除污物应用细铜丝刷进行清理。

(3) 工作完毕后，先切断电源，各个加热部位冷却至室温后再关闭水源、气源，并在主动辊与热压辊之间垫入木楔。

(4) 模具在使用或存放时，切忌磕碰划伤，切勿与腐蚀物接触。

2. 定期保养　每3个月对减速器装置进行检修一次。每半年对真空泵进行拆机清洗。每年对成型辊、传动辊清理一次水垢。

实训思考

1. 胶囊铝塑泡罩包装的设备主要有哪些?
2. 简述平板式胶囊铝塑泡罩包装机的工作原理。
3. PVC泡罩成型不良的主要原因有哪些?
4. 冲切不准、位置不对的原因有哪些? 该如何解决?

项目三

硬胶囊的质量检验

任务　阿司匹林胶囊的质量检验

能力目标：

能根据 SOP 进行阿司匹林胶囊剂的质量检验。

胶囊剂的质量检验项目主要包括外观、装量差异、水分、崩解时限、溶出度、含量等项目。其中需要注意的是：①凡规定检查溶出度的胶囊剂可不再检查崩解时限；②肠溶胶囊剂的崩解时限测定，需先在胃液中检查 2 小时，再在肠液中检查。

领取任务：

进行阿司匹林胶囊剂的质量检验。

（一）阿司匹林胶囊剂质量标准

阿司匹林肠溶胶囊成品质量标准见表 2-4。

表 2-4　阿司匹林肠溶胶囊成品质量标准

检验项目		法规标准	稳定性标准
性状		本品内容物为白色颗粒，除去囊衣后显白色	本品内容物为白色颗粒，除去囊衣后显白色
鉴别		（1）与三氯化铁试液反应显紫堇色 （2）含量测定项下的色谱图中，供试品溶液主峰和对照品主峰的保留时间一致	–
含量		90%~110%	90%~110%
游离水杨酸		<3.0%	<3.0%
释放度	酸介质	<10%（2 小时）	<10%（2 小时）
	缓冲液	≥ 70%（45 分钟）	≥ 70%（45 分钟）

续表

检验项目		法规标准	稳定性标准
微生物限度	细菌数	≤ 1 000CFU/g	≤ 1 000CFU/g
	霉菌和酵母菌数	≤ 100CFU/g	≤ 100CFU/g
	大肠埃希氏菌	不得检出	不得检出

阿司匹林肠溶胶囊中间品质量标准见表 2-5。

表 2-5　阿司匹林肠溶胶囊中间品质量标准

中间产品名称	检验项目	标准
干颗粒	干燥失重	≤ 3.0%
混颗粒	主药含量	95.0%~105.0%
胶囊	性状	白色或类白色片
	10 个胶囊重量	× ×g
	囊重差异	± 7.5%
	重量差异	± 7.5%
	崩解时限	胃液中 2 小时不破坏，肠液中 1 小时内全部崩解

比较阿司匹林肠溶胶囊与阿司匹林肠溶片，两者的质量检验项目中最大的区别在于重量差异检查，因此以下主要介绍重量差异检查方法。

（二）胶囊剂重量差异检查

1. 重量差异检查方法　除另有规定外，取供试品 20 粒，分别精密称定重量后，倾出内容物（不得损失囊壳），用小刷或其他适宜用具拭净硬胶囊囊壳，分别精密称取囊壳重量，求出每颗内容物的装量与平均装量。

2. 装量差异标准　每粒的装量与平均装量相比较，超出装量差异限度的胶囊不得多于 2 粒，并不得有 1 粒超出限度 1 倍。

实训思考

1. 硬胶囊的质量检验项目有哪些？
2. 硬胶囊的重量差异检查如何进行？

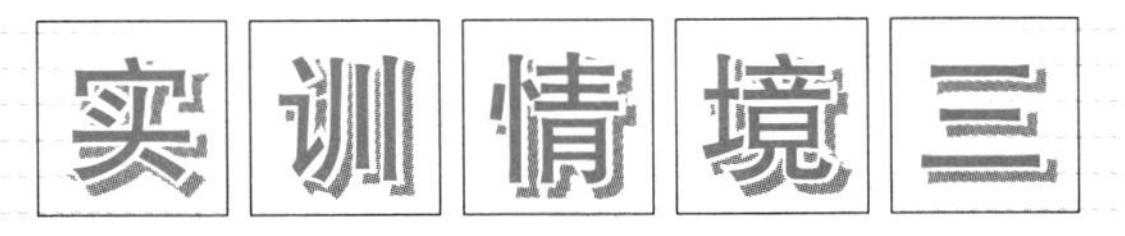

软胶囊的生产

软胶囊生产流程

项目一

接收生产指令

任务　软胶囊生产工艺

能力目标：

1. 能描述软胶囊生产的基本工艺流程。
2. 能明确软胶囊生产的关键工序。

软胶囊剂（又称胶丸）是指将一定量的药液加适宜的辅料密封于球形或椭圆形的软质囊材中所制成的剂型，可用滴制法或压制法制备。囊材主要是由明胶、甘油、水或适宜的药用材料制成。

领取任务：

学习软胶囊生产工艺，熟悉软胶囊生产操作过程及工艺条件。

一、软胶囊生产工艺流程

根据生产指令和工艺规程编制生产作业计划，见图 3-1。软胶囊应该在为 D 级洁净区，室温 18~25℃，相对湿度（relative humidity，RH）30%~45% 环境下进行生产。现介绍压制法的生产流程及操作：对收料和来料的化验报告、数量等进行验收；明胶、增塑剂、纯化水等进行化胶制备明胶液；按处方比例进行称量、投料，配制囊心物；采用压制法进行制丸；采用转笼干燥，使软胶囊定形；使用挥发性有机溶剂清洗表面石蜡油，挥去有机溶剂；进行拣丸，挑出异形丸，保证囊重；可采用瓶装线或铝塑包装线进行内包装；之后胶囊进行外包装；最后入库。生产质量控制要点见表 3-1。

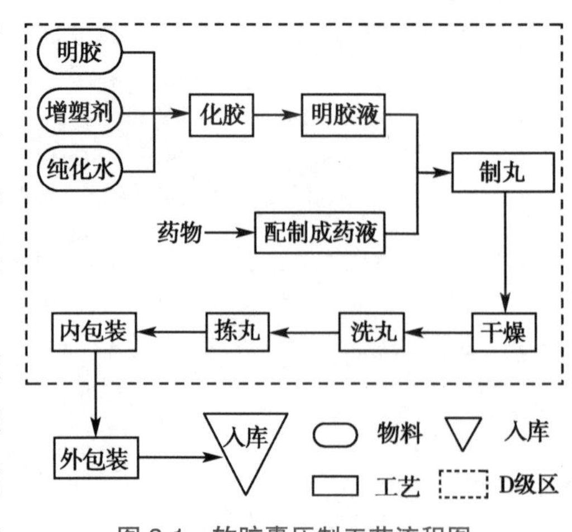

图 3-1　软胶囊压制工艺流程图

表 3-1　软胶囊生产质量控制要点

工序	质量控制点	质量控制项目	频次
配料	投料	含量、数量、异物、细度	一次 / 班
化胶	投料、溶胶真空度、温度、时间	黏度、水分、冻力	每批一次
制丸	胶丸成形	丸形、装量、渗漏	20min/ 次
干燥	转笼	外观、温度、湿度	每班一次
清洗	洁净情况	清洁度	每班一次
拣丸	丸形	大小丸、异形丸	每班一次
包装	瓶装	数量、密封度、文字、批号	随时 / 班
	盒装	数量、说明书、标签	抽检 / 批
	装箱	数量、装箱单、印刷内容	抽检 / 批
	标签	批号、文字、使用数	每班一次

二、软胶囊生产操作过程及工艺条件

1. 化胶　按照领料单，对各物料的品名、规格、批号、数量及产品合格证进行核对，并检查相关设备确保其处于工作状态。

按明胶∶甘油∶水 =1∶(0.4~0.6)∶1 的比例称取明胶、甘油、水，和一定量色素；先用约 80% 水浸泡明胶使其充分溶胀；将剩余水与甘油混合，置煮胶锅中加热，加入明胶液，搅拌使之完全溶解，脱泡至最少量为止。将色素加入至罐中，混合均匀，除去上浮的泡沫，滤过，测定胶液黏度符合要求后，保温 50~60℃静置。

2. 配料　配料间保持室温 18~25℃和相对湿度 50% 以下。按处方量称取物料，搅拌使其充分进行混匀，使用胶体磨研磨并真空脱气。

3. 制丸　将上述胶液放入保温箱内，保温温度为 50~60℃；将制成合格的胶片和药液通过自动旋转制囊机压制成软胶囊。压制软胶囊操作室洁净度按 D 级洁净度要求，室内相对室外呈正压，温度 20~24℃、相对湿度 40% 以下。

4. 干燥　将压制后的软胶囊进行转笼干燥，并放入干燥箱定型。

5. 洗丸　用乙醇在洗丸机中洗去胶囊表面油层，再放入干燥箱中除去乙醇。

6. 拣丸　将干燥后的软胶囊进行人工拣丸或机械拣丸，拣去大小丸、异形丸、明显网印丸、漏丸、气泡丸等，将合格的软胶囊丸放入洁净干燥的容器中，称量，标记，标明产品名称、重量、批号、日期，用不锈钢桶加盖封好后，送中间站。

7. 检验、包装（瓶包装）　取上述软胶囊进行质量检查，合格后包装。先后按照药品的既定规格进行内包装和外包装。

（1）内包装：从中间站领取待包装品，并在内包材暂存库中领取内包材。启动理瓶机、筛动数粒机、塞纸机和旋盖机，实现对软胶囊的瓶包装。

（2）外包装：检查内包装瓶标签贴附和字迹是否合格；领取包装材料，由专人管理和发放；包装使用的小盒和大盒都必须在指定位置打印批号、有效期、生产日期，打印清晰，不重叠，按照要求放置一定的数量；批号、有效期在打印前，对批号模版以及打印的第一个盒、装箱单、大箱等进行检查，第一个打印的小盒粘贴在生产记录上。

8. 尾料处理　将尾料集中，称量，分别放入专用的不锈钢桶中保存，按《尾料管理制度》的要求，定期进行处理、检验，统一重新利用。

9. 清场　按要求进行清场，并填写清场记录，QA 质监员检查合格后，签发清场合格证。

实训思考

1. 简述软胶囊的生产工艺流程。
2. 软胶囊的制丸岗位生产质量关键点是什么？

项目二

生产软胶囊

任务一　化胶

能力目标：

1. 能根据批生产指令进行化胶操作。
2. 能描述化胶的生产工艺操作要点及其质量控制要点。
3. 会按照 HJG-700A 水浴式化胶罐的操作规程进行设备操作。
4. 会进行化胶岗位工艺验证。
5. 会对 HJG-700A 水浴式化胶罐进行清洁、保养。

化胶是指使用规定的化胶设备，将胶料、水、增塑剂、防腐剂、色素等附加剂辅料煮制成适用于压制软胶囊的明胶液的过程。增塑剂主要为甘油、山梨醇、丙二醇等。常用的附加剂包括着色剂、遮光剂、矫味剂和防腐剂等。在化胶操作时一般先把增塑剂（如甘油）、水、附加剂等加入容器中，搅拌均匀，升温至一定温度后再加入明胶颗粒，搅拌，真空脱泡，制得均质胶液。

领取任务：

按批生产指令选择合适化胶设备将物料煮制成适合压制的明胶液，并进行中间产品检验。

一、化胶设备

1. 水浴式化胶罐　见图 3-2，采用水平传动、摆线针轮减速器使圆锥齿轮变向，结构紧凑、传动平稳；搅拌器采用套轴双桨、由正转的两层平桨和反转的三层锚式桨组成，搅动平稳，均质效果好。罐体与胶液接触部分由不锈钢制成。罐外设有加热水套、用循环热水对罐内明胶进行加热，温升平稳。罐上还设有安全阀、温度计和压力表等。

2. 真空搅拌罐　是一种控温水浴式加热搅拌罐，罐内可承受一定的正、负压力，常可用作溶胶、贮胶，实现地面压力供胶（ER-3.2- 图片 1）。罐身一般为不锈钢焊接而成的三层夹套容器，内桶用于装胶液，夹层装加热用的纯净水。罐体上带有温度控制组件及温度指示表，可准确控制和指示夹层中的水温，以保证胶液需要的工作温度。罐盖上设有气体接头、安全阀及压力表，工作安全可靠，通过压力控制可将罐内胶液输送至主机的胶盒中。

图 3-2　水浴式化胶罐

真空搅拌罐

二、化胶岗位操作

实训设备：HJG-700A 水浴式化胶罐。

生产前准备工作

进岗前按进入 D 级洁净区要求进行着装，进岗后做好厂房、设备清洁卫生，及操作前的一切准备工作（ER-3.2- 文本 1）。

（一）化胶岗位标准操作规程（ER-3.2- 视频 1）

化胶岗位操作

1. 设备安装配件、检查及试运行　检查化胶罐及其附属设备（煮水锅、真空泵、冷热水循环泵、搅拌机、仪器、仪表工具）是否处于正常状态；化胶罐盖密封情况，开关是否灵敏；紧固件无松动，零部件齐全完好，润滑点已加油润滑，且无泄漏。

检查煮水锅内水量是否足够（水位线应在视镜 4/5 处），如水量不足，应开启补水阀，补足水量。从安全角度考虑，水位不能超过视镜 4/5 处，以防通入蒸汽后造成锅内压力过大发生爆炸。

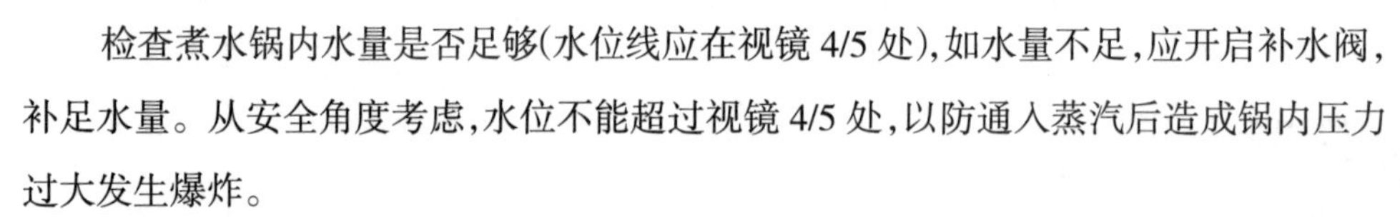

检查化胶罐、生产用具是否已清洁、干燥；检查电子秤、流量计的计量范围是否符合生产要求，并应清洁完好，有计量检查合格证，在规定的使用期内，并在使用前进行校正。

2. 生产过程　从中间站领取待化胶的甘油、明胶、色素等，核对品名、规格、批号、数量。

开启循环水泵，开启蒸汽阀门，蒸汽与循环水直接接触并加热循环水。当循环水温度达到 95℃时应适当减少蒸汽阀门的开启度（以排气口没有大量蒸汽溢出为准）。

根据胶液配方及配制量，用流量计测量定量纯净水放入化胶罐内。

开启热水循环泵，将煮水锅内热水循环至化胶罐夹层，加热罐内纯净水。

待化胶罐内纯净水温度达 50~60℃时，关闭罐上的排气阀和上盖，开启搅拌机和真空泵，将称量好的明胶和甘油等原辅料用吸料管吸入化胶罐内，吸料完毕，关闭真空泵。

待罐内明胶完全吸水膨胀，搅拌均匀。

待罐内胶液达到65~70℃时，开启缓冲罐的冷却水阀门，开启真空泵，对罐内胶液进行脱泡。测定胶液黏度合格和气泡量均符合要求后，关闭真空泵电机和冷却水阀门，用60目双层尼龙滤袋滤过胶液到保温储胶罐中，50~55℃保温，在2~24小时内备用。

3. 结束过程　生产结束后，按"清场标准操作程序"（ER-3.2-文本2）要求进行清场，做好房间、设备、容器等清洁记录。

ER-3.2-文本2

清场标准操作程序

按要求完成记录填写。清场完毕，填写清场记录。上报QA检查，合格后，发清场合格证，挂"已清场"牌。

4. 异常情况处理　出现异常情况，立即报告QA人员。

化胶时设备常见故障及解决办法见表3-2。

表3-2　化胶时设备常见故障及解决办法

故障现象	发生原因	解决方法
开机气堵	进料水管泵或冷却水泵的外部管路内的空气无处排放	拧松进水管路连接件或打开旁路阀门排除所有气体
未达到给定生产能力	(1)供给的加热蒸汽质量不符合要求 (2)出口背压过高，疏水器排泄不畅 (3)进料水流量压力与加热蒸汽压力不适应 (4)蒸馏水机蒸发面可能积有污垢	(1)将加热蒸汽的进口管路和输汽管路适当保温，以改善供气质量 (2)排除疏水器出口处的背压因素 (3)重新调整进料流量与初级蒸汽压力 (4)按照产品说明书内的技术要求清洗
蒸馏水温度过低，电导率大于1us/cm	(1)水管路内因压力变动造成冷却水流量变化 (2)进料水不符合要求	(1)通过冷却水调节阀降低冷却水流量；冷却水泵旁路阀稳定进水压力 (2)对水的预处理设备进行修理
细菌污染	(1)开机时，当冷水高速进入蒸馏水机，蒸汽消耗太高，中断蒸馏 (2)进料水压力不足 (3)冷凝器温度波动(甚至低于85℃) (4)水预处理设备处于再生，供水的交替期间使进料水的水质波动	(1)属初始状态，待1~2分钟就会恢复操作平衡，无须调节 (2)按接管技术重新调整进料压力 (3)检查蒸馏水机各元件工作态 (4)改善水质预处理设备运转工况，使供水质量稳定

5. 注意事项　化胶前检查热水循环系统和抽真空系统是否正常，热水温度是否达到工艺要求；真空开始后注意液面上涨情况，防止跑料，堵塞真空管道；注意化胶罐的密封，放胶管阀门的垫片易

破损，导致抽真空时吸入空气产生气泡；投入明胶至放胶整个过程尽可能控制在 2 小时内，温度不能超过 72℃。

HJG-700A 水浴式化胶罐标准操作程序见 ER-3.2- 文本 3。

HJG-700A 水浴式化胶罐标准操作程序

（二）化胶工序工艺验证

1. 验证目的　通过对溶胶效果进行考察，评价化胶工艺的稳定性，确认既定的工艺规程可以制备符合质量标准的胶液。

2. 验证项目和标准

（1）参数包括化胶温度、化胶时间、真空度等。

（2）按标准操作规程进行化胶，结束后分别从顶部、中间、底部取 3 个样，观察胶液外观性状，并测黏度。

（3）合格标准：明胶完全溶解、无结块、胶液色泽均匀，黏度在 25~40Pa·S 范围内。

（三）化胶设备的日常维护与保养

化胶设备的日常维护与保养应注意以下几点：保证机器各部件完好可靠；设备外表及内部应洁净，无污物聚集；各润滑杯和油嘴应加润滑油和润滑脂；定期检查化胶罐盖、真空泵、压力表等的密封性。

实训思考

1. 在化胶时加入甘油有何作用？
2. 软胶囊和硬胶囊制备时甘油的用量配比是否一样？甘油的用量对胶皮的质量有什么影响？
3. 化胶时加热时间和温度对胶皮质量有什么影响？
4. 明胶溶解后抽真空有什么作用？操作时应注意的事项是什么？

任务二　配料（配制内容物）

能力目标：

1. 能根据批生产指令进行软胶囊配料操作。
2. 能描述配料的生产工艺操作要点及其质量控制要点。
3. 会按照胶体磨或乳化罐的操作规程进行设备操作。
4. 会进行配料岗位工艺验证。
5. 会对配料设备进行清洁、保养。

软胶囊内容物配制是指将药物及辅料通过调配罐、胶体磨、乳化罐等设备配制成符合软胶囊质量标准的溶液、混悬液及乳液内容物的工艺过程。内容物配制的方法有：①药物本身是油类，仅需加入适宜的抑菌剂，或再添加一定数量的油（或 PEG400 等），混匀即得；②药物为固体粉末，首先粉碎至100~200目筛，再与油混合，经胶体磨研匀，或用低速搅拌加玻璃砂研匀，使药物以极细腻的粒子状态均匀悬浮在油中。

领取任务：

按批生产指令选择合适设备将药物及辅料配制成适合包囊的软胶囊内容物，并进行中间产品检查。设备已完成设备验证，进行配料工艺验证。工作完成后，对设备进行维护与保养。

一、配料设备

1. 胶体磨　在胶体磨（图3-3）中，流体或半流体物料通过高速相对连动的定齿与动齿之间，使物料受到强大的剪切力、摩擦力及高频振动等作用，有效地被粉碎、乳化、均质、混合，从而获得符合软胶囊要求的内容物。其主机部分由壳体、动磨片、静磨片、调节机构、冷却机构、机械密封、电机等组成。

图3-3　胶体磨

2. 真空乳化搅拌机　该设备可用于乳剂和乳剂型软膏的加热、溶解、均质乳化（ER-3.2-图片2）。该机组主要由预处理锅、主锅、真空泵、液压、电器控制系统等组成，均质搅拌采用变频无级调速，加热采用电热和蒸汽加热两种，具有乳化快和操作方便等优点。

TZGZ系列真空乳化搅拌机

3. 双向搅拌均质配液罐　该罐体上部采用多层分流刮壁搅拌，由正转刮壁桨叶和反转多层分流式浆叶组成（ER-3.2-图片3）。采用不同转速及转向对药液进行高效混合。底部采用高剪切乳化分散器和变频调速搅拌，使药液通过高剪切乳化分散器中的定子与转子间隙运转原理，实现强化剪切混合的作用，进而达到快速和有效的混合均质。本设备适用于多种不同物料混合，罐体采用内胆、加温层、保温层等三层结构，用循环热水对罐内进行加热，具有混合性能强、真空效果好、加热均匀、粗粒剪切、刮壁清洗方便等特点，是新一代软胶囊的配料、真空搅拌、均质的理想设备。

双向搅拌均质配液罐

二、软胶囊配料岗位操作

实训设备：胶体磨、乳化罐、配料罐。

进岗前按进入D级洁净区要求进行着装，进岗后做好厂房、设备清洁卫生，并做好操作前的一切准备工作（ER-3.2-文本1）。

（一）软胶囊配料岗位标准操作规程

1. 生产过程　按照生产指令领取待配制的原辅料，核对品名、批号、规格、数量；将固体物料分别粉碎，过100目筛；将液体物料过滤后加入配料罐（ER-3.2-图片4）；将固体物料按一定的顺序加入配料罐中，与液体物料混匀。

ER-3.2-图片4

配料罐

将混匀后的物料加入胶体磨或乳化罐中，进行研磨或乳化。

2. 结束过程　配料结束，关闭水、电、气。将研磨或乳化后得到的药液过滤后用干净容器盛装，并做好产品标识，标明品名、规格、批号、数量。

设备、生产工具按清洁规程进行清洁，配料间按"清场标准操作规程"（ER-3.2-文本2）进行清场。

按要求完成记录填写。清场完毕，填写清场记录。上报QA检查，合格后，发清场合格证，挂"已清场"牌。

ER-3.2-文本4

胶体磨标准操作程序

胶体磨标准操作程序见ER-3.2-文本4。

（二）软胶囊配料工序工艺验证

1. 验证目的　通过对均质和混合效果进行考察，评价配料工艺的稳定性，确认制定的配料工艺规程可以得到符合质量标准的胶囊内容物。

2. 验证项目和标准

(1)项目：均质次数

评价方法：设定胶体磨参数；混合量：XXkg；胶体磨间隙：X~XXμm。

经胶体磨分别均质1次、2次、3次过程中，分别从出料口分段取3个样，每个样50ml测定混悬液沉降体积比。

判定标准：混悬液外观均匀一致，静置3小时后混悬液沉降体积比≥0.XX。

(2)项目：混合时间

评价方法：设定配料罐参数；混合量：XXkg；配料罐转速：XXr/min。

混合20分钟、40分钟、60分钟、80分钟，分别从顶部、中间、底部取3个样，每个样50g，测定XXX含量。

判定标准：混悬液外观均匀一致，主药含量≥XXmg/0.XXg，与平均值最大偏差≤0.Xmg。

(3)项目：混合均匀性

评价方法：设定配料罐参数；混合量：XXkg；配料罐转速：XXr/min；混合时间按工艺验证值确定。

在混合结束后，混悬液外观均匀一致，分别从顶部、中间、底部取3个样，每个样50g，测定主药含量。

判定标准：主要含量≥XXmg/0.XXg，与平均值最大偏差≤0.Xmg。

(4)项目：静置均匀性

评价方法：将混合均匀的内容物经真空脱泡完全后放出静置，分别在0小时、3小时、6小时、9小时分别从顶部、中间、底部取3个样（取样前用加料勺搅拌1分钟），每个样取50g，测定主药含量。

判定标准：主药含量≥XXmg/0.XXg，与平均值最大偏差≤0.Xmg。

(三) 软胶囊配料设备的日常维护与保养

软胶囊配料设备的日常维护与保养应注意以下几点:设备外表及内部应洁净,无污物聚集,同时做好防锈处理;检查所有电器元件各接头的紧固状况,线路的老化情况,各部位防水情况等;检查底座水槽内部排水是否通畅,检查水封密合情况、弹簧松紧度、齿轮磨损情况,检查主轴密封圈磨损情况。

实训思考

1. 哪些药物不适宜作软胶囊内容物?
2. 为什么物料中的固体必须磨碎并过筛?

任务三　软胶囊压制

能力目标:

1. 能根据批生产指令进行软胶囊压制操作。
2. 能描述软胶囊压制的生产工艺操作要点及其质量控制要点。
3. 会按照 RGY6X15F 软胶囊机的操作规程进行设备操作。
4. 会进行软胶囊压制岗位工艺验证。
5. 会对 RGY6X15F 软胶囊机进行清洁、保养。

软胶囊常用滴制法(ER-3.2- 图片 5)和压制法(ER-3.2- 图片 6)进行制备。其中压制法是指使用规定的模具和软胶囊压制设备将药物油溶液或混悬液压制成合格软胶囊的工艺过程。压制工艺根据模具可分为平模压制和滚模压制。其中滚模压制是较常采用的方式,因此本次任务操作对象为滚模压制机。

滴制法制备软胶囊

压制法制备软胶囊

▶▶领取任务:

按批生产指令选择合适软胶囊压制设备将药液和胶液压制成软胶囊,并进行产品检验。软胶囊机已完成设备验证,进行软胶囊压制工艺验证。工作完成后,对设备进行维护与保养。

一、软胶囊压制设备

主要设备为滚模式软胶囊压制机,该设备能把各类药品、食品、化妆品、各种油类物质和疏水悬液或糊状物定量压注并包封于明胶膜内(ER-3.2- 图片 7),形成大小形状各异的密封软胶囊。根据冷却系统不同可分为水冷却型和风冷却型，如图 3-4 和图 3-5。

机头结构示意图

工作原理如下：生产时，胶液分别由软胶囊机两边的输胶系统流出，铺到转动的胶带定型转鼓上形成胶液带，由胶盒刀闸高低调整胶带厚薄。胶液带经冷源冷却定型后，由上油滚轮揭下胶带。自动制出两条胶带，并由左右两边向中央相对合的方向靠拢移动，再分别穿过左右各自上油滚轮时，完成涂入模剂和脱模剂的工作，然后经胶带传送导杆和传送滚柱，从模具上部对应送入两平行对应吻合转动的一对圆柱形滚模间，使两条对合的胶带一部分先受到楔形注液器加热与模压作用而先黏合，此时内容物料液泵同步随即将内容物料液定量输出，通过料液管到楔形注液器，经喷射孔喷出，冲入两胶带间所形成的由模腔包托着的囊腔内。因滚模不断转动，使喷液完毕后的囊腔旋即模压黏合而完全封闭，形成软胶囊（ER-3.2- 动画 1）。

压制法制备软胶囊

图 3-4 RGY10X25 软胶囊机（水冷却型）

图 3-5 RGY6X15F 软胶囊机（风冷却型）

二、软胶囊压制岗位操作

软胶囊压制岗位操作

实训设备：RGY6X15F 软胶囊机

进岗前按进入 D 级洁净区要求进行着装，进岗后做好厂房、设备清洁卫生，并做好操作前的一切准备工作（ER-3.2- 文本 1）。

（一）软胶囊压制岗位标准操作规程（ER-3.2- 视频 2）

1. 设备安装配件、检查及试运行 准备所需模具、喷体及洁净胶盒等；检查生产用具和压制软胶囊设备是否清洁、完好及干燥。

检查电子秤、电子天平是否符合如下要求：计量范围符合生产要求，清洁完好，有计量检查合格证，并在规定的使用期内，且在使用前进行校正按“中间产品递交许可证”（ER-3.2- 文本 5）核对保温胶罐内胶液的名称、规格、有无 QA 签字、胶罐编号并清点个数。将胶罐进行保温，保温温度为 50~60℃。

中间产品递交许可证

2. 操作过程 打开输胶管和胶盒的加热开关，调整胶盒温控仪，温度一般设定为50~60℃；打开冷风机，调节冷风温度4~6℃。

将存放胶液的真空搅拌罐调节到位，设定罐内压力为0.03MPa，连接输胶管。

待温度稳定，打开真空搅拌罐出口的阀门，使胶液流入胶盒中。当胶盒存有2/3胶液时，开动主机，调节胶盒上的厚度调节柄，打开出胶口制胶膜，并调节胶膜厚度0.8mm左右，此时滚模转速调整为1~2r/min为宜。

机器转动约2分钟后，胶膜由胶皮轮转到油滚系统传递时打开润滑油。将涂油后的胶膜放在支架上，引入滚模，通过滚模、下丸器和拉网轴进入废胶桶内。用测厚表测量两边胶膜厚度，并调整胶盒开口的大小，使胶膜厚度两边均匀，并达到要求的0.8mm左右。

开转模，将铸鼓轮展制的胶带剥出，经过油轮及顶部导杆引入两只转模中间，引导胶带入拨轮中间，同时开注射器和电热棒加热，取样检测压出胶丸的夹缝质量、外观、内容物重，及时做出调整，直至符合工艺规程为止。在压制过程当中，应随时检查丸形是否正常，有无渗漏，并每20分钟检查装量差异一次。

3. 结束过程 压制结束，关闭压制机。全批生产结束后，收集产生的废丸，称重并记录数量，使用胶袋盛装，放于指定地点，作废弃物处理。

生产结束后，按“清场标准操作程序”（ER-3.2-文本2）要求进行清场，做好房间、设备、容器等清洁记录。

按要求完成记录填写。清场完毕，填写清场记录。上报QA检查，合格后，发清场合格证，挂“已清场”牌。

4. 异常情况处理 发现异常情况，应立即报告QA人员。

压制过程中容易出现的问题及解决办法，见表3-3。

表3-3 压制过程中容易出现的问题及解决办法

现象	发生原因	解决方法
喷体漏液	接头漏液	更换接头
	喷体内垫片老化弹性下降	更换垫片
胶丸内有气泡	料液过稠、夹有气泡	排除料液中气泡
	供液管路密封不良	更换密封件
	胶皮润滑不良	改善润滑
	喷体变形，使喷体与胶皮间进入空气	摆正喷体
	加料不及时，使料斗内药液排空	关闭喷体并加料，待输液管内空气排出后继续压丸
胶丸夹缝处漏液	胶皮太厚	减少胶皮厚度
	转模间压力过小	调节加压手轮
	胶液不合格	更换胶液

续表

现象	发生原因	解决方法
胶丸夹缝处漏液	喷体温度过低	升高喷体温度
	两转模模腔未对齐	停机，重新校对滚模同步
	内容物与胶液不适宜	检查内容物与胶液接触是否稳定并做出调整
	环境温度太高或者湿度太大	降低环境温度和湿度
胶丸装量不准	内容物中有气体	排除内容物中气体
	供液管路密封不严，有气体进入	更换密封件
	供料泵泄漏药液	停机，重新安装供料泵
	供料泵柱塞磨损	更换柱塞
	料管或者喷体有杂物堵塞	清洗料管、喷体等供料系统
	供料泵喷注定时不准	停机，重新校对喷注同步
胶丸崩解迟缓	胶皮过厚	调整胶皮厚度
	干燥时间过程，使胶壳含水量过低	缩短干燥时间

RGY6X15F 软胶囊机标准操作程序见 ER-3.2- 文本 6。

RGY6X15F 软胶囊机标准操作程序

（二）软胶囊压制工序工艺验证

1. 验证目的　通过对软胶囊机压制效果进行考察，评价压制工艺的稳定性，确认制定的工艺规程可以压制达到质量标准要求的软胶囊。

2. 验证项目和标准

(1) 项目：装量

评价方法：按照既定的 RGY6X15F 型软胶囊机的工艺参数，在生产过程中严格控制，每隔 15 分钟取 2 次样，每次 10 颗软胶囊，按《中国药典》(2015 年版）规定方法测定装量。

判定标准：每粒内容物装量在平均值 ±7% 内，且标准差 $S \leqslant 0.03$。

(2) 项目：含量

评价方法：依据已确定的软胶囊机工艺参数，在生产过程中严格控制，每隔 1 小时取 1 次样，直至生产结束，检测药物含量。

判定标准：主药含量与平均值的最大偏差≤ 10%

（三）软胶囊压制机的日常维护与保养

坚持每班检查、清洁、润滑、紧固等日常保养。

经常注意仪表的可靠性和灵敏性。

每星期更换一次料泵箱体石蜡油。

实训思考

1. 简述压制法生产软胶囊的原理。

2. 模具和喷体的安装、使用和拆卸有何注意事项？

3. 为何拆卸模具和料液泵时不能两人同时操作?

4. 造成软胶囊漏液的主要原因是什么? 如何解决?

任务四 软胶囊干燥、清洗

能力目标:

1. 能根据批生产指令进行软胶囊干燥、清洗操作。
2. 能描述软胶囊干燥、清洗的生产工艺操作要点及其质量控制要点。
3. 会按照软胶囊干燥定型转笼、XWJ-Ⅱ型超声波软胶囊清洗机的操作规程进行设备操作。
4. 会进行软胶囊干燥、清洗工序工艺验证。

软胶囊在压制成型后因胶皮水分含量较高,容易导致软胶囊外壳变形,必须进行干燥工序使胶囊定型;同时在压制工艺过程中,作为润滑剂的石蜡黏附在胶囊壳上,必须在干燥后清洗干净。

对胶囊干燥过快或过猛都会造成外观不合格和崩解度差等的后果,因此常在使用转笼干燥和风机吹风等预干措施后,再进行自然风干。洗丸是指使用乙醇或异丙醇等清洗溶剂将胶囊表层的油脂去除。传统的洗丸方式是在洗涤槽内加入一定量的清洗溶剂,手工反复搅拌若干时间后,捞出平铺在晾丸台上,彻底挥发清洗溶剂。

领取任务:

按批生产指令选择合适的软胶囊干燥、清洗设备将压制后的软胶囊进行干燥、清洗,并进行产品检验。干燥、清洗设备已完成设备验证,进行软胶囊干燥清洗工艺验证。工作完成后,对设备进行维护与保养。

一、软胶囊干燥、清洗设备

1. 软胶囊干燥定型转笼 见图 3-6,将压制的合格胶丸经输送机送入干燥转笼内进行干燥定型。干燥机可一节也可多节串联组成,能顺向转也可逆向转动。干燥箱一端由鼓风机输出恒温的空调风以保证软胶丸干燥。

2. 软胶囊清洗机 见图 3-7,根据主要部件不同分类滚笼式和履带式,洗涤形式也分为冲淋式和浸泡式。采用超声波技术的清洗机清洗过程分为:超声波浸洗、浸泡、丸体与乙醇分离、喷淋四个步骤。

3. 软胶囊拣丸机 见图 3-8,软胶囊通过加料器均匀地落在不锈钢输送辊上,胶丸在输送辊上翻转,同时又随着输送辊向前移动,并经过静电消除,供人工检查后采取气动原理吸取出不合格产品,胶丸与人工完全不达到接触,从而达到使药品无污染分选和静电消除的目的。符合 GMP 规范,检查无死角盲点,是软胶囊外观检查的理想设备。

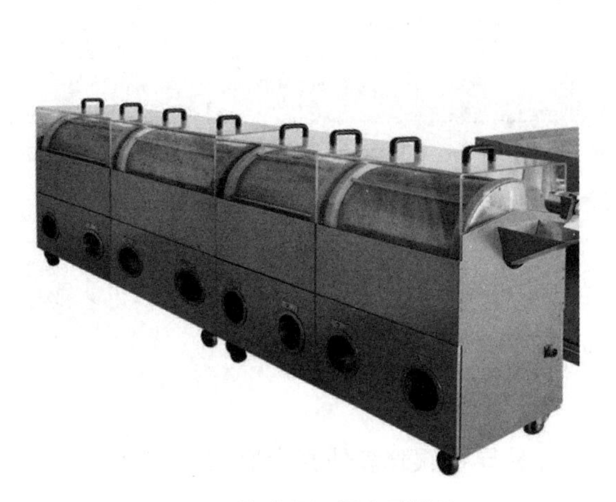

图 3-6　软胶囊干燥定型转笼

图 3-7　软胶囊清洗机

图 3-8　软胶囊捡丸机

二、软胶囊干燥、清洗岗位操作

实训设备:软胶囊干燥定型转笼、XWJ-II 型超声波软胶囊清洗机

进岗前按进入 D 级洁净区要求进行着装,进岗后做好厂房、设备清洁卫生,并做好操作前的一切准备工作(ER-3.2- 文本 1)。

(一) 软胶囊干燥、清洗岗位标准操作规程

1. 生产过程

(1)按生产指令准备所需干燥车、不锈钢勺、装丸盘等用具;检查生产用具、干燥转笼是否清洁、完好、干燥。

(2)从压制工序,领取批生产指令所要求的软胶囊中间产品。复核品名、规格和 QA 签发的"中间产品递交许可证"。

(3)启动转笼，从转笼放丸口倒入胶丸，装丸最大量为转笼的3/4；干燥7~16小时，将准备好的胶盘放在胶丸出口处，将干燥转笼旋转方向调至右转，放出胶丸。

(4)从转笼取出的胶丸置于干燥车上的筛网上(以2~3层胶丸为宜)，并摊平；再将干燥车推入干燥间静置干燥；每隔3小时翻1次，达到工艺规程所要求的干燥时间(8~16小时)后，每车按上、中、下层随机抽取若干胶丸检查，胶丸坚硬不变形，即可送入洗丸间，或用胶桶装好密封并送至洗前暂存间。

(5)打开浸洗缸、喷淋缸的缸盖，倒入一定量乙醇，盖上缸盖，打开冷水阀，将胶丸加入清洗机料斗内，经浸洗、喷淋后出丸，已清洗的胶丸表面应无油腻感，即可放置干燥车并摊平分置于筛网上(每筛以2~3层胶丸为宜)。将干燥车推入干燥隧道，挥去乙醇；干燥期间每隔3小时翻丸1次，达到工艺规程所要求的干燥时间(5~9小时)后，抽取若干胶丸检查，丸形坚硬不变形，即可收丸。

(6)按要求拣丸，拣出大丸、小丸、脏漏丸、网印及无光泽丸、异形丸，称重；合格的丸剂装入内衬洁净塑料袋的贮料桶中，放好桶卡标明产品名称、批号和重量，扎紧胶袋，盖好桶盖，防止吸潮，移至中间站。

2. 结束过程

(1)生产结束，关闭水、电、气。将干燥好的胶丸，放入内置洁净胶袋的胶桶中，扎紧胶袋，盖好桶盖，防止吸潮；并做好产品标识，标明品名、规格、批号、数量。

(2)生产结束后，按“清场标准操作程序”(ER-3.2-文本2)要求进行清场，做好房间、设备、容器等清洁记录。

(3)按要求完成记录填写。清场完毕，填写清场记录。上报QA检查，合格后，发清场合格证，挂“已清场”牌。

软胶囊清洗机标准操作程序见ER-3.2-文本7。

软胶囊清洗机标准操作程序

(二)软胶囊干燥、清洗工序工艺验证

1. 验证目的　通过对软胶囊机干燥和清洗效果考察，评价干燥清洗工艺的稳定性，确认按制定的工艺规程能够制得清洗符合要求的软胶囊。

2. 验证项目和标准

(1)项目：干燥时间

(2)评价方法：在温度为18~26℃、RH不超过XX%的环境下对湿软胶囊进行干燥。在干燥过程中，24小时内每4小时翻动软胶囊1次；24~48小时每8小时翻动软胶囊1次；以后每天至少翻动软胶囊2次。分别在干燥24小时、36小时、48小时、54小时取样，观察外观、用手挤压感觉硬度、测囊壳水分等。

(3)判定标准：外观为规整卵圆形；硬度应手指用力挤压后感觉有一定韧性、无明显变形，松开手指软胶囊不变形；胶皮水分在11%~14%范围内。

实训思考

1. 洗丸间和车间走廊有一段缓冲间间隔，且洗丸间内相对车间走廊呈负压，有何作用？
2. 为什么软胶囊清洗机上的超声波必须待乙醇充满机内胶管后才可开启？
3. 排出浸洗缸和喷洗缸内乙醇时，为什么不能将乙醇排尽？

项目三

软胶囊的质量检验

任务　维生素 E 软胶囊的质量检验

能力目标：

能按照 SOP 进行软胶囊的质量检验。

根据《中国药典》(2015 年版)第四部要求，软胶囊质量检验项目有装量差异、崩解时限、溶出度(释放度)、含量、微生物限度等。

领取任务：

进行维生素 E 软胶囊的质量检验。

一、维生素 E 软胶囊质量检验设备

气相色谱仪(图 3-9)是一种以气体作为流动相，可进行多组分混合物的分离、分析工具。其具有灵敏度高、分析速度快、应用范围广等特点。待测物样品被蒸发为气体并注入到色谱分离柱柱顶，以惰性气体(指不与待测物反应的气体，只起运载蒸汽样品的作用，也称载气)将待测物样品蒸汽带

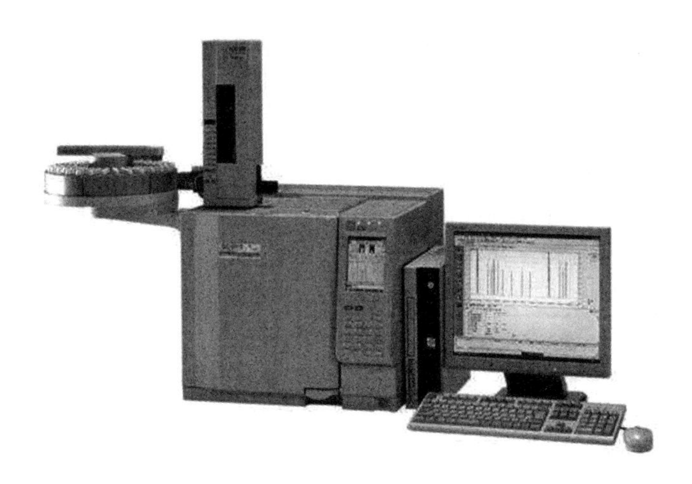

图 3-9　气相色谱仪

入柱内，基于待测物在气相和固定相之间的吸附 - 脱附（气固色谱）和分配（气液色谱）来实现分离。常采用相对保留值法，或以标准品的峰位进行定性分析，利用峰面积可以进行定量分析。

二、维生素 E 软胶囊质量检验岗位操作

（一）维生素 E 软胶囊质量标准

1. 成品质量标准　维生素 E 成品质量检验项目及标准见表 3-4。

表 3-4　维生素 E 成品质量检验项目及标准

检验项目	标准	
	法规标准	稳定性标准
性状	内容物为淡黄色至黄色的油状液体	内容物为淡黄色至黄色的油状液体
鉴别	(1) 与硝酸反应显橙红色 (2) 含量测定项下的色谱图中，供试品溶液主峰和对照品主峰的保留时间一致	–
含量	90%~110%	90%~110%
生育酚（天然型）	消耗硫酸铈滴定液（0.01mol/L）不超过 1.0ml	消耗硫酸铈滴定液（0.01mol/L）不超过 1.0ml
有关物质（合成型）		
α- 生育酚	<1.0%	<1.0%
单个杂质峰面积	<1.5%	<1.5%
杂质峰面积之和	<2.5%	<2.5%
比旋度	≥ +24°	≥ +24°
微生物限度		
细菌数	≤ 1 000CFU/g	≤ 1 000CFU/g
霉菌和酵母菌数	≤ 100CFU/g	≤ 100CFU/g
大肠埃希氏菌	不得检出	不得检出

2. 中间品质量标准　维生素 E 软胶囊生产过程中间品检验项目及标准见表 3-5。

表 3-5　维生素 E 中间品检验项目及标准

中间产品名称	检验项目	标准
囊心物溶液	主药含量	95.0%~105.0%
胶囊	性状 10 个胶囊重量 重量差异 崩解时限	内容物为淡黄色至黄色的油状液体 2.334~2.612g（参考） ± 10% <60 分钟

（二）维生素 E 软胶囊质量检验标准操作规程

1. 鉴别　取本品约 30mg，加无水乙醇 10ml 溶解后，加硝酸 2ml，摇匀，在 75℃加热约 15 分钟，溶液显橙红色。

2. 比旋度

(1)样品处理：避光操作，取内容物适量，约相当于维生素 E 400mg，精密称定，置于 150ml 具塞圆底烧瓶中，加无水乙醇 25ml 溶解。加硫酸乙醇溶液(1 → 7)20ml，置水浴上回流 3 小时，放冷，用硫酸乙醇溶液(1 → 72)定量转移至 200ml 量瓶中并定容至刻度，摇匀。精密量取 100ml，置分液漏斗中，加水 200ml，用乙醚提取 2 次(75ml，25ml)，合并乙醚液。加铁氰化钾氢氧化钠溶液 50ml，振摇 3 分钟；取乙醚层，用水洗涤 4 次，每次 50ml，弃去洗涤液，乙醚液经无水硫酸钠脱水后，置水浴上减压或氮气流下蒸干至 7~8ml 时，停止加热，继续挥干乙醚。残渣立即加异辛烷溶解并定量转移至 25ml 量瓶中，用异辛烷定容至刻度，摇匀。

(2)按《中国药典》(2015 年版)第四部测定比旋度，比旋度(按 D-α- 生育酚计)不得低于 +24°(天然型)。

3. 重量差异　除另有规定外，取供试品 20 粒，分别精密称定重量后，依次放置于固定位置，分别用剪刀划破囊壳，倾出内容物(不得损失囊壳)，囊壳用乙醚等易挥发溶剂挥净，置通风处使溶剂自然挥尽。依次精密称定每一囊壳重量，即可求出每粒内容物的装量与平均装量。

每粒的装量与平均装量相比较，超出装量差异限度的胶囊不得多于 2 粒，并不得有 1 粒超出限度 1 倍，则装量差异检测合格。

4. 含量测定(气相色谱法)

(1)色谱条件：硅酮(OV-17)为固定液，涂布浓度为 2% 填充柱，或用 100% 二甲基聚硅氧烷为固定液的毛细管柱。柱温 265℃，理论板数按维生素 E 计算不低于 500(填充柱)或 5 000(毛细管柱)，维生素 E 峰与内标物质峰分离度符合要求。

(2)配制内标溶液：取正三十二烷适量，加正己烷溶解并稀释成每 1ml 中含 1.0mg 的溶液，作为内标溶液。

(3)校正溶液配制：取维生素 E 对照品约 20mg，精密称定，置棕色具塞瓶中，精密加内标溶液 10ml，密塞，振摇使溶解。

(4)样品溶液配制：取本品约 20mg，精密称定，置棕色具塞瓶中，精密加内标溶液 10ml，密塞，振摇使溶解。

(5)进样：校正溶液和样品溶液各取 1~3μl 注入气相色谱仪中，测定，计算，即得。

5. 生育酚

(1)样品溶液配制：取本品适量(维生素 E 0.10g)，加无水乙醇 5ml 溶解后，加二苯胺试液 1 滴。

(2)测定方法：用 0.01mol/L 硫酸铈滴定液滴定。

实训思考

1. 软胶囊的质量检验项目有哪些？
2. 软胶囊的重量差异检查有哪些要点？

实训情境四

小容量注射剂的生产

小容量注射剂
生产简介

项目一

接收生产指令

任务 小容量注射剂生产工艺

能力目标：

1. 能描述注射剂生产的基本操作方法。
2. 能明确注射剂生产工艺及设备。
3. 会根据生产工艺规程进行生产操作。

无菌制剂的生产工艺按是否采用有效灭菌方法进行灭菌，分为最终灭菌工艺和无菌生产工艺（非最终灭菌工艺）。小容量注射剂如药物较为稳定，常采用最终灭菌工艺；否则需采用无菌生产工艺，无菌灌装制剂、无菌粉状粉针剂和冻干粉针剂等也采用该工艺过程，本书将在实训情境六冻干粉针中详细介绍该工艺过程。大容量注射剂一般亦采用最终灭菌工艺进行生产。

领取任务：

学习小容量注射剂生产工艺，熟悉注射剂生产操作过程及工艺条件。

一、小容量注射剂生产工艺流程

小容量注射剂最终灭菌工艺流程图见图 4-1。配液、粗滤时可在 D 级（或 C 级）区域内，精滤则在 C 级区域内进行。最终灭菌产品，灌封可在 C 级（或 C 级背景下的 A 级）洁净区进行。小容量注射剂采用非最终灭菌工艺时，即无法采用可靠灭菌方法进行灭菌的产品，灌封（灌装）工序必须在 B 级背景下的 A 级区内进行，物料转移过程中也需采用 A 级保护。各工序生产质量控制要点见表 4-1。

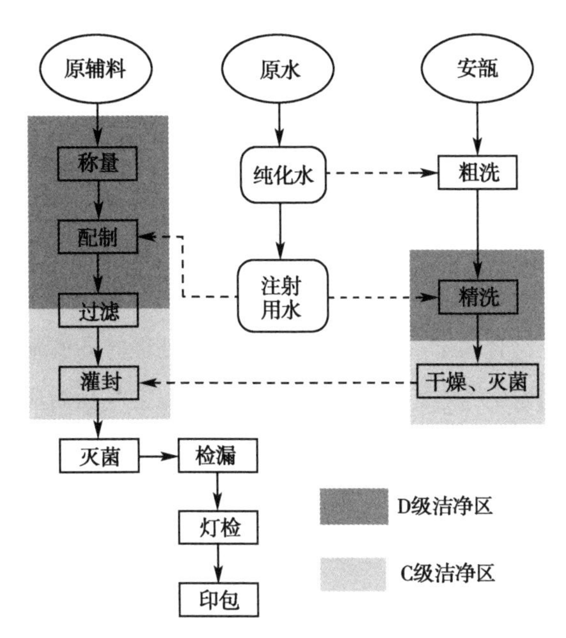

图 4-1　小容量注射剂最终灭菌工艺流程图

表 4-1　注射剂生产质量控制要点

工序	质量控制点	质量控制项目
车间洁净度	洁净区、无菌区	尘埃粒子、换气数、沉降菌、浮游菌
氮气、压缩空气	送气口、各使用点	含量(仅氮气)、水分、油分
制水	各使用点	全检
配制	药液	粗滤:可见异物、微生物限度、细菌内毒素 精滤:可见异物、pH、澄明度、含量
安瓿洗瓶	安瓿	清洁度
	注射用水	可见异物
安瓿干燥灭菌	安瓿	清洁度、不溶性微粒、细菌内毒素
过滤	微孔筒式过滤器	完整性试验、滤芯可见异物
灌封	灌装间	沉降菌、操作人员和设备微生物
	药液	不溶性微粒
	安瓿注射液	装量差异、可见异物
灭菌	安瓿注射液	灭菌方式、码放方式、灭菌数量、达到灭菌温度后的保温时间、F_0 值、可见异物、含量、pH、无菌、热原检验
灯检	安瓿注射液	可见异物、封口质量
印包	包装材料	字迹清晰、标签完整性

二、小容量注射剂生产操作过程及工艺条件

1. 领料　核对原辅料的品名、规格、数量、报告单、合格证。

2. 工艺用水　原水为符合国家饮用水的标准自来水。纯化水一般生产过程由原水经石英砂过滤，活性炭过滤器、软化器处理，经一级反渗透、二级反渗透，再经紫外灯灭菌进入贮罐。注射用水则是指由纯化水经多效蒸馏水机蒸馏而得。

制水工艺条件：原水应符合国家饮用水标准，原水的预处理的进水流量应≤ $3m^3/h$，温床的流量为 $3m^3/h$，多效蒸馏水机蒸汽压力应在 0.3~0.4MPa 之间，压缩空气压力应在 0.3~0.4MPa 之间，纯化水和注射用水的全部检查项目应符合要求。

3. 理瓶、洗瓶

(1) 理瓶、洗瓶操作过程：按批生产指令领取安瓿并除去外包装，烤字安瓿要核对批号、品名、规格、数量。在理瓶间逐盘理好后送入联动机清洗（或送入粗洗间用纯化水粗洗后送入精洗间，注射用水甩干）并检查清洁度符合规定后送隧道烘房或干燥烘箱。

(2) 理瓶、洗瓶工艺条件：注射用水经检查无可见异物。洗瓶用注射用水水温应为 (50 ± 5) ℃，冲瓶水压应在 0.15~0.2MPa 之间。

4. 配制

(1) 配制工序操作过程：按批生产指令，领取原辅料。注射剂用原料药，非水溶媒，在检验报告单加注了“供注射用”字样，请仔细核对。根据原辅料检验报告书，对原辅料的品名、批号、生产厂家、规格及数量核对，并分别称（量）取原辅料。原辅料的计算、称量、投料必须进行复核，操作人、复核人均应在原始记录上签名。过滤前后，过滤器需要做起泡点试验，应合格。配料过程中，凡接触药液的配制容器、管道、用具、胶管等均需做特别处理。称量时使用经计量检定合格、标有在有效期内合格证的衡器，每次使用前应校正。

(2) 配制工艺条件：配制用注射用水应符合《中国药典》(2015 年版) 四部“注射用水标准”，每次配料前必须确认所用注射用水已按规定检验；并取得符合规定的结果及报告。药液从配制到灭菌的时间不超过 12 小时。

5. 灌封

(1) 灌封操作过程：将已处理的灌装机、活塞、针头、液球、胶管等安装好，用 0.5 μm 及 0.22 μm 滤芯过滤的新鲜注射用水洗涤，调试灌封机，并校正装量，再抽干注射用水。同时根据需要调整管道煤气和氧气压力。接通药液管道，将开始打出的适量药液循环回到配制岗位，重新过滤，并检查可见异物情况，合格后，开始灌封，灌封时每小时抽检装量一次，每小时检查药液澄明情况一次，装量差异应符合规定，并填写在原始记录上。

(2) 灌封工艺条件：检测装量注射器，准确度 1ml 注射器应至 0.02ml、2ml 注射器至 0.1ml、5ml 注射器至 0.2ml、20ml 注射器至 1.0ml。已灌装的半成品，必须在 4 小时内灭菌。

6. 灭菌及检漏

(1) 灭菌及检漏操作过程：将封口后的安瓿产品根据产品流转卡，核对品名、规格、批号、数量正

确后，送入安瓿检漏灭菌柜中，关闭柜门，按下启动键。灭菌检漏结束后(过程由电脑控制)打开柜门，取出产品，再用纯化水进一步冲洗，逐盘将进色水产品检出后，送去湿房(a)去湿。

(2)灭菌及检漏工艺条件：去湿房(a)温度(55±5)℃，时间3小时。热不稳定产品控制在45℃以下。

7. 灯检

(1)灯检操作过程：产品去湿后进入灯检室，核对品名、规格、批号、数量正确后，按《中国药典》(2015年版)四部通则进行可见异物检查，剔除外观不良品、内在质量不合格品和有装量差异的，灯检后产品送入去湿房(b)。

(2)灯检工艺条件：去湿房(b)温度(55±5)℃，时间2小时。热不稳定产品控制在45℃以下。

8. 印包　根据批包装指令，按100%领取一切包装材料。按产品流转卡核对品名、规格、批号、数量等，并根据产品名称、规格、批号，安装印字铜板(品名、批号、规格由工序负责人和工序质监员核对)。核对无误后开印包机，同时检查印字字迹是否清晰并将印字后产品逐一装入纸盒内，每10小盒为一扎，同时检查有无漏装。需手工包装的产品，每1小盒为一组，每5小盒或10小盒为1中盒，每10中盒或20中盒为一箱，最后装入大箱中，由工序质监员核对装箱单和拼箱单内容，放入装箱单和拼箱单，核对品名、规格、数量等无误后封箱。

实训思考

1. 简述小容量注射剂的生产工艺流程。
2. 小容量注射剂的生产工艺条件有哪些？

项目二

生产前准备

任务一　小容量注射剂生产区域人员进出

能力目标：

1. 能采用正确的方法进出 C 级洁净区。
2. 会按照正确的方法进行洁净服洗涤。
3. 会进行更衣确认。

小容量注射剂生产洁净区有 D 级、C 级、B 级、A 级，最终灭菌产品工艺过程中，人员进入岗位只有 C、D 级。根据岗位对洁净级别要求，人员按相应更衣规程进入洁净区。D 级更衣规程见片剂生产，A/B 级见冻干粉针生产，以下主要介绍 C 级洁净区的更衣规程。

一、小容量注射剂生产洁净区对人员的要求

进入 C 级洁净区的着装要求(ER-4.2- 图片 1)：应该将头发、胡须等相关部位遮盖，应当戴口罩，穿手腕处可收紧的连体服或衣裤分开的衣服，并穿适当的袜子或鞋套。工作服不应脱落纤维或微粒。GMP 要求操作人员应避免裸手直接接触药品、与药品直接接触的包装材料和设备表面。

人员 C 级洁净区着装

领取任务：

进行“人员进出 C 级洁净区”的操作练习。操作完成后按洁净区洗衣岗位标准操作程序进行清洗。通过更衣确认评估操作人员按规程更衣后掌握衣着要求的能力。

人员进入 C 级洁净区

二、人员进出生产区

(一) 人员进出 C 级洁净区的更衣(ER-4.2- 视频 1)

进入大厅，将携带物品(雨具等)存放于指定位置，到更鞋区，脱下自己鞋放入鞋柜内，换上工作鞋。进入一更衣室，换工作服、帽子，摘掉各种饰物、如戒指、手链、项链、耳环、手表等。进入洗盥室，采用流动纯化水、药皂洗面部、手部。

进入二更时在气闸间更换二更洁净鞋，脱去工作服，手部用75%乙醇溶液喷洒消毒；按各人编号从标示“已灭菌”或“已清洗”的容器中取出自己的洁净服，按从上到下的顺序更换洁净服，戴洁净帽、口罩，将衣袖口扎紧，扣好领口，头发全部包在帽子里边不得外露。进入C级洁净区操作间。

工作结束后，按进入程序逆向顺序脱下洁净服，装入原衣袋中，统一收集，贴挂“待清洗”标示，换上自己的衣服和工作鞋，离开洁净区。

（二）洁净服清洗

操作人员按各自洁净级别区域的更衣规程更衣，进入洗衣岗位操作室。按洗衣房清洁管理规程清洁操作台面、洗衣机表面、墙面、地面。检查洗衣机运行是否正常。将“待清洗”的洁净服按个人编号核对件数并逐渐检查，有破损处或穿用时间过长换掉，有明显污迹处拣出，用手工特别搓洗后再放入一起洗涤。

不同洁净级别的工作服分别在本洁净级别区域内的洗衣房洗涤。洁净区不同岗位的洁净服分别洗涤。

操作过程：检查洗衣机供水、供电情况。用纯化水冲洗洗衣机滚筒。按洗衣机操作及清洁规程开始洗涤。向洗衣机内注入过滤的纯化水至浸没衣物。取洗涤剂10ml加入洗衣机内。设定水温50℃。衣物在滚筒内洗涤15分钟，脱水5分钟。漂洗5分钟，脱水2~5分钟。用pH试纸测最后一遍漂洗水，pH与纯化水一致为无洗涤剂残留物。关机，取出衣物。排净洗衣机内残余水，用纯化水冲洗洗衣缸，再用超细布擦干。将专用洁净盆处理干净，盛放过滤的纯化水，加适量洗涤剂，再将口罩放入浸泡10分钟后，用手工搓洗，然后反复漂洗至中性。

用不脱落纤维的超细布浸蘸75%乙醇，擦拭整衣台面。手部用75%乙醇溶液进行消毒。在百级层流罩下，将洗涤好的洁净服逐件采用反叠方式折叠整齐，按编号装入相应的洁净袋内（包括口罩、无菌帽）捆扎好袋口。再将洗涤好的洁净内衣折叠整齐，装入相应袋内，捆扎好袋口。

按清洁规程清洁脉动真空灭菌器。手部进行清洁消毒后，再将整理好的洁净服分别放入脉动真空灭菌器内进行灭菌，按脉动真空灭菌器SOP操作，温度132℃，5分钟。并做好灭菌记录。

生产操作前，按进出D级、C级洁净区更衣规程进行更衣，进入洁净区。按洁净工作服清洗、灭菌发放规程通过传递窗进行发放并做好记录。

按洗衣机操作及清洁规程清洁洗衣机、按脉动真空灭菌器清洁规程进行清洁消毒、按洗衣房清洁消毒规程进行屋内清洁消毒。清洁结束后班长复查签字，QA检查员检查合格后签字，并贴挂“已清洁”标示。

无菌服发放编号及数量应准确、准时。洗涤后的洁净服要洁净，折叠整齐，附件齐全。洗涤后的洁净服微粒检测应符合规定标准。灭菌后的无菌服菌检应符合规定标准。

使用洗衣机时不得将手触摸转动部位，严禁湿手关闭电开关。发现设备出现故障或有异常声响，立即停机，请维修师傅修理，不能正常生产时，填写《偏差及异常情况报告》报车间领导及时处理。

（三）洗衣确认

1. 验证目的　洗衣确认主要针对洁净服洗涤效果进行考察，评价洗衣工艺稳定性。

2. 验证项目和标准

(1)测试程序:记录工作服洗涤灭菌的工艺条件,包括温度、时间等。按洁净区工作服洗涤、灭菌相关规程检查洗涤后的清洁度。

(2)合格标准:工作服的清洁度,应清洁、无菌、干燥、平整。

(四)更衣确认

1. 验证目的　更衣确认主要针对操作人员更衣规范性进行考察,评价更衣操作稳定性。

2. 验证项目和标准

(1)测试程序:操作人员按更衣规程进行更衣,测试人员用接触碟法取样进行更衣确认程序的表面监控。

(2)取样点如下:双手手指、头部、口罩、肩部、前臂、手腕、眼罩。取样点在正面,接触药品机会较大,且容易散发微生物的部位。

(3)合格标准:人员表面微生物 <1CFU/25cm^2

(五)小容量注射剂车间物料平衡管理规程

通过注射剂物料平衡计算操作,把握生产过程中物料收率变化,以防止混药、差错和交叉污染,确保产品质量。

注射剂车间应在规定的生产阶段结束后,进行物料平衡。

原料各工序物料平衡内容与计算方法见表 4-2。

表 4-2　原料各工序物料平衡内容与计算

工序	物料平衡	标准范围	计算公式
配料工序	a 原料纯投入量,单位 g n 中间体测定取样量,单位 ml s 规格,单位 g/ml P 中间体含量,% b 待灌封药液量,单位 ml	95%~105%	$A=(b+n)\times s\times P/a\times 100\%$
灌封工序	z 灌封合格品量,单位 ml d 灌封不合格品量,单位 ml e 药液残留量,单位 ml x 灌封检测量,单位 ml	95%~105%	$B=(z+d+e+x)/b\times 100\%$
灭菌工序	c 灌封合格品量,单位支 f 灭菌检漏合格品量,单位支 g 灭菌检漏不合格品量,单位支	95%~105%	$C=(f+g)/c\times 100\%$
灯检工序	h 灯检合格品量,单位支 i 灯检不合格品量,单位支 j 半成品取样量,单位支	95%~105%	$D=(h+i+j)/f\times 100\%$
包装工序	k 包装合格品量,单位支 l 包装不合格品量,单位支 m 留样量,单位支	95%~105%	$E=(k+l+m)/h\times 100\%$

整个生产工序的原料标准范围：95%~105%，设成品含量：y，总物料平衡率见式 4-1。

$$\text{总物料平衡率}=\frac{[z/c\times(k+l+m+i+j+g)+(x+e+d+n)]\times s\times y}{a}\times 100\% \qquad \text{（式 4-1）}$$

标签的物料平衡标准范围为 100%，计算公式见 4-2。

$$\text{物料平衡率}=\frac{\text{成品耗用数}+\text{样张数}+\text{损耗数}+\text{取样留样书}}{\text{领用数}+\text{破损数}+\text{退回数}}\times 100\% \qquad \text{（式 4-2）}$$

安瓿的物料平衡标准范围：95%~105%，计算公式见 4-3。

$$\text{物料平衡率}=\frac{\text{成品数}+\text{灯检不合格数}+\text{损耗数}+\text{取样留样书}}{\text{领用数}-\text{破损数}-\text{退回数}}\times 100\% \qquad \text{（式 4-3）}$$

如超过物料平衡规定限度，应查找原因，做出合理解释，则该批产品方可按正常产品继续生产或销售。物料平衡表应作为批生产记录或批包装记录的一部分，与批生产记录或批包装记录一同保存。

实训思考

1. 人员进出 C 级洁净区标准更衣程序是什么？
2. 如何确保人员更衣程序的规范？

任务二　C 级区生产前准备

能力目标：

1. 能进行小容量注射剂的生产前准备。
2. 能进行 C 级区物料的进出操作。
3. 能进行 C 级区的清场、清洁卫生。

小容量注射剂最终灭菌产品的洁净区包括 D 级区和 C 级区，非最终灭菌产品的洁净区还包括 B 级区和 B 级下的 A 级。D 级区的物料进出和清场程序详见实训情境一片剂生产，而 B 级区的物料进出和清场程序详见实训情境六粉针剂生产。本任务主要介绍 C 级区的生产前准备工作。

人员进入工作岗位后一般均需进行以下准备工作检查：①检查生产区域、设备、工具的清洁、卫生情况是否符合要求，状态标志是否齐全；②检查清场工作是否符合要求；③校正衡器、量器及检测仪器，并检查是否在计量检定合格有效期内；④从传递窗内接收所需物料。

领取任务：

练习 C 级区的物料进出，并进行 C 级区的清场、清洁卫生。

一、C级区工具清洗、灭菌

C级区工具清洗、灭菌前检查设备清洁状态，用浸有注射用水的半湿洁净抹布浸按照自内向外、自上向下的顺序擦拭净化热风循环烘箱和脉动真空灭菌柜的内壁。清洁标准：表面无积尘、无污迹。检查净化热风烘箱各仪表是否完好，记录仪是否装好记录纸。打开净化热风循环烘箱侧门内的总电源，检查确认参数设定应为：灭菌温度设定为250℃，灭菌时间为1小时，终点温度为50℃，打印定时设定为5分钟打印1次。打开脉动真空灭菌柜的总电源，检查确认参数设定应为：灭菌温度设定为121℃，灭菌时间为30分钟，纯蒸汽压力大于0.12MPa，打印定时设定为5分钟打印1次。

器具清洁与转移：确认应灭菌物品情况，清点数量。将不锈钢桶或其他器具放入清洗池中，打开纯化水，边冲边用洁净抹布全面擦洗器具内外壁，洗至无可见污物，在工器具清洗间用注射用水全面冲洗约2分钟，不锈钢桶和盒子内外壁都需冲洗。冲洗完毕将不锈钢桶和盒子用半湿丝光毛巾擦干，倒置于灭菌柜中等待灭菌。灌装机部件由灌装岗位人员拆卸后，交与C级洁净区器具清洗灭菌人员进行清洁，在注射用水下用洁净抹布擦洗至无污迹，用注射用水冲洗3次，每次2分钟，用专用抹布擦干。清洁后器具应加盖密闭转移，防止污染，并在6小时内灭菌。灭菌后的工器具在C级背景下的A级环境取出，及时加盖密闭后在A级层流罩下存放。

能够耐受干热灭菌的不锈钢桶、盆、镊子等在干热灭菌柜中灭菌。程序结束后，待温度降低至规定温度后，通知C级区人员打开后门，在A级层流罩下取出被灭菌物品。

C级区工器具由各岗位在工器具清洗间清洁。最后关闭总电源，收集打印记录，及时填写岗位生产记录。

二、物料、物品进出C级洁净区标准操作规程

1. 物料传入　领料人员领取物料后，先清理外包装，内包装用浸饮用水的半湿丝光毛巾擦拭清洁。再传入传递窗内，紫外灯照射30分钟。C级洁净区人员从传递窗取出，用浸75%乙醇的半湿丝光毛巾擦拭消毒后传入C级区。

2. 物料传出　需传出C级洁净区的物料、物品，由传递窗传出岗位。

3. 注意事项　物品转移过程中，注意做好标志，避免混淆。传递窗两侧的门严禁同时打开。

三、C级洁净区环境清洁

各工序在生产结束后、更换品种、规格、批号前应彻底清理作业场所，未取得清场合格证之前，不得进行下一个品种、规格、批号的生产。修后、长期停产重新恢复生产前应彻底清理及检查作业场所。车间大消毒前后要彻底清理及检查作业场所。超出清场有效期的应重新清场。

清场后应符合以下要求：地面无积灰、无结垢，门窗、室内照明灯、风口、工艺管线、墙面、天棚、设备表面、开关箱外壳等清洁干净无积灰。室内不得存放与生产无关的杂品及上批产品遗留物。使

用的工具、容器清洁无异物,无上批产品的遗留物。设备内外无上批生产遗留的药品,无污迹,无油垢。

具体清场过程:先用丝光毛巾蘸 1% 碳酸钠溶液依照日清洁顺序将天花板、墙壁\门窗等部位擦洗一遍,再用半湿丝光毛巾擦洗一遍,用半湿胶棉拖把浸消毒液将地面擦洗至洁净、无污迹。用丝光毛巾擦拭传送轨道和传送皮带等日常清洁不易接触部位,把回风口拆下清洁,将纱网和回风口上的杂物放入废物桶,用纯化水冲洗干净,用丝光毛巾擦干,放回原位。有明显污迹的地方,用浸 1% 碳酸钠溶液的半湿丝光毛巾擦拭至洁净,用浸注射用水的半湿丝光毛巾擦拭至无泡沫、无污迹。

如环境采用甲醛大消毒前,还应仔细擦拭日常清洁不易接触部位,把回风口拆下清洁,将纱网和回风口上的杂物放入废物桶,用纯化水冲洗干净,用丝光毛巾擦干,放回原位。

每个生产周期第 7 天生产结束后,用浸消毒液的半湿丝光毛巾按照以上程序对洁净区环境、设备表面、工作台等进行擦拭消毒。

清洁完毕,更改操作间、设备、容器等状态标志,QA 检查合格后,发放清场合格证,退出生产岗位。

四、C 级洁净区设备、工器具清洁

1. 净化热风循环烘箱的清洁方法 用浸注射用水的半湿丝光毛巾将烘箱四周外表面擦拭至洁净,再用浸注射用水的半湿丝光毛巾擦拭一遍。将烘箱内部(包括储物架)用浸注射用水的半湿洁净抹布擦拭至干净。烘箱每次使用前按以上步骤清洁一遍。清洁标准:无灰尘、无污迹。

2. 脉动式真空灭菌柜的清洁方法 用浸注射用水的半湿丝光毛巾将灭菌柜的外表面擦拭至干净后,再用浸注射用水的半湿丝光毛巾擦拭一遍。用浸注射用水的半湿洁净抹布将灭菌柜内部擦拭至洁净,再用浸 75% 乙醇溶液的半湿洁净抹布擦拭一遍。灭菌柜每次使用前按以上步骤清洁一遍。清洁标准:无灰尘、无污迹。

3. 灌封机的清洁方法 生产前用浸 75% 乙醇溶液的半湿洁净抹布将送瓶转盘、进瓶螺杆、灌注底座、夹瓶夹子、封口底座、出瓶台面擦拭洁净。生产结束后用镊子清理瓶子所经轨道和夹瓶夹子处,用浸 75% 的乙醇溶液的半湿洁净抹布反复擦拭至洁净,用浸 75% 乙醇溶液的半湿洁净抹布再擦拭一遍。用浸 75% 的乙醇溶液的半湿丝光毛巾将轧盖机外表面、安全罩擦拭一遍。清洁标准:无异物、无污迹。

4. 容器、工具架等的清洁方法 生产区的容器包括物料的周转桶、清洁盆等。生产用工具架、容器应当根据岗位需要定置摆放,不得随意挪动,容器必须标明状态标志,注明已清洁、未清洁状态,标明其中的物料名称、批号、数量,以免造成污染或混淆。

每天生产结束后将工作台、储物架、洁具架等上下表面,用浸注射用水的半湿丝光毛巾擦拭至洁净,再用浸注射用水的半湿丝光毛巾擦拭一遍。

5. 有难以清洁的污迹的部位可以先用浸 1% 的碳酸钠溶液的半湿丝光毛巾擦拭至洁净,再用浸过纯化水的毛巾擦拭干净。

6. 每生产周期第 7 天工作结束后,用浸 75% 的半湿丝光毛巾擦拭设备、工器具表面至洁净、无污迹，用浸75%乙醇的半湿丝光毛巾擦拭容器内外表面至洁净。

7. 设备、工器具清洁完毕，应及时更换“已清洁”标志，设备、并标明有效期，到期需重新清洁。C级洁净区的设备、工器具清洁后有效期为48小时。

五、C级洁净区清洁工具清洁

C级洁净区清洁工具的清洗地点是在C级洁净区洁具间。所使用的清洁剂：1%的碳酸钠溶液、纯化水。

C级洁净区清洁工具的清洁方法：清洗C级洁净区设备的丝光毛巾用1%碳酸钠溶液浸泡10分钟后手工搓洗至无污迹，用纯化水冲洗至无泡沫，拧干，折叠晾在洁具间工具架上。擦拭天花板、门窗、不锈钢桶、小推车、洁具架、工具柜、地拖架、洁净衣架、水池、墙壁、工作台的丝光毛巾用1%碳酸钠溶液浸泡10分钟后手工搓洗至无污迹，用纯化水冲洗至无泡沫，拧干，折叠晾在洁具间工具架上。清洁地面的洁净拖把用毛刷轻刷至无杂物，用纯化水冲洗至无泡沫，挤干，折叠晾在洁具间工具架上。C级洁净区的清洁工具存放于本岗位工器具架上，不得随意摆放。

每班生产结束后由洗烘工序人员进行清洁，生产过程中清洁工具使用完毕立即进行清洗。

每7天生产结束后，清洁工具按以上要求清洁后，用消毒液浸泡30分钟，拧干或挤干备用。消毒液轮流更换使用。

实训思考

1. C级区的清场有哪些要点？
2. C级区的器具清洁有哪些要点？

任务三　制药用水生产

能力目标：

1. 能进行纯化水的生产。
2. 会进行注射用水生产。
3. 能进行制药用水的日常监测。

制药企业的生产工艺用水，涉及制剂生产过程当中容器清洗、配液及原料药精制纯化等所需要使用的水，有原水、纯化水和注射用水。

在生产前准备工作中要对制药用水进行质量检查。生产区QA检查人员根据请验单按《工艺用水监控规程》中规定的取样频次、取样点提前进行取样，根据不同要求进行理化分析或微生物检测检查。进行工艺用水取样时，如同时采取数个水样时，用作微生物学检验的水样应在前面取样，以免取样点被污染。水样取样完毕后，需填写样品标签贴于取样瓶外，其内容包括样品名称、取样地点、编号（车间内水龙头均有编号）、取样日期、取样时间、检验项目、取样人等。

目前《中国药典》(2015 年版）中纯化水和注射用水的重要监测项目是电导率和总有机碳(TOC)。当水中含有无机酸、碱、盐或有机带电胶体时，电导率就增加。检查制药用水的电导率可在一定程度上控制水中电解质总量。而各种有机污染物，微生物及细菌内毒素经过催化氧化后变成二氧化碳，进而改变水的电导，电导的数据又转换成总有机碳的量。如果总有机碳控制在一个较低的水平上，意味着水中有机物、微生物及细菌内毒素的污染处于较好的受控状态。因而《美国药典》20 世纪 90 年代即采用电导率代替几种盐类的化学测试，TOC 代替易氧化物的检测，这两种指标均可以实现在线监测，提高生产效率，减少人为因素、环境因素的干扰。

领取任务：

按操作规程进行纯化水生产，并进行监测。按操作规程进行注射用水的生产，并进行监测。工作完成后，对设备进行维护与保养。

一、制药用水生产设备

（一）纯化水处理系统

纯化水处理系统由原水处理系统和反渗透装置两部分组成。

1. 原水处理系统　原水首先应达到饮用水标准，如达不到则需预先处理到饮用水标准，方可作为制药用水或纯化水的起始用水。而饮用水中往往含有电解质、有机物、悬浮颗粒等杂质，不能满足反渗透膜对进水的质量要求，如不经预处理，对设备的使用年限及性能会产生影响，导致出水质量不合格。

原水处理组合由原水箱、机械过滤器、活性炭过滤器、软化器、保安过滤器等构成(ER-4.2- 图片 2)。原水箱的材料可采用 304B 不锈钢或非金属（如聚乙烯 PE）制成。原水泵可采用普通的离心泵。原水水质浊度较高时，常用精密计量泵从配备的药箱中在进水管道投加絮凝剂。机械过滤器一般用石英砂过滤器，罐体可采用玻璃钢内衬 PE 胆的非金属罐体，用于除去原水中的大颗粒、悬浮物、胶体及泥沙以降低原水浊度对膜系统的影响。随着压差升高以及时间推移，可通过反向冲洗操作去除沉积的微粒。活性炭过滤器用于吸附水中部分有机物、微生物、水中余氯（对游离氯的吸附率可达 99% 以上）。可采用定期巴氏消毒保证活性炭吸附作用，反冲可参照机械过滤器。软化器是利用钠型阳离子树脂将水中 Ca^{2+}、Mg^{2+} 置换，可防止反渗透（reverse osmosis，RO）膜表面结垢，提高 RO 膜的工作寿命和处理效果。系统配套一个盐水储罐和耐腐蚀的泵，用于树脂的再生。保安过滤器是原水进入反渗透膜前最后一道处理工艺，主要用于防止以上工序可能存在的泄漏。当保安过滤器前后压差≥ 0.05MPa 时，说明滤芯已堵塞。此时应当拆开清洗或更换新滤芯。另也有采用超滤装置进行反渗透的前处理。

软化器、活性炭过滤器、机械过滤器

2. 反渗透装置　大多数制药用水采取二级反渗透装置进行除盐(ER-4.2- 动画 1)。采用串联的方式，将第一级反渗透的出水作为第二级反渗透的进水。二级反渗透系统的第二级排水(即浓水)质量远高于第一级反渗透的进水，可将其与一级反渗透进水混合作为一级的进水，提高水的利用率。典型二级反渗透系统设计如图 4-2。

反渗透原理

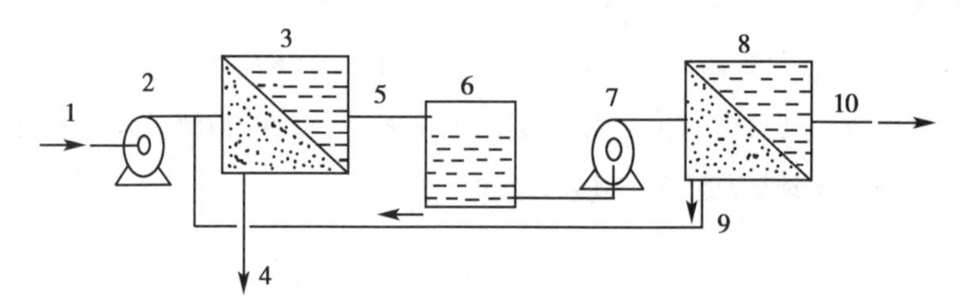

1. 原水；2. 高压泵；3. 一级反渗透装置；4. 浓缩水排水；5. 一级反渗透出水；6. 中间储罐；7. 二级高压泵；8. 二级反渗透装置；9. 二级浓缩排水(返回至一级入口)；10. 纯化水出口。

图 4-2　二级反渗透系统示例

在反渗透装置进出口的供水管道末端均设置大功率紫外线杀菌器，以杜绝或延缓管道系统的微生物细胞的滋生，防止污染。最后再经精密过滤器出水。

目前也有采用一级(或二级)反渗透 +EDI 组合进行纯化水的生产。EDI 即连续电去离子(continuous electrodeionization)装置，使用混合树脂床、选择性渗透膜以及电极，保证连续的水处理过程，并可实现树脂连续再生(ER-4.2- 图片 3)。

EDI 系统

EDI 技术是将电渗析(R-4.2- 动画 2)和离子交换相结合的除盐工艺，既可利用离子交换做深度处理，且不需采用额外试剂进行再生，仅利用电离产生的 H^+ 和 OH^-，达到再生树脂的目的。

电渗析制备纯化水

EDI 的工作原理见图 4-3，EDI 在运行过程中，树脂分为交换区和新生区，在运行过程中，虽然树脂进行不断地离子交换，但电流连续不断地使树脂再生，从而形成了一种动态平衡；EDI 模块内将始终保持一定空间的新生区；这样 EDI 内的树脂也就不再需要化学药品的再生。且其产水品质也得到了高品质的保证，其运行主要包括 3 个过程：①淡水进入淡水室后，淡水中的离子与混床树脂发生离子交换，从而从水中脱离。②被交换的离子受电性吸引作用，阳离子穿过阳离子交换膜向阴极移动，阴离子穿过阴离子交换膜向正极移动，并进入浓水室而从淡水中去除。离子进入浓水室后，由于阳离子无法穿过阴离子交换膜，被截留在浓水室，这样阴阳离子将随浓水流被排出模块；与此同时，由于进水中的离子被不断去除，那么淡水的纯度将不断提高，待由模块出来的时候，其纯度可以达到接近理论纯水的水平。③水分子在电的作用下，被不断离解为 H^+ 和 OH^-，两者将分别使得被消耗的阴 / 阳离子树脂连续再生。EDI 能高效去除残余离子和离子态杂质，尤其当用户产水水质要求高时。EDI 相对于混床具有如下优势：无须树脂的化学再生，不需要中和池中的酸碱；能够极大地减少地面和高空作业；所有的水处理系统操作都能够在控制室内完成，无须前往现场；连续工作，不是间歇操作，长时间稳定地出水，没有废弃树脂污染排放的风险。

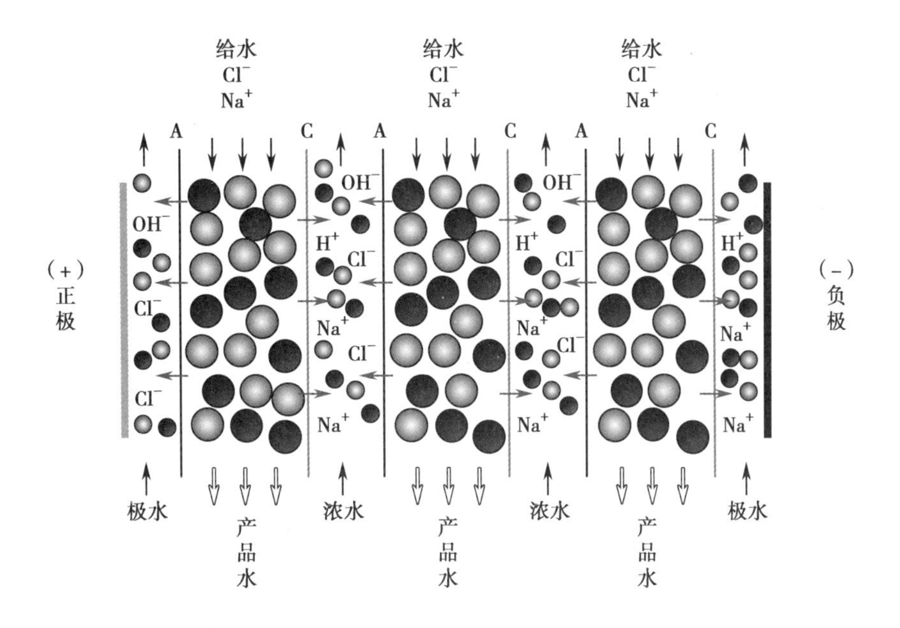

图 4-3　连续电去离子(EDI)原理

（二）多效蒸馏水机

按《中国药典》(2015 年版)规定必须采用蒸馏法制备注射用水,制药企业普遍采用的注射用水制水设备是多效蒸馏水机(ER-4.2- 图片 4)。以去离子水(纯化水)为原料水,用蒸汽加热制备注射用水,并需通过一个分离装置去除细小水雾和夹带的杂质(如内毒素)。一般由蒸发器、预热器、冷凝器、电气仪表、温度压力控制装置、管路系统等组成。

ER-4.2-图片4
多效蒸馏水机

多效蒸馏水机的蒸发器采用列管式热交换“闪蒸”使原料水生成蒸汽,同时将纯蒸汽冷凝成注射用水。采用内螺旋水汽“三级”分离系统,以去除细菌内毒素(热原)。经计算和合理设计,能量可多次重复利用,是蒸馏法最佳的制水节能设备。蒸发器的个数可用效数表示,为达到较高的能量利用率至少需要三效。每效包括一个蒸发器、一个分离装置和一个预热器。工作原理如图 4-4 所示。

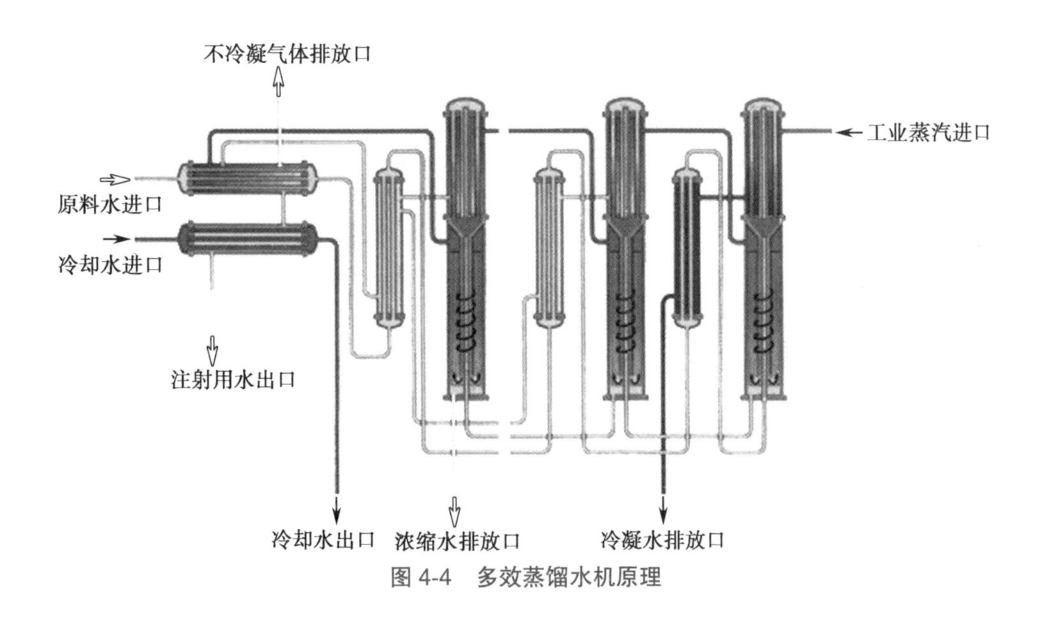

图 4-4　多效蒸馏水机原理

第一效蒸发器采用工业蒸汽为热源，工业蒸汽的冷凝水以废水排放。其他蒸发器以纯蒸汽为热源，得到冷凝水为去热原的蒸馏水（即注射用水）。末效蒸发器下部有浓缩水排放口，冷却器上部有废气排放口。冷却器用于将气液两相的纯蒸汽与注射用水混合液冷却为注射用水，冷却水应采用纯化水，有利于防止污染。

二、纯化水生产操作

操作人员按进出一般生产区更衣规程进入操作间。进岗后做好厂房、设备清洁卫生，并做好准备工作。

纯化水的生产

（一）纯化水生产岗位标准操作规程（ER-4.2-视频2）

除常规的生产前准备（ER-4.2-文本1）外，需做好氯化物、铵盐、酸碱度等检查的准备。

1. 生产过程

生产前准备工作

⑴预处理：打开阀门，确认系统运行过程中水流从原水箱到纯化水贮箱的通畅。进行石英砂过滤器、活性炭过滤器的反冲，观察澄清度是否合格。检查精密过滤器、保安过滤器是否正常。

⑵反渗透装置运行：手动开机，调节一级、二级的浓水，淡水出水流量比符合要求，再采用自动运行方式进行产水和输送水。

⑶日常监控：生产过程中总出水口每2小时取样一次，进行电导率、酸碱度的检测。

2. 结束过程　关闭纯化水处理系统，按要求进行清场，做好房间、设备、容器等清洁记录。按要求完成记录填写。清场完毕，填写清场记录。上报QA检查，合格后，发清场合格证，挂"已清场"牌。

3. 注意事项　纯化水的储存时间不超过24小时。比电阻应每2小时检查1次，脱盐率每周检查1次。定期对系统进行在线消毒。

YDR02-025纯化水处理系统标准操作程序见ER-4.2-文本2。

YDR02-025纯化水处理系统标准操作程序

（二）纯化水处理系统的日常维护与保养

长期不使用时，关闭原水箱的进水阀，且放尽各个贮水罐中的储水。

设备使用过程中，每天至少运行1小时，水泵禁止空载。

设备的正常使用温度为5~33℃，最佳温度为24~27℃，最高温度35℃，进水温度每升高一度或降低一度，产水量将增加或减少2.7%~3.0%，因此冬季的出水应适度调节RO（反渗透）进口压力，以调节其产水量。

需经常对照前期的运行状况（如压力、流量、脱盐率、产水量、温度等参数），如果发现有明显差异，及时分析原因，及时处理。

供水系统是关键部件，必须注意产水、用水、回水、补充水之间的平衡，以尽量减少纯水箱的液位波动。

一旦开机后尽量减少停机，以保证足够长的循环时间。

系统停运时间不宜超过2天(特别在夏天高温季节),在长时间不用水时必须进行保护性运行,系统需要长期停运前,RO装置必须进行保护液保护。

三、注射用水生产操作

操作人员按进出一般生产区更衣规程进入操作间。进岗后做好厂房、设备清洁卫生,并做好操作前的一切准备工作。

(一) 注射用水生产岗位标准操作规程

除常规生产前准备(ER-4.2-文本1)外,还需做好检查氯化物、铵盐、酸碱度、细菌内毒素的检测准备。

1. 生产过程(ER-4.2-动画3)

注射用水的制备

(1)开机预热:确保纯化水贮罐有足够的水,开启蒸汽发生器。当蒸汽压力达到要求时,将蒸汽通入蒸馏水机内,使管道内充满大量白色蒸汽,调节蒸汽阀门保持蒸汽压力在0.3MPa左右,预热10分钟。

(2)制水:打开纯化水系统的输水泵。打开多效蒸馏水机总电源。选择自动控制方式,调节阀门开度,使蒸汽压力在规定范围内,进水流量上升为标准流量后,温度上升至80℃时,自动开启冷却水,维持蒸馏水温度在92~99℃。经取样口取样检验水合格后,阀门自动选择开闭,使注射用水进储罐。

(3)日常监控:生产和使用过程中在贮水罐、总送水口每2小时取样检测pH、氯化物和电导率。

2. 结束过程　制水结束,退出主界面,关闭电脑,关闭多效蒸馏水机电控柜电源,排尽水后,关闭阀门。在注射用水储罐上贴标签,注明生产日期、操作人、罐号。按"清场标准操作程序"要求进行清场,做好房间、设备、容器等清洁记录。按要求完成记录填写。清场完毕,填写清场记录。上报QA检查,合格后,发清场合格证,挂"已清场"牌。

3. 注意事项　生产注射用水过程中应按时清洗系统各部件,保证系统正常运转。定期对系统进行在线消毒。每2小时进行pH、氯化物、铵盐检查,其他项目应每周检查一次。注射用水必须在70℃以上保温循环,注射用水的储存时间不得超过12小时。

LD200-3多效蒸馏水系统标准操作程序

LD200-3多效蒸馏水系统标准操作程序见ER-4.2-文本3。

(二) 多效蒸馏水机的日常维护与保养

需经常注意疏水器是否正常,正常工作状态下,温度非常高,如有故障需在蒸馏水机停机并冷却至室温后,卸下疏水器,清理干净即可。

调试正常后,每周必须至少运行一次。

所有管道系统的连接部位,必须经常检查,并重新紧固。注意紧固连接件时,必须在设备处于停机并冷却至室温下进行。

在长时间不使用前,应将注射用水贮罐中的水排空,并做好干燥灭菌处理;打开3个蒸馏塔下端的排水阀门，将塔中的积水排放干净；打开检测取样口的阀门，将积水排放干净；打开电机（包括变压器、工控机、显示屏等）工作，使其尽量干燥。

在长时间未使用后，应所有管道系统的连接部位，必须检查，并重新紧固；对注射用水贮罐进行清洗并消毒。

四、工艺用水日常检测

工艺用水系包括饮用水、纯化水、注射用水，用于配料、容器清洗等工序所需的水。工艺用水要求见表 4-3。

表 4-3　工艺用水要求

类别	用途	水质要求
饮用水	用于非无菌药品的设备、器具和包装材料的初洗；纯化水的水源	符合《生活饮用水卫生标准》GB5749—2006
纯化水	用于非无菌药品的配料、洗瓶；用于无菌制剂容器的初洗；用于非无菌原料药的精制；制备注射用水的水源	符合内控标准和《中国药典》(2015 年版）标准
注射用水	用于胶塞、配液罐、玻瓶的精洗；用于无菌制剂容器具及管道的最终洗涤；用于注射剂的配制	符合内控标准及《中国药典》(2015 年版）标准

1. 工艺用水的制备　饮用水是由自来水公司供应的符合饮用水标准的自来水。纯化水是以饮用水为水源，经蒸馏法、离子交换法、反渗透法或其他适宜方法制得的供药用的水，不含任何附加剂。注射用水是以纯化水为水源，经蒸馏法制备的制药用水。

2. 工艺用水的监控　由质量保证部 QA 人员应对工艺用水进行质量监控，一般饮用水需当地环保局或防疫站一年全检一次，每月对饮用水按内控标准自行检测一次。制水岗位人员要及时取样检测，由 QA 人员负责每周对纯化水进行取样，并将样品送交 QC 人员进行全项检测。

纯化水和注射用水的检测项目见表 4-4，检测频次如下：

(1) 水质维护：注射用水系统必须经过验证合格后，方可投入使用，并进行严格变更控制；注射用水系统正常情况每年进行一次再验证，以确认验证状态是否漂移。注射用水系统操作人员进行定期的清洗、消毒及设备维护等操作。

(2) 常规监测：由岗位操作人员对纯化水总出水口进行电导率、酸碱度检测，每 2 小时检测一次。制水岗位操作人员对注射用水取样检测 pH、氯化物和电导率，生产和使用过程中在贮水罐、总送水口每 2 小时检测一次。中控室在各使用点取样检测细菌内毒素，每天一次。

表 4-4　纯化水和注射用水检验项目

检验项目	纯化水	注射用水	检测手段
酸碱度	符合规定		在线检测或离线分析
pH		5~7	在线检测或离线分析
硝酸盐	<0.000 006%	同纯化水	采样和离线分析
亚硝酸盐	<0.000 002%	同纯化水	采样和离线分析

续表

检验项目	纯化水	注射用水	检测手段
氨	<0.000 003%	同纯化水	采样和离线分析
电导率	符合规定 不同温度对应不同的规定值 如 20℃ <4.3μS/cm； 25℃ <5.1μS/cm	符合规定 不同温度对应不同的规定值 如 20℃ <1.1μS/cm； 70℃ <2.5μS/cm	在线用于生产过程控制。后续取水样进行电导率的实验室分析
总有机碳（TOC）	<0.5mg/L	同纯化水	在线 TOC 进行生产过程控制，后续取样进行实验室分析
易氧化物	符合规定	—	采样和离线分析
不挥发物	1mg/100ml	同纯化水	采样和离线分析
重金属	<0.000 01%	同纯化水	采样和离线分析
细菌内毒素	—	<0.25EU/ml	注射用水系统中采样检测，实验室测试
微生物限度	100CFU/ml	10CFU/ml	实验室测试

注：纯化水总有机碳和易氧化物两项可选做一项。

（3）全项检测：由质量保证部 QA 人员对纯化水的总送水口、总回水口、贮水罐及各使用点取样，送 QC 人员全检，按《中国药典》（2015 年版）四部“纯化水”项下项目检验，细菌、霉菌和酵母菌总数应符合有关规定，总出水口每周一次，各使用点每月一次，可轮流取样。由 QA 人员对注射用水的总出水口、总回水口、各使用点取样，送 QC 部门进行全检，总送水口每天一次，出水口每周一次，各使用点每月轮流一次。

QC 部门将检验结果交 QA 质量保证部，并由 QA 在各用水点贴绿色合格签，方可使用。检验结果不符合要求，立即执行“偏差管理制度”，由 QA 会同相关部门进行调查处理，包括已用于生产的产品、清洗的设备等方面。

3. 取样方法　经 121℃灭菌 30 分钟的广口瓶（500ml，具塞，且用牛皮纸包裹后灭菌备用）可供微生物学检查。用 75% 的乙醇棉擦拭取样点水龙头表面两遍进行消毒。打开水龙头，放流 3~5 分钟。拆去牛皮纸，开塞后迅速取样塞上塞子，用于微生物学检查。另取普通广口瓶（500ml，具塞）用于理化检验，装取所需水量，用于理化检查。每次取样后，在取样瓶外应贴上标签，内容包括品名、取样地点、编号、时间、取样量。

五、制药用水系统工艺验证

1. 验证目的　制药用水系统工艺验证主要针对制水系统进行考察，评价制水工艺稳定性。

纯化水系统验证

2. 验证项目和标准（ER-4.2- 视频 3）

（1）纯化水测试程序：每批生产前审查并记录表 4-5 各使用点的纯化水质量（微生物限度检测）。

表 4-5　纯化水制备验证的取样点

纯化水站	总送水口、总回水口、贮罐
小容量注射剂车间 D 级区域用纯化水用水点	洁具间、工器具清洗间、洗衣间
小容量注射剂车间 C 级区域纯化水用水点	男二更、女二更、洁具间、工器具清洗间、质检室、活性炭称量间、配制间、配存消毒剂间

合格标准：符合《中国药典》(2015 年版)标准。纯化水质量稳定并无逐渐接近不合格限度的趋势。

(2)注射用水系统测试程序：每批生产前审查并记录表 4-6 各使用点的注射用水质量(内毒素检测)。

表 4-6　注射用水制备验证的取样点

注射用水站	总送水口、总回水口、贮罐、多效蒸馏水机组
小容量注射剂车间 D 级区域注射用水用水点	洗烘瓶间
小容量注射剂车间 C 级区域注射用水用水点	清洗间、质检室、洁具间、配制间、灌封间、配存消毒剂间

合格标准：符合《中国药典》(2015 年版)标准。注射用水质量稳定并无逐渐接近不合格限度的趋势。

实训思考

1. 简述多效蒸馏水机的基本组成。
2. 制药用水的日常监测应如何做？
3. 纯化水、注射用水、灭菌注射用水三者有何不同？各有何应用？如何制备？

项目三

生产注射剂

任务一　配料(配液过滤)

能力目标：

1. 能根据批生产指令进行注射剂配料(配液过滤)岗位操作。
2. 能描述配液过滤的生产工艺操作要点及其质量控制要点。
3. 会按照药液配制系统的操作规程进行设备操作。
4. 能对配料中间产品进行质量检验。
5. 会进行注射剂配料岗位工艺验证。
6. 会对药液配制系统进行清洁、保养。

注射剂配料岗位的一般工作流程为:原辅料称量→浓配→过滤→稀配→除菌过滤。

称量时必须在洁净区内进行称量,根据起始物料的微生物污染水平或工艺风险评估情况的要求选择相应级别,如D级、C级或A级。称量应在完全独立的区域内完成,具有独立的通风橱、确定的气流形式及粉尘捕集,称量室一般应保持相对负压。称量时,物料应放置于洁净容器中。洁净容器的材质可采用不锈钢、塑料、玻璃等,需采用经验证过的清洁程序清洗;物料也可称量于已知清洁程度的容器中,如洁净塑料袋。称量后应贴有标签标明用途,并密封保存,用于同一批的容器则统一贮存。

注射剂生产以及设备和容器的最终清洗用水为注射用水,且需经注射用水的制水站和取水点的取样检测说明注射用水符合质量标准时方可使用。配料罐中亦需进行注射用水内毒素的快速检测,以确保配料罐内的清洁度。

配制时应进行双人复核,确认投料、按规定配制、溶解前后顺序,以及特定参数、方法、数据(如某一时间下的温度、搅拌时间、压力)是否符合要求。固体物料在加入配料罐时应最大限度减少产尘(加大排风、消除交叉污染)。如成分的流动性和管路直径允许,应采用吸料技术。当用管路传输药液时,由于可能存在的密封问题和颗粒物脱落,应采用过滤后的氮气或压缩空气。

药液的配制可采用以下2种方法:①浓配-稀配两步法(浓配法),即在浓配罐内先配制成浓度较高的药液,必要时加入活性炭吸附分子量较大的杂质(如细菌内毒素),循环过滤后,传输到稀配罐内配制成所需浓度的药液。②一步配制法(稀配法),即可采用配液罐一次配成所需浓度的药液;采用该法的前提是原料的生产企业已采用了可靠的去除细菌内毒素的工艺。

因原料药因素，采用浓配 - 稀配两步法配制时，有些企业目前将浓配与稀配分别设置，浓配在 D 级区，稀配在 C 级区内完成，也有些将两者合并一个区内完成。污染风险高的产品的配制应在 C 级区进行。

使用滤器时，应注意微孔滤膜滤器应通过起泡点试验，以说明使用的药液过滤器孔径与工艺规定使用的孔径是否相符。

领取任务：

按批生产指令选择合适设备进行配液，并经滤过后，进行中间品检查。过滤系统已经过验证，做起泡点试验。进行配液的工艺验证。工作完成后，对设备进行维护与保养。

一、配液过滤设备

药液配制系统主要设备由溶解罐、浓配罐、稀配罐（各罐均配有不同搅拌器）、输送泵、各类过滤器、高位槽等单元组成。以下主要介绍配液罐和过滤器。

1. 配液罐　配液罐由优质不锈钢(进口 316L 或 304)制成，避免污染药液。配液罐罐体有夹层，可通入蒸汽加热，提高原辅料在注射用水中的溶解速度，又可通入冷水，吸收药物溶解热或快速冷却药液。配液罐可在顶部装搅拌器，加速原辅料扩散且可促进传热；亦有采用在底部装磁力搅拌，形式有推进式、螺旋式、锚式等，见图 4-5。配液罐顶部一般设有进水口、回流口、消毒口、人孔填料口、呼吸口（安装 0.22μm 空气呼吸器）、搅拌设备、自旋转清洗球、空气呼吸器、液位计、温度计等。底部则配有凝水口、出料口、排污口、取样口、温度探头、液位传感器等。通过电控柜操作，仪表显示药液温度、液位。

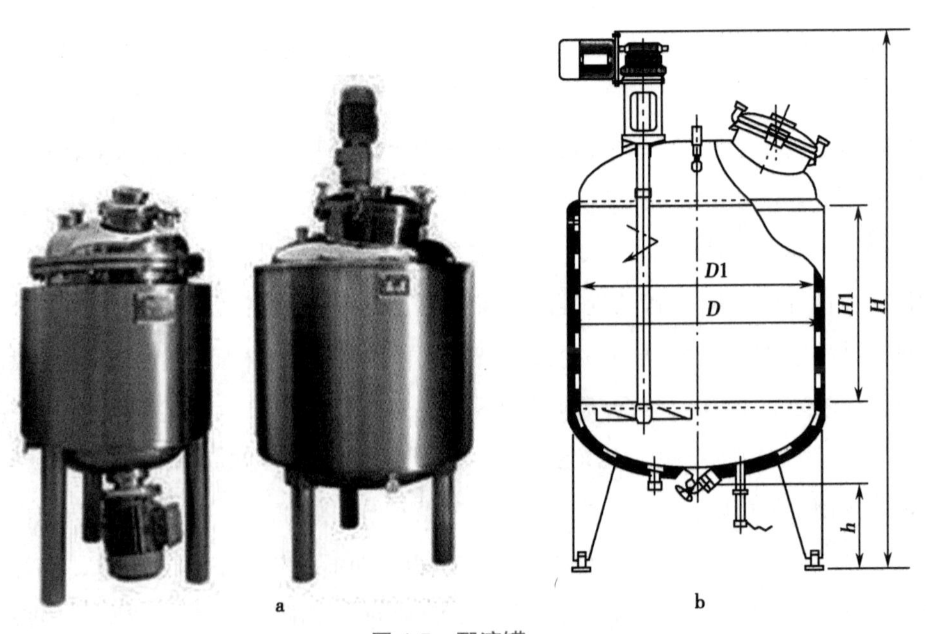

图 4-5　配液罐
a. 实物图　b. 配液罐剖面图

2. 过滤器　配料岗位所采用的过滤器一般有两种，初滤常采用钛滤器，精滤常采用微孔滤膜滤器。

（1）钛滤器：钛滤器（图 4-6）是使用钛粉末烧结成的滤芯，具有精度高、耐高温、耐腐蚀、机械强度高等优点，广泛应用于药液脱炭及气体过滤。外壳材料应为 304 或 316L 不锈钢，可用于浓配环节中的脱炭过滤及稀配环节中的终端过滤前的保护过滤。

（2）微孔滤膜滤器：微孔滤膜滤器（图 4-7）有薄膜式和折叠式两种，滤材有聚醚砜（PES）、醋酸纤维素（CA、AF）、聚丙烯（PP）、聚四氟乙烯（PTFE、F4）等。采用折叠式微孔滤芯为多，具有滤速快、吸附作用小、不滞留药液、不影响药物含量等优点，但截留微粒易阻塞，一般先采用其他滤器初滤后，才可使用该滤器，即用于精滤。

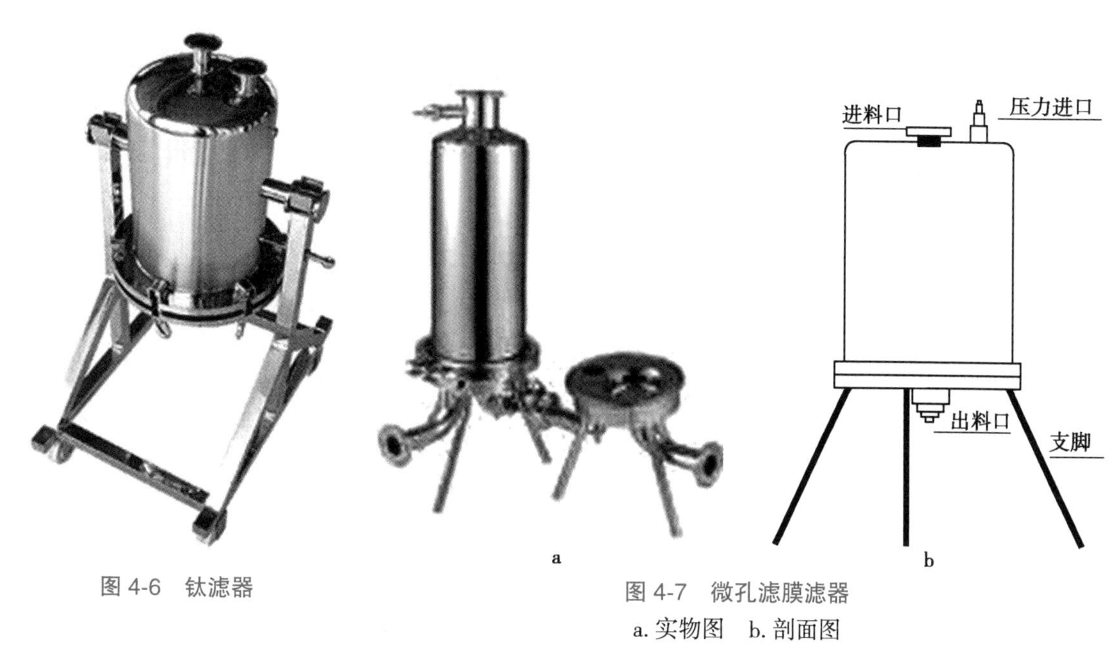

图 4-6　钛滤器

图 4-7　微孔滤膜滤器
a. 实物图　b. 剖面图

0.22μm 的微孔滤膜滤器在最终灭菌产品和非最终灭菌产品中均有应用，但过滤的目的不同。在最终灭菌产品中，除菌滤过器是为了降低微生物污染水平到某一可接受水平，不要求过滤后的药液中没有微生物，同时微生物水平降低，灭菌后热原水平也相对较低。对于非最终灭菌产品，除菌过滤是唯一的除菌手段，因而是真正意义上的除菌过滤。

二、配液过滤岗位操作

进岗前按进入 C 级洁净区要求进行着装，进岗后做好厂房、设备清洁卫生，并做好生产前准备工作（ER-4.3- 文本 1）。

生产前准备工作

（一）配液过滤岗位标准操作规程

1. 设备安装配件、检查及试运行　检查注射用水化验合格单，水质合格方可生产。使用的注射用水应在 70℃以上保温循环，贮存时间不得超过 12 小时。

首先安装好钛滤棒和微孔滤膜滤芯，启动在线清洗和在线灭菌。注射用水喷淋清洗罐体，并开启输送泵清洗管路系统。清洗液经检测残留量合格后，再通入纯蒸汽进入管道内进行在线灭菌，121℃、15分钟，清洗水送检细菌内毒素，合格后方可使用。按滤芯完整性测试做起泡点试验，并将结果记录在生产记录上，同时用注射用水冲洗，接滤芯清洗水做细菌内毒素检查，合格后方可上线。

2. 生产过程（ER-4.3-视频1）

配液

（1）称量：只有经质量部门批准放行的原辅料才可配料使用。称量前核对原辅料品名、规格、批号、生产厂家等应与检验报告单相符。使用经过校正的电子秤称取原辅料，称量时应零头先称取。称量时必须双人复核，无复核不得称量投料。操作人、复核人均应在原始记录上签名（ER-4.3-动画1）。

称量

（2）投料：在配料罐中加入定量的注射用水，根据具体产品的工艺规程规定，依次缓缓投入原辅料，搅拌至全部溶解。易氧化品种，应在氮气保护下投料。再加注射用水至规定的全量，搅拌30分钟。

（3）粗滤：开启钛棒过滤器回路，使药液循环30分钟，压力在工艺规程要求的标准范围内。取样检测澄明度。打开输送通道，将药液输送至稀配罐。

（4）稀配：加注射用水至规定量，搅拌均匀。开启钛棒过滤器回路，药液自循环。

（5）检测：从配料系统取样口取样，进行半成品检测。项目包括pH、色泽、含量等，应符合相应产品中间体质量标准的规定。如检验结果不符合相应中间体质量标准的规定，应立即处理。pH不符合规定应根据产品工艺规程的规定，重新用酸碱调节至合格范围；色泽不符合规定应立即报告工艺员或相关技术人员，酌情加药用活性炭脱色；含量不符合规定应计算含量差异，根据计算结果补加原辅料或注射用水。

（6）放药液：半成品测定合格后，关闭搅拌，通知灌封岗位准备就绪后，开启放液阀，药液通过微孔过滤器送入灌封岗位的缓冲容器（ER-4.3-动画2）。

配液和过滤

3. 结束过程　放液完毕，关闭输送泵。生产结束后，按"清场标准操作程序"（ER-4.3-文本2）要求进行清场，做好房间、设备、容器等清洁记录。连续生产产品其配料罐、容器、滤具、管道及下道工序灌封机药液管应采用热注射用水冲洗干净（特殊品种例外），并灌满浸泡过夜。更换产品品种必须全部拆除清洗。按要求完成记录填写。清场完毕，填写清场记录。上报QA检查，合格后，发清场合格证，挂"已清场"牌。

清场标准操作程序

4. 异常情况处理　生产过程中若发现异常情况，应及时向QA人员报告，并记录。

5. 注意事项　停产超过8小时需进行在线清洗，停产超过48小时或正常生产一个周期（3天为一生产周期）进行一次在线灭菌。灭菌时要经常检查各管道是否畅通，不得留有死角。对灌封设备停止清洗操作时，禁止直接关闭输液泵，以免灌封系统管路内不合格清洗水倒流回稀配罐，应先将稀配罐自循环阀门调节至全开状态，再关闭送液阀门，待罐内清洗水完全处于自循环状态时再关闭输液泵。批次间清洗进行注射用水喷淋清洗即可。更换品种时注射用水喷淋进行清洗，并检测清洗水残留。滤芯起泡点合格后，取经注射用水冲洗滤器的清洗水做细菌内毒素试验，试验合格后方可上线。滤芯更换周期为每 20 批进行更换，在这 20 批的使用过程中根据完整性试验结果及具体使用情况进行更换。呼吸器滤芯每 3 个月更换一次。

配液罐标准操作程序见 ER-4.3- 文本 3。

ER-4.3-文本3

配液罐标准操作程序

（二）配液过滤岗位中间品的质量检验

在配液过程中，需严格按照每一产品的工艺规程进行，完成配液后需要进行半成品的检测，符合规定后再进行下一步的工序。配液过滤岗位中间品的质量检验项目见表 4-7。

表 4-7　配液过滤岗位中间品的质量检验项目

检验项目	检验标准	检验方法		
		检查人	次数	方法
原辅料 来源 批号 包装 质量	包装完整无损，包装内外应按规定贴有标签，并附有说明书，必须注明药品名称、生产企业批准文号、产品批号等 规定有效期的药品，必须注明有效期 注意药物霉变及异物。每件物品还应附质管科签发的合格证	自查 质检员	投料前 每批产品核对	观察 检查
处方量及投料数	按该品种的工艺规程的处方量及每支配液量计算	自查 质检员	投料时配方和复核人各自查对计算 每批计算核对	查工艺处方并计算
药液含量及 pH	按该品种的工艺规程的规定范围及检测方法	自查 半成品检测员 质检员	投料时 每批核对	核对工艺规程
注射用水	(1) Cl^-、pH、氨应符合规定并有记录 (2) 贮水桶每天清洗一次。每周用 75% 乙醇消毒一次 (3) 本品应于制备后 12 小时内使用	自查 化验室	每 2 小时检查一次 Cl^-、pH、氨每周检查一次，热原抽查	核对工艺规程

（三）微孔滤膜过滤器的完整性测试规程

1. 配件安装　将已清洁和灭菌的滤器上装上待测滤芯（滤膜）。将膜滤器的进口连接装有压力表的压缩空气管，出口处软管浸入装有注射用水的烧杯中。

2. 操作过程　先将滤膜充分湿润，亲水性滤膜用注射用水，疏水性滤膜用 60% 异丙醇和 40% 注射用水的混合溶液湿润，夹闭排气孔。打开无菌压缩空气（或氮气）阀门，通过微调旋钮慢慢加压，松开放气口，5 秒后夹紧。加压直到滤膜最大孔径处的水珠完全破裂，气体可以通过，观察水中鼓出的第一只气泡，即为起泡点压力。

3. 起泡点合格限度　待测滤器起泡点压力应大于或等于表 4-8、表 4-9 所示孔径所对应压力数值。

表 4-8　过滤器滤膜孔径与起泡点压力对照表(用注射用水浸润)

孔径/μm	起泡点压力/MPa	孔径/μm	起泡点压力/MPa
0.22	0.3-0.4	1.2	0.08
0.30	0.30	3.0	0.07
0.45	0.23	5.0	0.04
0.65	0.14	8.0	0.03
0.80	0.11	10.0	0.01

表 4-9　过滤器滤膜孔径与起泡点压力对照表(用 60% 异丙醇浸润)

孔径/μm	起泡点压力/MPa	孔径/μm	起泡点压力/MPa
0.1	0.15	0.45	0.07
0.22	0.09	0.65	0.05
0.30	0.08	—	—

4. 起泡点试验后滤膜的处理　起泡点试验合格后的滤膜需进行灭菌,方法是将整套过滤器(包括滤膜和滤器)放入高压灭菌柜,用 121℃灭菌 30 分钟,蒸汽灭菌时注意防止纯蒸汽直接冲到滤膜的表面。为保证在调换过滤膜时,管道不受到细菌污染,应串联 2 只过滤器。即当一只过滤器调换滤膜时,另一只过滤器仍可阻挡尘粒和细菌。在正常使用膜滤器时若发现滤速突然变快或太慢,则表示膜已破损或微孔被堵塞,应及时更换新膜,重复气泡点试验,并经纯蒸汽 121℃灭菌 30 分钟后再使用。

5. 注意事项　有气泡冒出的压力值必须等于或大于厂家的最小起泡点值。如不合格,需检查管路是否泄漏,否则应更换滤膜,并进行起泡点试验,直至滤膜符合生产要求。采用滤芯过滤时一般重复使用,如起泡点试验不符合要求,应考虑滤芯处理不净,残留物质影响起泡点,故应特别注意所用原料性质。润湿方式可采用滤芯完全浸泡在干净水中 10~15 分钟,也可将滤芯安装在滤壳中,让干净的水滤过滤芯以达到湿润的目的。测试过程中,温度波动不可超过 1℃,环境温度应在 (22 ± 5) ℃。

(四) 配液过滤工序工艺验证

1. 验证目的　配液过滤工序工艺验证主要针对配液效果进行考察,评价配液工艺稳定性。

2. 验证项目和标准

(1) 测试程序:按本产品生产工艺规程要求及物料配比、数量符合生产指令要求,操作符合称量配料、配制 SOP 操作,试生产 3 批。测定含量、pH、可见异物。

(2) 合格标准:配制后主药的含量应为标示量的 95.0%~105.0%,pH 符合要求,可见异物不得检出。

(五) 配液过滤设备的日常维护与保养

配液罐的日常维护应检查各阀门管道的使用情况,适时更换。对管道各阀门进行检修检查阀门有无卡阻现象及损坏。搅拌电机、输液电机轴承每年更换一次 3 号钙基润滑脂,减速箱内顶起加注减速机油。为安全生产，经常检查接地标牌指定位置介入地线是否正常。检查内加热器、外加热器运转是否正确。检查各部件是否有松动现象，电机声音是否异常。对运转部位轴承进行加油维护保养。检查并紧固电器接线，是否有松动、裸露现象，并用压缩空气清洁各电器组件上的灰尘。定期检修管路，确认管路无跑、冒、滴、漏。经常检查安全阀、压力表、疏水阀、温度表，是否在使用期限内，是否完好及使用情况，应确保设备安全运行。

实训思考

1. 配液过滤岗位主要工艺流程是什么？
2. 灭菌的标准是什么？

任务二　洗烘瓶（理瓶、洗瓶、干燥）

能力目标：√

1. 能根据批生产指令进行洗烘瓶岗位操作。
2. 能描述洗烘瓶岗位的生产工艺操作要点及其质量控制要点。
3. 会按照洗烘瓶岗位各设备操作规程进行设备操作。
4. 能对洗烘瓶中间产品进行质量检验。
5. 会进行洗烘瓶岗位工艺验证。
6. 会对超声波洗瓶机、AS 安瓿离心式甩干机、ALB 安瓿淋瓶机、GMH-I 安瓿干热灭菌烘箱进行清洁、保养。

安瓿的清洗操作是为了去除容器内外表面的微粒和化学物。干燥的同时，利用干热法可以灭活微生物和降解内毒素。安瓿洗烘岗位在清洗时应关注包装材料的质量、工艺用水（包括纯化水、注射用水）的质量（如可见异物）及洗涤后的容器清洁度。干热灭菌后的安瓿应转移至配有层流的灌装设备或净化操作台上进行灌装。

领取任务：

按批生产指令选择合适的洗烘瓶设备将安瓿进行清洗、干燥、灭菌操作，备用。已完成设备验证，进行洗烘瓶工艺验证。工作完成后，对设备进行维护与保养。

一、洗烘瓶设备

传统的安瓿清洗生产线按顺序依次是超声波洗瓶机→甩干机→淋瓶机→甩干机→干热灭菌烘箱。目前安瓿洗烘岗位普遍采用的是洗烘联动线，即由安瓿洗瓶机与隧道灭菌烘箱组成的联动线。

1. 超声波洗瓶机　本设备可用于水针剂用安瓿瓶、粉针剂用西林瓶、口服液用管形瓶等的清洗，主要由注水系统（冲淋）、可调节传送系统、水箱、加热管、超声波发生器及换能器等系统组成。它是将瓶盘通过淋瓶部分注满水后由输送链逐步传送到超声波清洗水箱内，由超声波发生器产生一个具有能量的超声频电讯号，再由换能器将电能转换机械振动的超声能，从而使清洗介质发生空化效应，达到良好的清洗目的。

2. AS 安瓿离心式甩干机　见图 4-8，本设备是超声波洗瓶机、安瓿淋瓶机的配套使用设备，对已注满水的安瓿进行离心式脱水，其脱水效果好，操作简便，该设备主体采用不锈钢材料制成，外表经砂磨抛光处理（ER-4.3- 图片 1）。

ER-4.3-图片1

高压循环水反冲式洗瓶甩水机

3. ALB 安瓿淋瓶机　见图 4-9，本设备适用于安瓿、西林瓶、管形瓶的内外表面的冲洗。其主要结构为净滤喷淋嘴。

图 4-8　AS 安瓿离心式甩干机

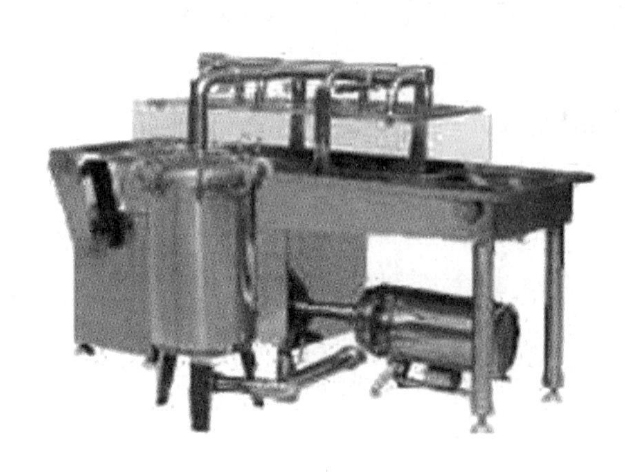

图 4-9　ALB 安瓿淋瓶机

4. GMH-Ⅰ安瓿干热灭菌烘箱　见图 4-10，本设备以电能为热源（干热），可长期在 250℃温度下灭菌，干燥安瓿并有效去除热原。出风口装有高效空气过滤器，防止了外界对内部的污染。内部装有高温高效过滤器，内部循环热风经高温高效空气过滤器过滤，保证进入有效空间的热风达到 A 级洁净要求。位于两个不同洁净区的双扇门受电气或 PLC 电脑控制，保证了各洁净区之间的隔离，防止了由于操作失误而引起的不符合 GMP 要求的事故发生。

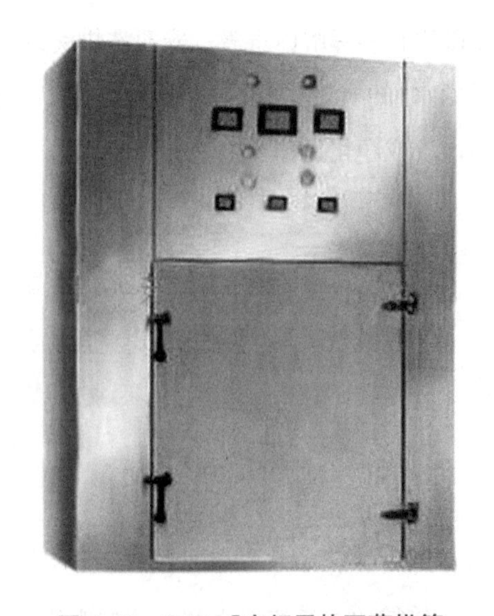

图 4-10　GMH-Ⅰ安瓿干热灭菌烘箱

5. KAQ 回转式安瓿洗瓶机　见图 4-11，回转式安瓿洗瓶机采用超声预清洗与水气压力喷射清洗相结合方式对安瓿进行清洗，清洗用水为注射用水，清洗用气为洁净压缩空气。清洗过程经过水→水→气→水→气→气→气共 7 个冲洗工位，即进入进瓶斗的安瓿，经喷淋灌水外表冲洗，并缓慢浸入水槽中进行超声波预清洗，使粘于安瓿表面的污垢疏松，约 1 分钟后密集安瓿分散进入栅门通道，然后被分离并逐个定位，借助推瓶器和卧式针鼓上的引导器，使针管顺利地插入安瓿，然后在间歇回转的卧式针鼓上进行 7 个工位的水、气冲洗，由压缩空气吹入出瓶弧形底板，由翻瓶器间歇送出，以密集排列式进入安瓿灭菌干燥机。

6. SMH-3 隧道灭菌烘箱　见图 4-12，主要用在针剂联动生产线上，可连续地对经过清洗的安瓿进行干燥灭菌去热原，由前后层流箱、高温灭菌舱、机架、输送带、排风以及电控箱等部件组成，前后层流箱及高温灭菌舱均为独立的空气净化系统，从而有效地保证了进入隧道的安瓿始终处在 ISO4.8 级单向流空气的保护下，其工作原理是洗瓶机将清洗干净的安瓿直立密排推上本机进瓶段的不锈钢输送带，依靠输送带的前行，密排安瓿进入高温灭菌段，在高温灭菌段流动的净化热空气将安瓿加温，达到干燥灭菌去热原的温度、时间，规范之后进入冷却段，冷却段的单向流净化空气将安瓿冷却至接近室温再送入拉丝灌封机进行药液的灌注与封口。

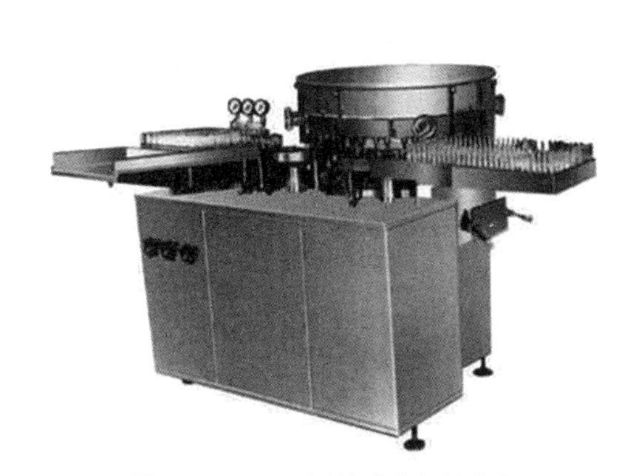

图 4-11　KAQ 回转式安瓿洗瓶机

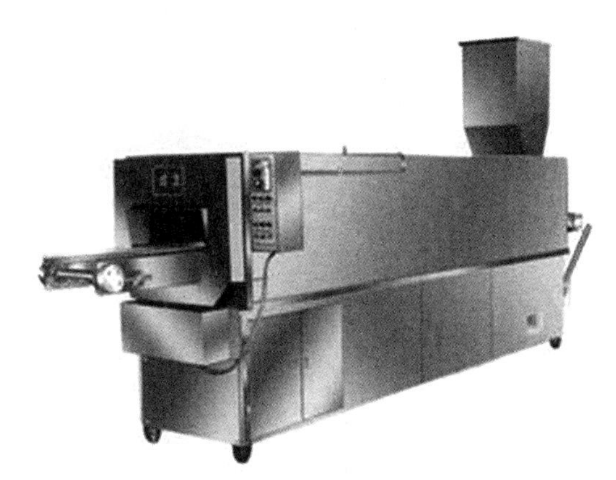

图 4-12　SMH-3 隧道灭菌烘箱

二、洗烘瓶岗位操作

进岗前按进入 D 级洁净区要求进行着装，进岗后做好厂房、设备清洁卫生，并做好生产前准备工作（ER-4.3- 文本 1）。

（一）洗烘瓶岗位标准操作规程

1. 设备安装配件、检查及试运行　打开超声波洗瓶机电源，放入纯化水至规定水位。安瓿淋瓶机内放入纯化水至规定刻度。安瓿甩水机试运行正常。

2. 生产过程（ER-4.3- 动画 3）

ER-4.3-动画3

安瓿的处理

（1）领料：从传递窗领取理好的安瓿，核对品名、规格、数量。

（2）生产过程分为传统分解洗烘过程和安瓿洗烘联动过程。

1）传统分解洗烘过程

a. 粗洗：设定清洗水的温度，并开始加热。设定超声时间。将安瓿放入运行轨道，缓缓推入槽内轨道，进入水槽淋满水并进行超声。随时检查盘内安瓿是否灌满水。

b. 甩水：将超声波清洗后的安瓿盘罩上不锈钢网罩按次序放入粗洗用甩水机内，并调节固定杆的螺丝,使安瓿固定住。打开电源,进行甩水,取出时不得有明显剩水。

c. 精洗:将甩水后的安瓿,去掉不锈钢网罩,放入淋瓶机的链条上,开启水泵和输送链条,进行注射用水淋洗。应随时检查清洁度,不得有白渍。

d. 甩水:将注射用水淋洗过的安瓿盘罩上不锈钢网罩按次序放入精洗用甩水机内,并调节固定杆的螺丝,使安瓿固定住。打开电源,进行甩水,取出时不得有明显剩水。

e. 干燥灭菌:将清洗干净的安瓿放入干热灭菌烘箱。按工艺规程设定温度、时间参数,进行干燥和灭菌。安瓿进入干热灭菌烘箱,需在 180℃保温 2 小时以上。烘瓶结束抽检安瓿是否烘干,不得沾带水汽。

2)洗烘联动线过程

a. 打开洗瓶机和隧道灭菌烘箱总电源开关。打开各阀门(纯化水阀、注射用水阀和压缩空气阀)开关。

b. 送空瓶:从物料架上取一装满安瓿的周转盘,挡板端朝向进瓶斗,推到进瓶网带上。用一切板代替挡板挡住安瓿,取下挡板,放于回转洗瓶系统盖上。取另一切板切入周转盘封口一端,向网带内推瓶,一直推到进瓶螺杆中,取出挡瓶切板,贴在推瓶切板上,撤下周转盘,将回转洗瓶系统盖上的挡板放到空周转盘中,再将空周转盘放于指定位置。

c. 调整洗瓶机的变频器,将产量定在 160 支 /min 上,检查水压表和空气压力表是否在规定范围内(水压:2.5~3.5kg/cm^2,气压:3.5m^3/h),按“KAQ 型安瓿回转式清洗机标准操作规程”进行洗瓶操作。

d. 烘瓶:拧松隧道灭菌烘箱进口挡板两端的螺丝,将挡板提起;再拧紧挡板两端的螺丝。将灭菌烘箱各开关打开,预热达到规定温度(200℃)。从操作架上取一装安瓿周转盘放至隧道灭菌烘箱进口处,按动传送链开关,将周转盘送入烘箱内(9 盘)。按“SMH-3 隧道灭菌烘箱标准操作规程”进行烘瓶操作,每箱灭菌 13~15 分钟,灭菌温度为(180 ± 5)℃,达到时间后,按到传送链开关,将烘箱内安瓿传递给灌封工序灌封岗位操作工。

e. 理瓶盘送回理瓶间。

3. 结束过程　洗烘瓶结束,关闭各生产设备。将灭菌好的安瓿通过层流罩送至灌封区,按“清场标准操作程序”(ER-4.3- 文本 2)要求进行清场,清理工作场地和工作台的碎玻璃等废弃物,对生产设备清理除去玻屑,进行清洗消毒。做好房间、设备、容器等清洁记录。清场完毕,填写清场记录。上报 QA 检查,合格后,发清场合格证,挂“已清场”牌。

4. 异常情况处理　生产过程中若发现异常情况,应及时向 QA 人员和工艺员报告,并记录。如确定为偏差,应立即填写偏差通知单,如实反映与偏差相关的情况。

5. 注意事项　按正常秩序进行粗洗和精洗,整个过程做到轻拿轻放,避免和减少破损。灭菌好的空安瓿存放时间不宜超过 24 小时。超过 24 小时不得再送灌封间使用,必须重洗。

超声波洗瓶机标准操作程序

超声波洗瓶机标准操作程序见 ER-4.3- 文本 4。

AS 安瓿离心式甩干机标准操作程序见 ER-4.3- 文本 5。

ALB 安瓿淋瓶机标准操作程序见 ER-4.3- 文本 6。

GMH- I 安瓿干热灭菌烘箱标准操作程序见 ER-4.3- 文本 7。

KAQ 回转式安瓿清洗机标准操作规程见 ER-4.3- 文本 8。

SMH-3 隧道灭菌烘箱标准操作程序见 ER-4.3- 文本 9。

AS安瓿离心式甩干机标准操作程序

ALB安瓿淋瓶机标准操作程序

GMH-Ⅰ安瓿干热灭菌烘箱标准操作程序

KAQ 回转式安瓿清洗机标准操作规程

SMH-3 隧道灭菌箱标准操作程序

（二）洗烘瓶岗位中间品的质量检验

洗烘瓶岗位中间品的质量检验项目见表 4-10。

表 4-10 洗烘瓶岗位中间品的质量检验项目

检验项目	检验标准	检验方法		
		检查人	次数	方法
水质	取样 100ml，小白点应小于 3 粒，大白块、纤维不允许存在	小组质量员	每次淋瓶前检查	灯检
	检查 pH 和氯离子	车间质量员	每日 1~2 次	工艺用水标准
灌水量	每盘每只均应灌满	自查	随时	每次不少于 2 盘
	安瓿口下，无水部分超过 1cm 者：2ml 以下每盘小于 10 支，5ml 每盘小于 5 支；10ml 以上每盘小于 2 支，否则需重淋	小组质量员 车间质量员	每日 4 次 每日 2 次	同上 同上
清洁度	不得有白渍	同上	随时	随时剔除补充
甩水	不得有明显剩水	同上	随时	同上
烘瓶	烘干、不得有湿瓶	灌封组	随时	同上

（三）洗烘瓶工序工艺验证

1. 验证目的 洗烘瓶工序工艺验证主要针对洗烘瓶效果进行考察，评价洗烘瓶工艺稳定性。

2. 验证项目和标准

（1）测试程序：按 SOP 进行批量生产，每批洗瓶数按计划产量减去管道残留量折合数的 102% 备瓶，试生产 3 批。记录压力，瓶子取样检查外观、可见异物、无菌，洗瓶破损率、洗瓶水水质。

（2）合格标准：破损率、可见异物、水质等均符合规定。

（四）洗烘瓶设备的日常维护与保养

1. 超声波洗瓶机的日常维护与保养 机器必须在自动状态下开车，不得用工具强行开车。调整机器时应用专用工具，严禁强行拆卸及猛力敲打零部件。定期检查、紧固松动的连接件。检查分瓶架与进瓶通道的相对位置。加热器、超声波发生器禁止在无水时启动。按说明书对机器进行定期加油润滑。机器必须每天清洗、放尽水槽中的水，清除玻璃渣检查、清除堵塞的喷嘴。

2. 干热灭菌箱的日常维护与保养　箱体根据可靠保护必须接地或接零。禁止将带腐蚀性液体的物品放入烘箱内烘干，防止腐蚀设备，严禁烘烤易燃易爆物品。每年对设备进行一次全面检修。设备在使用前，严格按标准操作规程操作。设备使用后，要清除烘箱内的残余物，擦净烘箱内外表面。

实训思考

1. 安瓿清洗顺序有哪些?
2. 安瓿超声波清洗机停机应如何操作?
3. 清洗时出现破瓶较多的原因有哪些?怎样排除?

任务三　灌封

能力目标：V

1. 能根据批生产指令进行灌封岗位操作。
2. 能描述灌封岗位的生产工艺操作要点及其质量控制要点。
3. 会按照安瓿拉丝灌封机操作规程进行设备操作。
4. 能对灌封中间产品进行质量检验。
5. 会进行灌封岗位工艺验证。
6. 会对安瓿拉丝灌封机进行清洁、保养。

根据产品是否耐热，注射剂可采用最终灭菌工艺或非最终灭菌工艺，而灌装工艺即可分为最终灭菌产品的灌装和非最终灭菌产品的灌装。最终灭菌产品一般为大容量注射剂和小容量注射剂，非最终灭菌产品一般是小容量注射剂、冻干粉针和无菌粉针。最终均应达到无菌，以下主要介绍最终灭菌产品的灌装，非最终灭菌产品的灌装详见粉针剂项目。

最终灭菌产品的灌装可在C级(或C背景下局部A级)洁净区内进行。灌装管道、针头等在使用前经注射用水洗净并湿热灭菌，必要时应干热灭菌。应选用不脱落微粒的软管，如硅胶管。盛药液的容器应密闭，置换进入的气体宜经过滤。充氮气、二氧化碳等惰性气体时，注意气体压力的变化，保证充填足量的惰性气体。灌装过程中应随时检查容器密封性、玻璃安瓿的性状和焦头等。灌封后应及时抽取少量半成品，用于可见异物、装量、封口等质量状况的检查。在该岗位质量控制要点在于：安瓿的清洁度、药液的颜色、药液装量、可见异物。验证工作要点是：药液灌装量、灌装速度、惰性气体的纯度、容器内充入惰性气体后的残氧量、灌装过程中最长时限的验证、灌封后产品密封的完整性、清洁灭菌效果的验证。

领取任务：

按批生产指令采用拉丝灌封机将药液灌注至安瓿内，并进行拉丝封口操作。已完成设备验证，进行灌封工艺验证。工作完成后，对设备进行维护与保养。

一、灌封设备

安瓿灌装机

灌装设备容器接触面为不锈钢材质，并经抛光处理，避免对产品产生污染。设备必须适于将准确计量的产品灌装入容器中，确保装量准确（ER-4.3- 图片 2）。产品和容器接触部位能承受反复清洗和灭菌。活动部件包在外罩内，避免暴露在无菌环境中。和药品接触部件尽量减少润滑油的使用，如需用润滑剂也应进行灭菌处理。

灌装系统视容器灌装量和药液的性质而定，还需考虑药液黏度、密度和固体物质的含量（混悬型注射剂）。这些参数会影响管路、泵组以及灌装针头内的流速，影响每一个容器的灌装时间。

灌装系统各组件介绍如下。

（1）储液罐：用于储存药液，根据工艺需要保持一定的温度，可增加在常压（或洁净氮气）下通过除菌过滤器，将药液传输至灌装机的缓冲容器内。

（2）缓冲容器：不锈钢或玻璃材质，保证药液在容器中的最高水平位置和最低水平位置。调节缓冲容器的液位高度，可改变泵的吸入压力，保证装量精度。

（3）药液分配器：仅当储液罐的药液水平低于泵内药液量，需设置药液分配器。用于从缓冲容器中吸取药液，灌入泵内。

（4）阀门：活塞运动时药液有两条通道——吸入通道和排放通道，阀门的作用就是决定药液流经哪一通道。在每个周期内，活塞缩回，使药液从缓冲容器或药液分配器内经吸入流道进入泵体，活塞缩回升至最高点时，吸入通道关闭，排放通道打开，泵体推进活塞时，在泵体内的药液经排放通道流向灌装针头。活塞到最低点时，排放通道关闭，吸入通道再次开启。

（5）活塞剂量泵：材质可以是不锈钢、陶瓷、玻璃或带密封的合成品，视装量体积和长期稳定性而定。用于汲取一定量的药液，再在阀门打开后通过排放通道排出药液。

（6）灌装针头：根据所需灌装药液的黏度、泡沫特性、流速和表面张力，以及待灌药液的开口选择不同直径的灌装用针头。通常灌装管直径为 2~10mm。当针头插入容器后，药液在泵活塞的压力作用下被灌装入容器内。注意避免药液在容器内产生涡流，避免发泡。

（7）连接线或管：用于传输药液，如在清洗时需拆卸或部分拆卸时，必须使用软管作为连接管线。此时要求软管在压力下的体积变化维持最小（即应有最小的“呼吸”效应）。

另有采用时间 - 压力灌装系统进行灌装的设备，要求准确、快速测量，并根据流动的药液计算出截流的开启时间段。

LG 安瓿拉丝灌封机见图 4-13，本设备适用于制药、化工行业对安瓿瓶灌装液进行灌装密闭封口。采用活塞计量泵定量灌装，遇缺瓶能自动停止灌液，燃气可使用煤气、液化天然气、液化石油气。

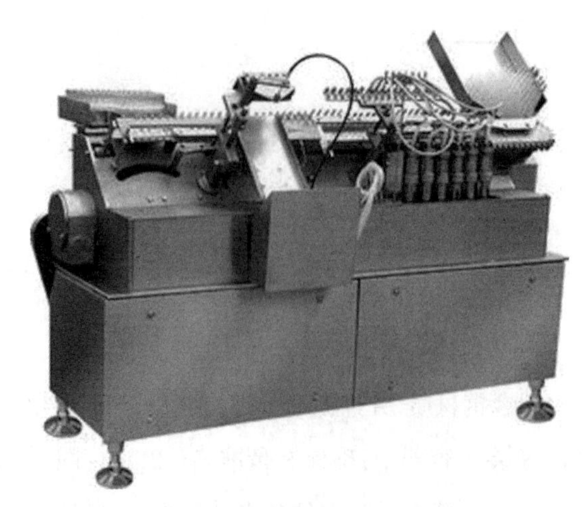

图 4-13 LG 安瓿拉丝灌封机

目前药厂常采用安瓿洗灌封联动机，是将安瓿洗涤、烘干灭菌及药液灌封三个步骤联合起来的生产线。联动机由安瓿超声波清洗机、安瓿隧道灭菌箱和多针安瓿拉丝灌封机三部分组成。其主要特点是生产全过程在密闭或层流条件工作，采用先进的电子技术和微机控制，实现机电一体化，使整个生产过程达到自动平衡、监控保护、自动控温、自动记录、自动报警和故障显示，减轻了劳动强度，减少了操作人员，但对操作人员的管理知识和操作水平要求相应提高，维修不易。

采用热塑性材料包装时也可采用吹灌封系统，应用于眼用制剂、呼吸系统用药等。缩短了暴露于环境的时间，降低污染风险。

二、灌封岗位操作

进岗前按进入 C 级洁净区要求进行着装，进岗后做好厂房、设备清洁卫生，并做好生产前工作（ER-4.3- 文本 1）。

灌封（视频）

（一）灌封岗位标准操作规程（ER-4.3- 视频 2）

1. 设备安装配件、检查及试运行

（1）消毒安瓿经过的部件：进瓶斗、出瓶斗、齿板及外壁；手部消毒后，安装玻璃灌注系统。

（2）安装完毕，用注射用水冲洗灌注系统；手轮摇动灌封机，检查其运转是否正常。

2. 生产过程（ER-4.3- 动画 4）

灌封（动画）

（1）接收安瓿：戴上隔温手套，避免污染手套，搬运安瓿周转盘。

（2）挑选安瓿：用镊子夹选 2 支瓶，翻转 180°，瓶口朝下，观察瓶内壁有无水珠。未烘干的瓶子应送至洗烘瓶岗位重新灭菌。逐支检查有无破损，如有破损，放入废料桶内。

（3）接收药液：核对数量、品名、规格，确认无误后，由稀配岗位操作人员过滤。

（4）送空安瓿：将周转盘内的安瓿送入进瓶斗中，撤下挡板，挂在进瓶斗上，破损的安瓿用镊子夹出，放于废物桶中。轻轻上提周转盘，撤下周转盘。

（5）点燃喷枪：调整喷嘴位置，开启燃气和助燃气阀门，点燃火焰喷枪，微调旋钮，调节火焰强度。

(6) 排管道:将灌封机灌液管进料口端管口与高位槽底部放料口端管口连接好,打开高位槽放料阀,使药液流到灌液管中,排灌液管中药液并回收,尾料不超过 500ml,装入尾料桶中。

(7) 调装量:打开输送带开关,试灌装 10 支,关闭输送带,调节喷嘴位置。取灌装好的安瓿,用注射器抽取检查装量。

(8) 正式熔封:打开输送带开关,调节助燃气微调旋钮,使封口完好。直至出现很少问题(剂量不准确、封口不严、出现鼓泡、瘪头、焦头),开始灌封。随时向进瓶斗中加安瓿,检查灌封装量和熔封效果,取出装量和熔封不合格的安瓿。如发生炸瓶,溅出的药液及时用擦布擦干净,停机对炸瓶附近的安瓿进行检查(ER-4.3- 图片 3)。

安瓿封口操作过程

(9) 接料:取安瓿周转盘,放在灌封机出瓶斗上,用两块切板挡住灌封机出瓶轨道的安瓿,将安瓿送入安瓿周转盘。当盘内排满时,取出一切板,隔开盘内产品和出瓶轨道内产品。将另一切板取出,接第一切板切入地方重新切入,靠近盘内产品侧,取出周转盘,挡上挡板,检查是否有焦头现象,剔除熔封不合格产品。将合格产品放入传递窗,由灭菌操作工接收。灌封好的安瓿放在专用的不锈钢盘中,每盘应标明品名、规格、批号、灌装机号及灌装工号的标识牌,通过指定的传递窗送至安瓿灭菌岗位。

3. 结束过程 灌封结束,通知配料岗位关闭药液阀门、通知燃气供应岗位停气,剩余空安瓿退回洗烘岗位。本批生产结束应对灌封机进行清洁与消毒。拆下针头、管道、活塞等输液设施,清洁、消毒后装入专用的已消毒容器。生产结束后,按"清场标准操作程序"(ER-4.3- 文本 2)要求进行清场,做好房间、设备、容器等清洁记录。按要求完成记录填写。清场完毕,填写清场记录。上报 QA 检查,合格后,发清场合格证,挂"已清场"牌。

4. 异常情况处理 生产过程中若发现异常情况,应及时向质量监控员和工艺员报告,并记录。如确定为偏差,应立即填写偏差通知单,如实反映与偏差相关的情况。封口过程中,要随时注意封口质量,及时剔除焦头、漏头、泡头等次品,发生轧瓶应立即停车处理。灌封过程中发现药液流速减慢,应立即停车,并通知配液岗位调节处理。随时检查容量,发现过多或过少,应立即停车,及时调整灌装量。灌封过程中容易出现的问题及解决办法见表 4-11。

表 4-11 灌装容易出现的问题及解决办法

现象	可能原因	解决办法
安瓿瓶颈沾有药液	灌装针头定位不正确	检查灌装针头定位
	灌装针头弯曲	矫正灌装针头
安瓿内药液表面产生泡沫	泵的灌装压力过高	降低设备速度
	灌装针头横截面太小	选择大横截面
	药液灌装针头高度太高	降低灌装针头插入深度
	灌装针头太接近安瓿底部	抬升灌装针头高度
灌装针头漏液	泵的回吸作用太小	改变回吸作用的控制
	灌装针头的压力管太长	缩短软管长度,必要时采用硬管

ALG安瓿拉丝灌封机标准操作程序见ER-4.3-文本10。

ALG安瓿拉丝灌封机标准操作程序

（二）灌封岗位中间品的质量检验

灌封岗位中间品质量检验是保证注射剂质量好坏至关重要的一步。灌封合格率的高低将影响整个注射剂的生产。因此在灌封过程中，要求灌封人员时刻注意灌封质量，同时要求质量员随时检查每台灌封机的产品质量。若在此工序出了质量问题，将会大大影响成本，因为药液已经注入安瓿并封口，需打破安瓿取药液进行回收，这将大大浪费药液、安瓿，而且还有大量的人力。因此应严格控制其质量，一旦发现有不符合要求的情况，即停机检查原因，解决后方可继续生产。灌封岗位中间品检验项目见表4-12。

表4-12　灌封岗位中间品检验项目

检验项目	检验标准		检验方法		
			检查人	次数	方法
灌装容量	易流液 1ml（1.05~1.08ml） 2ml（2.06~2.12ml） 5ml（5.15~5.20ml）	黏稠液 1ml（1.08~1.1ml） 2ml（2.10~2.15ml） 5ml（5.30~5.40ml）	自查 车间质量员	随时 每日2次	用标准安瓿、用干注射器及量筒抽取、计量。
封口质量	泡头、漏头、冷爆、焦头、空瓶 每100支不得超过1支		自查 车间质量员	随时 每日1次	每机不少于2盘，每盘不少于200支
机头澄明度	不得有可见的白块、异物。抽取100支允许有2个白点		配料工	灌封前逐台检查	灯检
标记	标明品名、批号、工号、盘号，不得有遗漏		灭菌工	灭菌前逐盘检查	目测

（三）灌封工序工艺验证

1. 验证目的　灌封工序工艺验证主要针对灌封效果进行考察，评价灌封工艺稳定性。

2. 验证项目和标准

（1）测试程序：从配液系统接收符合中间产品质量标准的药液，经可见异物检查合格后，从洗瓶机组接收符合洁净度要求的安瓿瓶，从终端开始过滤除菌到灌装灌封结束在6小时内无菌合格。每30分钟取样测定装量。

（2）合格标准

1）目检：可见异物<1个/支。

2）装量：在±2%范围内。

3）无菌：符合规定。

4）收率：87.0%≤限度≤100.0%。

（四）灌封设备的日常维护与保养

每次开车前用手轮转动机器，观察是否有异常现象，确定正常后方可开车。调整机器时，工具使用适当，严禁用过大的工具或用力过猛来拆卸零件，避免损坏机件或影响机器性能。每当机器调整后，要将松过的螺丝紧固，再用手轮转动观察各工位动作是否协调，方可开车。燃气头应经常从火力大小来判断是否良好，因燃气头的小孔使用一段时间后，容易被积炭堵塞或小孔变形而影响火力。

机器必须保持清洁，严禁机器上有油污、药液或玻璃碎屑，以免造成机器损蚀，故必须注意：机器在生产过程中，及时清除药液或玻璃碎屑。交班前将机器各部件清洁一次，机器表面运动部位进行润滑。每周应大擦洗一次，特别是将平常使用中不容易清洁到的地方擦净，或用压缩空气吹净，对机器传动部位进行润滑。经常检查机器气源接口是否有松动、皮管是否有破损，松动应紧固，破损皮管应更换。

实训思考

1. 产生焦头的原因有哪些？应如何处理？
2. 产生泡头的原因有哪些？应如何处理？
3. 出现装量不合格的原因有哪些？
4. 灌封岗位属于哪一个洁净区？

任务四　灭菌检漏

能力目标：

1. 能根据批生产指令进行灭菌检漏岗位操作。
2. 能描述灭菌检漏岗位的生产工艺操作要点及其质量控制要点。
3. 会按照灭菌检漏操作规程进行设备操作。
4. 能对灭菌检漏中间产品进行质量检验。
5. 会进行灭菌检漏岗位工艺验证。
6. 会对灭菌检漏设备进行清洁、保养。

制剂产品的灭菌方法根据产品性质进行选择。无菌制剂应在灌装到最终容器内采取可靠的灭菌手段进行最终灭菌。如产品处方对热不稳定，不能进行最终灭菌时，应考虑除菌过滤和无菌生产。如采用法规外的方法进行灭菌，要求无菌保证水平（sterility assurance level，SAL）达到官方认可（$\leqslant 10^{-6}$），可作为替代的灭菌方法。

最终灭菌产品和非最终灭菌产品的区别主要就在于生产过程中是否采用了可靠的灭菌措施。

领取任务：

按批生产指令采用灭菌器进行灭菌检漏操作。已完成设备验证，进行灭菌检漏工艺验证。工作完成后，对设备进行维护与保养。

一、灭菌检漏设备

湿热灭菌设备根据方法的不同可分为脉动真空灭菌器（预真空灭菌器）、蒸汽 - 空气混合物灭菌器和过热水灭菌器等。

1. 脉动真空灭菌器　采用饱和蒸汽灭菌，灭菌阶段开始前通过真空泵或其他系统将空气抽走，再通入蒸汽进行灭菌（ER-4.3- 图片 4）。此类灭菌器设有真空系统和空气过滤系统，灭菌程序自动控制完成，具有灭菌周期短、效率高等特点。可用于空气难以去除的多孔、坚硬物品的灭菌，如软管、过滤器、灌装机部件等。对物品包装、放置位置等无特殊要求。

真空灭菌器

2. 混合蒸汽 - 空气灭菌器　当蒸汽进入灭菌柜时，风机将蒸汽和灭菌器内的空气混合并循环，将产品和空气同时灭菌。灭菌后，可采用灭菌器夹套或盘管上通入冷却水，保持空气循环冷却，或直接在产品上方喷淋冷却水使其降温。此类灭菌器热传递效率较低。

3. 过热水灭菌器　产品固定在托盘上，灭菌水（至少是纯化水）进入灭菌腔内，通过换热器循环加热、蒸汽直接加热等方式对灭菌水加热、喷淋灭菌。还可通入无菌空气、加热循环、除水等工艺进行干燥。此类灭菌器采用空气加压，保持产品的安全和所需的压力，同时便于控制加热和冷却的速率，通常适用于瓶装或袋装液体制剂的灭菌。

二、灭菌检漏岗位操作

进岗前按进入 D 级洁净区要求进行着装，进岗后做好厂房、设备清洁卫生，并做好生产前工作（ER-4.3- 文本 1）。

灭菌检漏（视频）

（一）灭菌岗位标准操作规程（ER-4.3- 视频 3）

1. 生产过程　从传递窗接收从灌封岗位传递过来的中间品，核对品名、批号、规格、数量，确认无误后将中间品装入灭菌车，移至待灭菌区。打开灭菌柜电源，开启灭菌柜后门。将灭菌车推入灭菌柜，推车应扶手把，使轨道对准，再将灭菌车与灭菌柜挂勾，扣紧再放松架挂勾，将灭菌车缓缓推入灭菌柜内，进柜必须有两人以上操作。关上灭菌柜后门，压缩空气密封圈密封后门。根据品种灭菌条件，设定灭菌温度和灭菌时间。

开启灭菌柜，灭菌根据设定的温度、时间、真空度等各参数自动灭菌、检漏、清洁、干燥。详细记录进柜加热、开温、保温、出柜等时间与相应的温度。待自动冷却至压力降至零时方可打开灭菌柜前门，将灭菌车空架推向灭菌柜。对准轨道将灭菌车与灭菌柜挂勾扣紧，从灭菌柜内缓缓拉出至车架上，再将灭菌车挂勾扣紧，出柜必须有两人以上操作。在灭菌车上悬挂标识牌，移至已灭菌区内。灭菌空车从灭菌器后门送入灭菌器，再由前门回到灭菌区（ER-4.3- 动画 5）。

灭菌检漏（动画）

2. 结束过程　灭菌检漏结束，清扫灭菌柜内残留的安瓿，将安瓿并入灭菌车上的不锈钢盘内，用饮用水冲洗灭菌柜，关上灭菌柜前门，关闭灭菌柜电源，关闭蒸汽阀、泵水阀、压缩空气阀和纯化水阀。

生产结束后，按“清场标准操作程序”（ER-4.3- 文本 2）要求进行清场，做好房间、设备、容器等清洁记录。

按要求完成记录填写。清场完毕，填写清场记录。上报 QA 检查，合格后，发清场合格证，挂“已清场”牌。

3. 异常情况处理　当设备出现故障或停电时，若需开门，必须在确认内室压力为零时，用随设备配置的棘轮扳手旋转手动杆，将门升起，然后打开门。生产过程中若发现异常情况，应及时向质量监控员和工艺员报告，并记录。如确定为偏差，应立即填写偏差通知单，如实反映与偏差相关的情况。在使用过程中，应警惕出现的每一件不正常的事情，如管路漏气漏水、压缩气泄漏、程序异常等等。开关门过程中，应密切注意门升降情况，如有异常，立即取消操作，查看故障原因并排除。

XG1.0 安瓿灭菌器标准操作程序

XG1.0 安瓿灭菌器标准操作程序见 ER-4.3- 文本 11。

（二）灭菌检漏岗位中间品的质量检验

灭菌检漏岗位中间品的质量检验项目见表 4-13。

表 4-13　灭菌检漏岗位中间品的质量检验项目

检验项目	检验标准	检验方法		
		检查人	次数	方法
温度	应控制并记录每锅升温及保温时间、温度；每锅至少放 2 支温度测定电偶并记录	自查 车间质量员	随时抽查	检查记录纸
		化验室	每锅 1 次	无菌检查
烘房	温度不得超过 50℃。瓶子必须干燥，特殊品种按规定执行	自查 车间质量员	随时 随时	检查记录纸
空盘	不得有锈迹、纸屑及附着污物，逐支清洗干净	自查	随时	
检漏	漏检真空不得低于 0.08MPa，漏头必须挑出，并记录机号，及时通知灌封工	自查	随时	剔除
外壁清洁率	瓶子必须充分淋洗，烘干后不得有明显色液	车间质量员	抽查	

（三）灭菌检漏工序工艺验证

1. 验证目的　灭菌检漏工序工艺验证主要针对灭菌检漏效果进行考察，评价工艺稳定性。

2. 验证项目和标准

⑴测试程序：按 SOP 操作，记录灭菌检漏情况，统计 3 批中间产品检测项目数据。

⑵合格标准：应符合规定。

（四）灭菌检漏设备的日常维护与保养

灭菌器的维护与保养：关门时，用力不要过猛，以免撞坏门开关。每隔半年左右时间，应打开门罩，给链轮、链条、丝杠等处加润滑油。每日用一块软布或一块纱布擦净门密封圈。每周应清洗灭菌室内壁，除去水垢，擦净外罩，检查安全阀。每年一次检查、紧固接头盒，检测通断状态；每年一次检查传动丝杆磨损情况，并涂适量润滑油。

实训思考

1. 灭菌结束能否立即开柜门？应如何操作？
2. 灭菌后的药品能用冷水冲洗外壁吗？

任务五　灯检

能力目标：

1. 能根据批生产指令进行灯检岗位操作。
2. 能描述灯检岗位的生产工艺操作要点及其质量控制要点。
3. 会按照灯检仪操作规程进行设备操作。
4. 能对中间产品进行质量检验。
5. 会进行灯检岗位工艺验证。
6. 会对灯检仪进行清洁、保养。

注射剂中在目视下可观测到的不溶性物质，称为可见异物，粒径或长度通常大于 50μm。存在的微粒注入人体会产生危害，因此注射剂在出厂前应采用适宜的方法逐一检查并剔除不合格品。

《中国药典》(2015 年版)规定可见异物检查法有灯检法和光散射法两种。一般采用灯检法，也可采用光散射法。现有一种全自动灯检仪，利用机器视觉原理对可见异物进行识别检测，被检测产品在高速旋转时被制动静止，工业相机连续拍照获取多幅图像，经过计算机系统分析比较，判断被检测产品是否合格，并自动区分合格品与不合格品。

领取任务：

按批生产指令采用灯检法进行灯检操作。已完成设备验证，进行灯检工艺验证。工作完成后，对设备进行维护与保养。

一、灯检设备

设备：YB-Ⅱ型澄明度检测仪。

本设备的光源由专用三基色荧光灯、电子镇流器和遮光装置组成，可消除频闪，照度指标、黑色背景及检测用白板均符合《中国药典》(2015 年版)的规定。照度可调，数字式读数直观。检测时间任意设定，并有声光提示。

技术指标：照度范围，1 000~4 000lx；时限范围，1~79 秒，任意设定；荧光灯灯管功率，20W（专用荧光灯）。

二、灯检岗位操作

操作人员按进出一般生产区更衣规程进入操作间。进岗后做好厂房、设备清洁卫生，并做好操作前的一切准备工作(ER-4.3- 文本 1)。

灯检

(一)灯检岗位标准操作规程(ER-4.3- 视频 4)

1. 生产过程 与灭菌人员交接灯检产品,核对品名、规格、数量。打开灯检台照明电源,检查照度是否符合规定。照度应符合《中国药典》(2015 年版)规定,小容量无色澄清溶液,照度为 1 000~1 500lx。按照《中国药典》(2015 年版)四部通则“可见异物检查法”逐瓶目检,剔除残、次品,力争正品中无废品,废品中无正品。手持待检品瓶颈部于遮光板边缘处,轻轻旋转和翻转容器,使药液中可能存在的可见异物悬浮(注意不使药液产生气泡),在明视距离(指供试品至人眼的清晰观察距离通常为 25cm),分别在黑色和白色背景下,用目视法挑出有可见异物的检品。灯检员检出不合格品后,应分类放入专用瓶盘中。

不合格品分类方式如下:

(1)可回收不合格品:检出玻屑、白块、纤维、焦头、容量差异等;

(2)不可回收不合格品:检出裂丝、空瓶、漏头、浑浊、色素瓶等。

两类不合格品应严格分开。

可回收不合格品放于“药液回收”瓶盘中,不可回收不合格品放于“报废品”瓶盘中,并分别做好相应状态标记。

2. 结束过程

(1)灯检结束后,每盘成品应标明品名、规格、批号、灯检工号,移交印字包装岗位。

(2)生产结束后,按“清场标准操作程序”(ER-4.3- 文本 2)要求进行清场,做好房间、设备、容器等清洁记录。

(3)按要求完成记录填写。清场完毕,填写清场记录。上报 QA 检查,合格后,发清场合格证,挂“已清场”牌。

3. 注意事项 在同一灯检间内不得同时灯检不同品种同规格、同色泽的产品或同品种不同规格的产品。

YB-Ⅱ型澄明度检测仪标准操作程序

YB-Ⅱ型澄明度检测仪标准操作程序见 ER-4.3- 文本 12。

(二)灯检岗位中间品的质量检验

灯检岗位中间品的质量检验项目见表 4-14。

表 4-14 灯检岗位中间品的质量检验项目

检验项目	检验标准	检验方法		
		检查人	次数	方法
漏检	灯检合格品中,玻屑、白块超过限量的白点等异物的漏检率不得超过 1.5%(否则重新灯检),不得有异常的色泽加深及容量明显不足等	班组检查员 车间质量员	每盘抽查 抽查	1~2ml 每盘抽检 100 支;5~20ml 每盘抽检 25 支
灯检速度	1~2ml 3s/ 支 5ml 4s/ 支 10ml 5s/ 支 20ml 7s/ 支	车间质量员	抽查	

（三）灯检工序工艺验证

1. 验证目的 灯检工序工艺验证主要针对灯检效果进行考察，评价灯检工艺稳定性。

2. 验证项目和标准

（1）测试程序：按照 SOP 操作。目检产品的可见异物，记录不合格产品数量。

（2）合格标准：97.0% ≤收率限度≤ 100.0%。

（四）灯检设备的日常维护与保养

仪器勿置于潮湿、风吹日晒、雨淋之处。使用仪器前，请先检查电源软线与插头，清理灯箱内壁必须使用毛刷。仪器及环境应时常保持清洁。每月进行一次仪器的维护检查，并填写维护记录。灯管不亮时，应检查电源开关、保险管是否损坏。灯管启动不亮，应检查灯管、电子镇流器是否损坏。

实训思考

1. 灯检时为何需在白色和黑色背景下检查？
2. 灯检时对人员有哪些具体要求？

项目四

注射剂的质量检验

任务　氯化钠注射剂的质量检验

能力目标：

1. 能根据 SOP 进行注射剂的质量检验。
2. 能描述注射剂质量检验项目和操作要点。

注射剂是指药物制成的供注射入体内的无菌溶液型注射剂、乳状液型注射剂或混悬型注射剂。可用于肌内注射、静脉注射、静脉滴注等。注射剂应进行以下检查：装量、可见异物、无菌，静脉用注射剂还应检查细菌内毒素，溶液型静脉用注射剂应检查不溶性微粒。

领取任务：

进行氯化钠注射剂的质量检验。

一、注射剂质检设备

1. 不溶性微粒测定仪　不溶性微粒检测可采用光阻法和显微计数法。除另有规定外，测定一般采用光阻法，当光阻法不符合规定或样品不适于采用光阻法测定时，采用显微计数法测定。采用光阻法原理，包括取样器、传感器和数据处理器，可设定样品进样体积，根据样品的黏稠度设定进样速度，设定转速的旋桨式无摩擦搅拌器，保证不同形状、体积的样品容器中微粒分布的均匀性，见图 4-14。

2. pH 测定仪　《中国药典》(2015 年版)规定水溶液 pH 应以玻璃电极为指示电极、饱和甘汞电极为参比电极的酸度计进行测定。

3. 渗透压摩尔浓度测定仪　渗透压摩尔浓度测定仪是通过测量溶液的冰点下降来间接测定溶液的渗透压摩尔浓度，一般由一个供试溶液测定试管、带有温度调节器的冷却装置和一对热敏电阻组成，见图 4-15。测定时将探头浸入试管的溶液中心，并降至冷却部分同时启动冷却装置，使溶液结冰，在将测得的温度转换为电信号并显示测量值。

图 4-14　微粒测定仪

图 4-15　渗透压摩尔浓度测定仪

二、氯化钠注射剂质检过程

（一）氯化钠注射剂质量标准

1. 成品质量标准　成品质量标准检验项目见表 4-15。

表 4-15　成品质量标准检验项目

检验项目	标准	
	法规标准	稳定性标准
性状	无色澄明液体	无色澄明液体
鉴别	钠盐和氯化物的鉴别反应	—
含 NaCl 量 /(g/ml)	0.850%~0.950%	0.850%~0.950%
pH	4.5~7.0	4.5~7.0
重金属	<0.3ppm	<0.3ppm
渗透压摩尔浓度 /(mOsmol/kg)	260~320	260~320
细菌内毒素	0.50EU/ml	0.50EU/ml
无菌	符合规定	符合规定
不溶性微粒	含 10μm 及以上的微粒不超过 6 000 粒，含 25μm 及以上的微粒不超过 600 粒	含 10μm 及以上的微粒不超过 6 000 粒，含 25μm 及以上的微粒不超过 600 粒

2. 中间品质量标准 中间品质量标准检验项目见表4-16。

表4-16 中间品质量标准检验项目

中间产品名称	检验项目	标准
配液中间品	含量	0.850%~0.950%
	pH	4.5~7.0
	可见异物	符合规定
灌封中间品	装量	不得少于标示量
	封口质量	符合规定

3. 贮存条件和有效期规定 贮存条件：密闭保存；有效期：24个月。

（二）氯化钠注射剂检验规程

1. 性状 目测。

2. 鉴别 取铂丝，用盐酸浸润后，蘸取供试品，在无色火焰中燃烧，火焰显鲜黄色。

3. pH测定

（1）开机：按下“ON/OFF”键，仪器自动进入pH测量工作状态。

（2）等电位点的选择：仪器处于任何状态下，按下“等电位点”键，仪器即进入“等电位点”选择工作状态。仪器设有3个等电位点，一般水溶液的pH测定选用等电位点7.0。

（3）电极的标定：电极标定可采用一点标定或二点标定法，为提高pH的测量精度，一般采用两点标定，即选用两种pH标准缓冲溶液对电极系统进行标定，测得pH复合电极的实际百分理论斜率和定位值操作步骤如下：

1）将pH复合电极和温度传感器分别插入仪器的测量电极插座和温度传感器插座内，并将该电极用蒸馏水清洗干净，放入pH标准缓冲溶液中。在规定的5种pH标准缓冲溶液中选择1种和被测溶液pH相近的pH标准缓冲溶液进行标定。

2）在仪器处于任何工作状态下，按“校准”键，仪器即进入“标定1”工作状态，此时，仪器显示“标定1”以及当前测的pH和温度。

3）当显示屏上的pH读数趋于稳定后，按“确认”键，仪器显示“标定1结束！”以及pH和斜率值，说明仪器已完成一点标定。此时，pH、mV、校准和等电位点键均有效。如按下其中某一键，则仪器进入相应的工作状态。

4）在完成一点标定后，将电极取出重新用蒸馏水清洗干净，放入其余4种pH标准缓冲溶液中1种。

5）再按“校准键”，使仪器进入“标定2”工作状态，仪器显示“标定2”以及当前的pH和温度。

6）当显示屏上的pH读数趋于稳定后，按下“确认”键，仪器显示“标定2结束！”以及pH和斜率值，说明仪器已完成两点标定。

7）pH测定：标定结束后，按下“pH”键进入pH测定状态。

4. 重金属检查 ①供试品溶液的配制：取本品50ml，蒸发至20ml，放冷，加醋酸盐缓冲液（pH 3.5）2ml与水适量使成25ml；②重金属检查法第一法进行检测：取25ml纳氏比色管3支，甲管中加标准铅溶液一定量与醋酸盐缓冲液（pH 3.5）2ml后，加水稀释成25ml；乙管中加入供试品溶液25ml；

丙管中加入 0.45g 氯化钠，加配制水适量使溶解，再加与甲管相同量的标准铅溶液与醋酸盐缓冲液(pH 3.5)2ml 后，再用溶剂稀释成 25ml；再在甲、乙、丙 3 管中分别加硫代乙酰胺试液各 2ml，摇匀，放置 2 分钟，同置白纸上，自上向下透视，当丙管中显出的颜色不浅于甲管时，乙管中显示的颜色与甲管比较，不得更深。

5. 渗透压摩尔浓度　标准溶液的配制：取基准氯化钠试剂于 500~650℃干燥 40~50 分钟，置干燥器中放冷至室温，分别精密称取 6.260g、12.684g 适量，溶于 1kg 水中，摇匀，即得。取适量新沸放冷的水调节仪器零点。取 2 个标准溶液进行仪器校正。测定药液渗透压摩尔浓度，渗透压摩尔浓度应为 260~320mOsmol/kg。

6. 细菌内毒素　取本品，采用凝胶法或光度测定法按《中国药典》(2015 年版)第四部通则 1143 进行细菌内毒素的测定，每 1ml 中含内毒素的量应小于 0.50EU。

7. 无菌　薄膜过滤法，以金黄色葡萄球菌为阳性对照菌，按《中国药典》(2015 年版)第四部通则 1101 无菌检查法进行检查，应符合规定。

8. 含量测定　精密量取本品 10ml，加水 40ml，2% 糊精溶液 5ml，2.5% 硼砂溶液 2ml 与荧光黄指示液 5~8 滴，用硝酸银滴定液(0.1mol/L)滴定。每 1ml 硝酸银滴定液相当于 5.844mg 氯化钠。

9. 装量　取供试品 5 支，将内容物分别用相应体积干燥注射器及注射针头抽尽，然后注入经标化的量入式量筒内(量筒的大小应使待测体积至少占其额定体积的 40%)，室温下检视。每支装量均不得少于其标示量。

10. 可见异物　按《中国药典》(2015 年版)第四部通则 0904 可见异物检查法进行检查。

维生素 C 注射液的质量检验见 ER-4.4- 文本 1 与 ER-4.4- 视频 1。

ER-4.4-文本1　维生素 C 注射液的质量检验(文本)

ER-4.4-视频1　维生素 C 注射液的质量检验(视频)

实训思考

注射液的检验项目有哪些？

项目五

小容量注射剂包装贮存

任务一　小容量注射剂印字包装

能力目标：

1. 能根据批生产指令进行印字包装岗位操作。
2. 能描述印字包装岗位的生产工艺操作要点及其质量控制要点。
3. 会按照印字机操作规程进行设备操作。
4. 能对印字包装中间产品进行质量检验。
5. 会进行印字包装岗位工艺验证。
6. 会对印字机进行清洁、保养。

灯检后的产品装入中转容器，对产品进行印字和包装。包装工序应重点关注标签平衡。产品的产量、不合格品数均应写入批记录中，计算产率后，由生产负责人完成产品的批生产记录。

领取任务：

按批生产指令进行印字包装操作。已完成设备验证，进行印字包装工序工艺验证。工作完成后，对设备进行维护与保养。

一、印字包装设备

YZ 安瓿印字机（ER-4.5- 动画 1）是供水针、粉针、安瓿的印字及进盒的常见设备(ER-4.5- 图片 1)。采用铜质字母插入调节，多行印字，自动上墨，光电计数，见图 4-16。

安瓿印字机

ER-4.5-图片1
印字机的结构

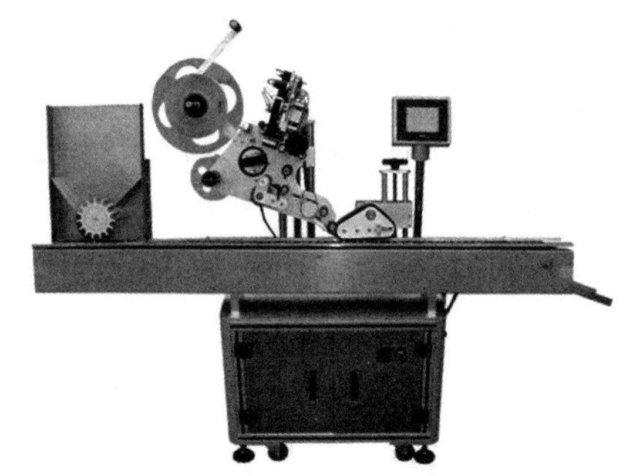
图 4-16　YZ 安瓿印字机

二、印字包装岗位操作

生产前准备

实训设备：YZ 安瓿印字机。

进岗前按进入一般生产区要求进行着装，进岗后做好厂房、设备清洁卫生，并做好操作前的一切准备工作（ER-4.5- 文本 1）。

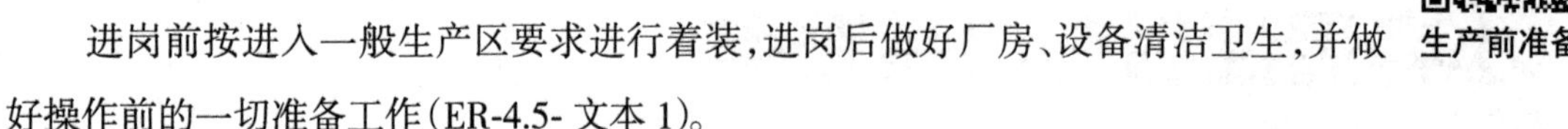

（一）印字包装岗位标准操作规程（ER-4.5- 视频 1）

印字包装（视频）

印字包装（动画）

1. 生产过程（ER-4.5- 动画 2）

（1）领取待包装产品：与灯检人员交接印字包装产品，核对品名、规格、数量。

（2）领取包装材料：核对领入的包装材料（标签、纸盒、使用说明书、印板、纸箱等）品名、规格等与待印字包装的产品一致，并应有检验合格证书（单）。标签、使用说明书、纸箱由专管员按需领用、发放、及时记录，并做好物料平衡计算。

（3）安装好产品名称、规格印板和产品批号字模，经 QA 人员检查确认无误后，方可开机。

（4）安装好产品批号、生产日期、有效字模，打印标签、使用说明书和纸箱，经 QA 人员检查核对确认无误后，方可使用。

（5）在标签、纸箱、合格证等上面应打印有批号、生产日期、有效期等，必须经 QA 人员核对确认无误后方可使用。要求内容正确、字迹清晰、位置准确。

（6）开启印字机开始印字包装注意随时检查，安瓿不得漏印、字迹应清晰；发现漏印、色素或其他不合格安瓿，须立即挑出；发现漏支须立即补足。保证药盒内不多支，不缺支，盖盒完整。

（7）每盒放使用说明书 1 张，不多放，不漏放。盒上盖贴标签，位置须居中，无漏贴、翘角。

（8）按工艺规程规定的数量扎捆，捆扎牢固，上下整齐，不缺盒，不多盒。防止空盒混，堆放须整齐。

（9）依次放入纸箱。全部装入后，封箱。

2. 生产结束　生产结束，关闭印字包装机电源。

本批生产结束应对所用的小盒、中盒、纸箱、标签、说明书等进行物料平衡计算，各物料的领用数、实用数、剩余数、残损数相吻合，否则必须查明原因及时填写记录。

对印字机、包装台面及场地进行清理、整洁，及时填写印字包装原始记录及清场合格证。

清场标准操作规程

按“清场标准操作程序”（ER-4.5- 文本 2）要求进行清场，做好房间、设备、容器等清洁记录。

生产过程中若发现异常情况，应及时向质量监控员和工艺员报告，并记录。如确定为偏差，应立即填写偏差通知单，如实反映与偏差相关的情况。

YZ 安瓿印字机标准操作程序

YZ 安瓿印字机标准操作程序见 ER-4.5- 文本 3。

（二）印字包装岗位中间品的质量检验

印字包装岗位中间品的质量检验项目见表 4-17。

表 4-17　印字包装岗位中间品的质量检验项目

检验项目	检验标准	检验方法		
		检查人	次数	方法
盒子	不允许有坏盒子、霉变、不洁纸盒。盒子外观应挺括，格档整齐	自查 小组质量员 车间质量员 仓库保管员	随时 随时 抽查 进仓前检查	按实样及质量标准检查
印字质量	印字必须清楚、油墨均匀，不应有品名、规格、批号等错误，不得有白板、缺字	自查 小组质量员 车间质量员	随时 抽查 进仓前检查	
装盒	不应有下列缺陷：缺支、多支、空针、容量明显不足，色泽明显深浅、说明书短缺	自查 小组质量员 车间质量员	随时 抽查 进仓前检查	
贴盒	不应有漏贴、倒贴、错贴，批号及有效期必须清晰、准确	自查 小组质量员 车间质量员	随时 抽查 进仓前检查	
装箱	产品名称、规格、批号、有效期等内外相符，字迹清楚，每箱附有装箱单	自查 小组质量员 车间质量员	随时 抽查 进仓前检查	
打包	不得有缺盒，不应松动，封口严密	自查 小组质量员 车间质量员	随时 抽查 进仓前检查	

（三）印字包装工序工艺验证

1. 验证目的　印字包装工序工艺验证主要针对印字包装效果进行考察，评价印字包装工艺稳定性。

2. 验证项目和标准

(1)测试程序：在包装生产过程中，按照包装质量的要求每隔 30 分钟进行一次检查，重点应注意检查异物和产品外观物理特性。评价成品外观质量是否符合标准要求。

(2)合格标准：在包装生产过程中无异常现象。

（四）印字包装设备的日常维护与保养

1. 机器必须保持清洁，严禁机器上有油污、药液和玻璃碎屑，尤其是进瓶和印字部分。

机器在生产过程中，应及时清除药液和玻璃碎屑。

交接班前应将台面上各零件清洁一次，特别是要用丙酮等溶剂将沾有油墨的零件擦洗干净。

每月大擦洗一次，将平常使用中不易清洁到的地方擦净。

2. 机器在工作前，应将下列部位滴加 20 号或 30 号的机械润滑油。

(1)进料斗后面的传动部位。

(2)主轴、推墨轮轴、进瓶推进连杆和海绵。

(3)主传动中链条、压轮、印字皮带压轮轴上的油孔。

3. 根据实际生产情况必须定期检查、及时更换易损件(印轮、印轮衬套、海绵)。

实训思考

1. 印字包装机的单机和联动有何不同的作用？
2. 物料平衡计算的意义是什么？

任务二　注射剂保管养护

能力目标：

1. 能根据不同性质注射剂进行合理保管养护。
2. 能根据不同容器注射剂进行合理保管养护。

注射剂在储存期的保管养护，应根据药品的理化性质，并结合其溶液和包装容器的特点，综合加以考虑。

领取任务：

请将注射剂成品存放于仓库中，进行合理的保管养护。

一、根据药品的性质考虑保管方法

一般注射剂：一般应避光贮存，并按《中国药典》(2015年版)规定的条件保管。

遇光易变质的注射剂：如肾上腺素、盐酸氯丙嗪、对氨基水杨酸钠、复方奎宁、维生素等注射剂，在保管中要注意采取各种遮光措施，防紫外光照射。

遇热易变质的注射剂：包括抗生素类注射剂、脏器制剂或酶类注射剂、生物制品等，在保管中除应按规定的温度条件下贮存外，还要注意"先产先出、近期先出"，在炎热季节加强检查。

抗生素类注射剂：一般性质都较不稳定，遇热后促进分解，效价下降，故应置凉处避光保存，并注意"先产先出，近期先出"。如为胶塞铝盖小瓶包装的粉针剂，还应注意防潮，贮干燥处。

脏器制剂或酶类注射剂：如垂体后叶注射液、催产素注射液、注射用玻璃酸酶、注射用辅酶A类，受温度的影响较大，主要是蛋白质的变性引起，光线亦可使其失去活性，因此一般均须在凉暗处遮光保存。有些对热特别不稳定，如三磷酸腺苷(ATP)钠、细胞色素C、胰岛素等注射剂，则应在2~10℃的冷暗处贮存。一般说，本类注射液低温保存能增加其稳定性，但是不宜贮藏温度过低而使其冻结，否则也会因变性而降低效力。此外对于胶塞铝盖小瓶装的粉针剂型，应注意防潮、贮于干燥处。

生物制品：如精制破伤风抗毒素、精制白喉抗毒素、白蛋白、丙种球蛋白等，从化学成分上看，具蛋白质的性质，一般都怕热、怕光，有些还怕冻，保存条件直接影响到制品质量。一般温度愈高，保存时间愈短。最适宜的保存条件是2~10℃的干暗处。应注意，除冻干品外，一般不能在0℃以下保存，否则会因冻结而造成蛋白变性，融化后可能出现摇不散的絮状沉淀，致使不可供药用。

钙、钠盐类注射剂：氯化钠、乳酸钠、枸橼酸钠、水杨酸钠、碘化钙、碳酸氢钠及氯化钙、溴化钙、葡萄糖酸钙等注射剂，久贮后药液能侵蚀玻璃，尤其是对于质量较差的安瓿玻璃，能发生脱片及浑浊(多量小白点)。这类注射剂在保管时要注意“先产先出”，不宜久贮，并加强澄明度检查。

中草药注射剂：质量不稳定。主要由于含有一些不易除尽的杂质(如树脂、鞣质)，或浓度过高、所含成分(如醛、酚、苷类)性质不稳定，在贮存过程中可因条件的变化或发生了氧化、水解、聚合等反应，逐渐出现浑浊和沉淀。温度的改变(高温或低温)可以促使析出沉淀。因此中草药注射剂一般都应避光、避热、防冻保存，并注意“先产先出”，久贮产品应加强澄明度检查。

二、结合溶媒和包装容器的特点考虑保管方法

水溶液注射剂(包括水混悬型注射剂、乳浊型注射剂)：这一类注射剂因以水为溶媒，故在低温下易冻结，冻结时体积膨胀，往往使容器破裂；少数注射剂受冻后即使容器没有破裂，也会发生质量变异，致使不可供药用。因此水溶液注射剂在冬季就注意防冻，库房温度一般应经常保持在0℃以上。浓度较大的注射剂冰点较低，如25%及50%葡萄糖，一般在零下11~13℃才能发生冻结，所以各地可根据暖库仓库，冬季库温度情况适当调整贮存地点。

大输液、代血浆：为大体积的水溶液注射剂，冬季除应注意防冻外，在贮运过程中切不可横卧倒置。因盛装液的玻璃瓶口是以玻璃纸或薄膜衬垫后塞以橡胶塞的(目前使用的橡胶塞其配方中含有硫、硫化物、氧化锌、碳化钙及其他辅料等)，橡胶塞虽经反复处理，但由于玻璃纸和薄膜均为一半透膜，如横卧或倒置时，会使药液长时间与之接触，橡胶塞的一些杂质往往能透过薄膜而进入药液，形成小白点，贮存时间越长，澄明度变化越大(涤纶薄膜性能稳定，电解质不易透过)。玻璃纸本身也能被药液侵蚀后形成小白点，甚至有大的碎片脱落，影响药品的澄明度。此外，在贮存或搬运过程中，不可扭动、挤压或碰撞瓶塞，以免漏气，造成污染。又因输液瓶能被药液侵蚀，其表面的硅酸盐，在药液中可分解成偏硅酸盐沉淀，所以在保管中应分批号按出厂期先后次序，有条理地贮存和发出，尽快周转使用。

油溶液注射剂(包括油混悬液注射剂)：它们的溶媒是植物油，由于内含不饱和脂肪酸，遇日光、空气或贮存温度过高，其颜色会逐渐变深而发生氧化酸败。因此油溶液注射剂一般都应避光、避热保存。油溶液注射剂在低温下早有凝冻现象，但不会冻裂容器，解冻后仍能成澄明的油溶液或成均匀混悬液，因此可以不必防冻。在将冻或解冻过程中，油溶液出现轻微混浊，如天气转暖或稍加温即可熔化，这是解冻过程必有的现象，正如食用植物油冬季发生的现象一样，故对质量无影响。有时油溶液注射剂凝冻温度也不一样，这是因为制造时所使用的植物油不同，它们凝固点的高低也不同，如花生油的凝固点为零下5℃左右，而杏仁油的凝固点为零下20℃左右，因此在低温下用花生油作溶媒的注射剂先发生凝冻。

使用其他溶媒的注射剂：这一类注射剂较少。常用的溶媒有乙醇、丙二醇、甘油或它们的混合溶液。因为乙醇、丙醇和甘油水的冰点较低，故冬季可以不必防冻。如洋地黄毒苷注射液系用乙醇（内含适量甘油）作溶媒，含乙醇量为37%~53%，曾在室外零下10~30℃的低温下冷冻41天亦未冻结；又如氯霉素、合霉素注射液用丙二醇与适量的水作溶媒，在零下45℃亦不冻结。因此这类注射剂主要应根据药品本身性质进行保管，因洋地黄毒苷注射液及氯霉素、合霉素注射液见光或受热易分解失效，故应于凉处避光保存，并注意“先产先出，近期先出”。

注射用粉针：目前有两种包装，一种为小瓶装，一种为安瓿装的封口。若为橡皮塞外轧铝盖再烫蜡，看起来很严密，但并不能完全保证不漏气，仍可能受潮，尤其在南方潮热地区更易发生吸潮变质，亦有时因运输贮存中的骤冷骤热，可使瓶内空气骤然膨胀或收缩，以致外界潮湿空气进入瓶内，从而使之发生变质。因此胶塞铝盖小瓶装的注射用粉针在保管过程中应注意防潮（绝不能放在冰箱内），并且不得倒置（防止药物或橡皮塞长时间接触而影响药品质量），并注意“先产先出，近期先出”。安瓿装的注射用粉针是熔封的，不易受潮，故一般比小瓶装的较为稳定，如注射用青霉素，安瓿装的有效期为3年，而小瓶装的有效期则为2年。安瓿装的注射用粉针主要根据药物本身性质进行保管，但应检查安瓿有无裂纹冷爆现象。

实训思考

不同性质的注射剂的保管条件有哪些？

实训情境五

口服液的生产

项目一

接收生产指令

口服液生产简介

任务　口服液生产工艺（ER-5.1-视频1）

能力目标：

1. 能描述口服液生产的基本工艺流程。
2. 能明确口服液生产的关键工序。
3. 会根据口服液生产工艺规程进行生产操作。

口服液多为中成药制剂，在制剂生产前需经过提取过滤浓缩等工艺制得浸出制剂。在制剂车间的生产工艺流程与小容量注射剂类似，仅灌装岗位采取的设备等有所不同。

领取任务：

学习口服液生产工艺，熟悉口服液生产操作过程及工艺条件。

一、口服液生产工艺流程

根据生产指令和工艺规程编制生产作业计划。口服液生产工艺流程见图5-1。配制则是按处方比例称量、投料、配制液体制剂，并进行过滤；灌装即灌装药液，加盖，旋紧盖子或轧盖；灭菌检漏，口服液一般采用热压灭菌；灯检可剔除斑点、斑块、玻屑、异物、明显沉淀、漏液等情况；包装，即贴签、装入纸盒、装箱打包（ER-5.1-图片1）。口服液生产质量控制点见表5-1。

口服液生产联动线

称量
配制
过滤
灌装
灭菌
灯检
包装
原辅料
纯化水
管形瓶
瓶盖
洗烘
D级

图5-1　口服液生产工艺流程图

表 5-1　口服液生产质量控制点

工序	质量控制点	质量控制项目	频次
称量	称量	品种、规格、数量	1 次 / 批
配制	投料配制	品种、数量	1 次 / 批
		时间、温度、均匀度	随时 / 批
暂存	药液	半成品质量标准	1 次 / 批
灌装	灌装药液	装量	1 次 /30min
		平均装量	随时 / 班
灭菌	灭菌参数	压力、温度、时间	随时 / 班
灯检	药液小瓶	可见异物 密封性	随时 / 班
包装	待包装品	数量、批号	每箱
	标签	内容、数量、使用记录	1 次 / 批、班
	装箱	数量、合格证、标签	每批

口服液各工序质量控制除半成品质量需由 QC 进行检查外，其余均由操作者和 QA 人员一起参与完成。

二、口服液生产操作过程及工艺条件

1. 配制　根据批生产指令，按配料罐的生产能力，计算配料混合次数，均摊到每配料罐混合时应加入的原辅料量。本批量生产配制 2 罐后，总混。将生产处方量原辅料倒入配料罐中混合搅拌，加入适量溶剂调节含量，且使总量至 1 000L，用 0.8μm 孔径钛棒（或微孔滤膜）加压过滤，即得。

配制工艺条件：需核对生产中原辅料的品名、规格、批号（编号）、数量。按清洁规程清洁设备、器具，其中设备粗洗用水为饮用水，设备精洗用水为纯化水。必要时，配料前的设备、容器的内壁用 75% 乙醇擦拭消毒。计算、称量、投料必须复核，操作人员及复核人均应在批生产记录上签字。室内洁净级别为 D 级，且操作人员不得裸手操作。

2. 洗烘瓶　将瓶子先正向转移至清洁的周转盘中，待洗瓶机空载 10 分钟后，上机洗瓶，依次开动饮用水、纯化水、洁净高压空气、高热空气各喷头，进行洗瓶、干燥、灭菌操作过程。剔除不规则瓶和碎瓶，且反向转移至清洁的周转盘中，待用（ER-5.1- 图片 2）。

洗瓶

洗烘瓶工艺条件：设备、器具按清洁规程清洁后方可使用。设备以饮用水粗洗后，使用纯化水精洗。瓶子粗洗用水为饮用水和纯化水混合后的循环水，精洗用水为纯化水（新水），每 4 小时更换新水。设定热风循环加热温度为 180℃，且瓶子与热空气接触时间不少于 8 分钟。瓶子灭菌后需取样检查细菌和霉菌数，细菌菌落应在 5 个以下，霉菌数为 0。

3. 理盖、瓶盖灭菌　将瓶盖转移至清洁的周转盘中，用饮用水冲洗后，再用纯化水冲洗，淋干，按生产量转移至臭氧灭菌柜中，开机灭菌 1.5 小时后，装入洁净容器中备用。

理盖、瓶盖灭菌工艺条件：根据臭氧设备有效消毒浓度进行消毒，最低为 10ppm，即 20mg/m^3（1ppm=2mg/m^3），通过验证的灭菌时间一般为 1~1.5 小时。

应确保臭氧灭菌在 1.5 小时以上，灭菌后取样检查细菌和霉菌数应均为 0。

4. 灌装 灌装前，如果停机超过 48 小时的，先用 75% 的乙醇作为灌装物对容器管道、活塞、针头进行消毒，12 小时后，再用纯化水作为灌装物对容器管道、活塞、针头进行清洗，针头至少喷出纯化水 10 次。灌装时须先进行试灌，试灌的工作内容包括检查最低装量（每支装量应不少于标示量的 93%）、压盖的适宜程度、密封性、外观。试灌的料液需及时回收。正式灌装，每 20 分钟取样进行装量检查，依次取 5 支，平均装量应不少于标示量，同时，每支装量应不少于标示量的 93%（运行中影响装量的因素主要是高槽的液位，注意保持高槽的液位相对稳定）（ER-5.1- 图片 3）。

ER-5.1-图片3

灌装

灌装工艺条件：灌装机每次停机后需 12 小时再开机的，无论是否更换品种和批次，都应按清洁规程进行彻底清洁，并逐个检查活塞是否灵活，管道、针头是否堵塞。

5. 灭菌 采用高压灭菌柜，饱和蒸汽外加热的方法对瓶内液体进行灭菌。需检查各部件是否完好，门上部件是否损坏或松动，设备状态标志是否为“已清洁”。开门：启动面板上人机界面触屏进入“主控界面”画面，按“前门操作”键，显示“前门操作”画面，按“前门真空”键，启动门圈真空系统（真空泵、门圈真空阀、真空泵用水阀），抽排门圈内密封用压缩空气。约 15 秒钟以后，按“开前门”键，前门锁紧机构开启，用手拉开前门。装载：将灭菌物品装入灭菌车，移至柜门，送入灭菌腔。关门：装载完毕，轻轻关上门，并按住门板，同样在“前门操作”界面下，按“关前门”键，前门锁紧机构锁住。密封：如果此时前后门均为关闭位，准备进行灭菌操作，即可将门圈密封。自控运行：在“主控界面”画面中按“自控界面”键，将转入自动控制界面。此时按下“启动”操作键，设备将按预设程序自动运行，监测动态显示实时工况。灭菌室压力、温度应在设定范围内，到设定灭菌时间，结束灭菌。结束：灭菌室压力降至 0MPa，结束灯亮，等待 30 分钟后（注意防爆），按“门真空”键 15 秒后，开门取物。

灭菌工艺条件：控制合理的压力、温度、灭菌时间，应按药物灭菌要求确定，一般设定为压力 0.2MPa、温度 121℃、时间 15~20 分钟。

6. 灯检及检漏 灭菌后的中间产品需逐盘逐个上灯检机，上机时水平目视装量，如发现有变化的进行剔除，并随机取出数支，用手使劲旋动瓶盖，检查有无松动的瓶子，判定是否会漏液。调节传送速度，使目视镜中的每支瓶子能够完全看清楚。对有斑点、斑块、玻屑、异物、明显沉淀的产品进行剔除。计算物料平衡。

灯检及检漏工艺条件：选择责任心强，并且视力好的人员在本岗位上岗。

7. 外包装 按批生产指令领取经检验合格的半成品及相应规格的包装材料。由专人调整生产批号、生产日期、有效期并打印字头，并与本批的内包装半成品的生产批号、生产日期、有效期编码完全相同。按领料、印字、分发、折盒、贴瓶签、装盒、装说明书、封口、装箱、打包的工序依次进行包装。

外包装工艺条件：包装物须是经检验合格的半成品及相应规格的包装材料。包装前必须清场，包装结束后准确统计物料的领用数、使用数、破损数及剩余数，计算成品率并处理物料平衡。入库前，及时请验。按成品质量标准检验合格后，方可入库，存放在合格品区。

实训思考

1. 简述口服液的生产流程。
2. 简述口服液各岗位的工艺条件。

项目二

生产口服液

任务 口服液灌封

能力目标：√

1. 能根据批生产指令进行口服液灌装岗位操作。
2. 能描述口服液灌装的生产工艺操作要点及其质量控制要点。
3. 会按照 DGK10-20 口服液灌装机的操作规程进行设备操作。
4. 能灌装中间产品进行质量检验。
5. 会进行灌装岗位工艺验证。
6. 会对 DGK10-20 口服液灌装机进行清洁、保养。

产品的装量差异受灌装精度和稳定性影响，在生产中应定期检测。口服液灌装时还应定期检查加塞、轧盖的运行状况检查，检测密封盖的密封效果。

按批生产指令选择合适设备进行口服液灌装，并进行中间产品检查。灌装机已完成设备确认，进行灌装工艺验证。工作完成后，对灌装设备进行维护与保养。

领取任务：

按批生产指令选择合适设备进行口服液灌装，并进行中间体产品检验。灌装机已完成设备确认，进行灌装工艺验证。工作完成后，对灌装设备进行维护和保养。

一、口服液灌装设备

口服液灌装机可对口服液体进行自动进瓶、灌装、加盖、轧盖、出瓶（图 5-2）。采用螺旋杆将瓶垂直送入转盘，结构合理，运转平稳。灌液分 2 次灌装（装量可调）可避免液体泡沫溢出瓶口，并配有缺瓶止灌装置，以免料液损耗，污染机器及影响机器的正常运行。轧盖采用离心力原理，由 3 把滚刀将盖收轧锁紧（因瓶盖的尺寸技术参数不同与材质的软硬不等，可调整调节块的高低，以变动 3 把滚刀的收锁力度）。适合于不同尺寸的铝盖及料瓶。

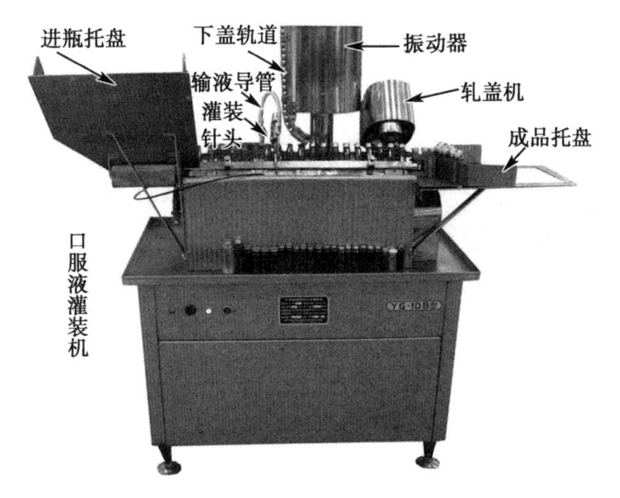

图 5-2 口服液灌装机

生产前准备

二、口服液灌装岗位操作

口服液灌装岗位操作

（一）口服液灌装岗位标准操作规程

进岗前按进入 D 级洁净区要求进行着装，进岗后做好厂房、设备清洁卫生，并做好操作前的一切准备工作（ER-5.2- 文本 1）。

1. 生产过程（ER-5.2- 视频 1）

（1）领料：逐一核对待灌封药液的品名、规格、数量；确认洗烘瓶岗位管形瓶已符合送瓶要求；确认理盖、洗盖岗位瓶盖已符合要求。

口服液灌装机局部

（2）试机：开空机检查其运转是否正常。对灌封机输液管路进行消毒和清洗。检查待灌装料液的外观质量是否符合要求，检查灌装可见异物（澄明度），校正容量，应符合要求，并经 QA 确认。

轧盖

（3）正式灌装：将玻瓶放入瓶斗，盖子放入理盖斗，开始灌装（ER-5.2- 图片 1）。最初灌装的产品应予剔除，不得混入半成品。封口过程中，要随时注意锁口质量，及时剔除次品，发生轧瓶应立即停车处理。如发现药液流速减慢，亦应立即停车，并通知配液岗位调节处理。应随时检查容量，发现过多或过少，应立即停车，及时调整灌装量（ER-5.2- 图片 2）。

清场标准操作程序

灌封好的管形瓶放在专用的不锈钢盘中，每盘应标明品名、规格、批号、灌装机号及灌装工号的标识牌，通过指定的传递窗送至灭菌岗位。

2. 生产结束 灌装结束，通知配料岗位关闭药液阀门，剩余空瓶退回洗烘岗位。本批生产结束应对灌装机进行清洁与消毒。拆下针头、管道、活塞等输液设施，清洁、消毒后装入专用的已消毒容器。按“清场标准操作程序”（ER-5.2- 文本 2）要求进行清场，做好房间、设备、容器等清洁记录。按要求完成操作记录填写。清场完毕，填写清场记录。上报 QA 检查，合格后，发清场合格证，挂“已清场”牌。

DGK10-20 口服液瓶灌装轧盖机标准操作程序

DGK10-20 口服液瓶灌装轧盖机标准操作程序见 ER-5.2- 文本 3。

（二）口服液灌装岗位中间品的质量检验

口服液灌装岗位中间品的质量检验项目见表 5-2。

表 5-2　口服液灌装岗位中间品的质量检验项目

检验项目	检验标准		检验方法		
			检查人	次数	方法
灌装容量	易流液 10ml 10.30~10.50ml 20ml 20.30~20.60ml 50ml 50.50~51.00ml	黏稠液 10.30~10.70ml 20.40~20.90ml 50.80~51.50ml	自查 车间 质量员	随时 每日 2 次	用标准管形瓶、干注射器及量筒抽取、计量
封口质量	封口不严、空瓶 每 100 支不得超过 1 支		自查 车间质量员	随时 每日 1 次	每机不少于 2 盘，每盘不少于 200 支
机头澄明度	不得有可见的白块、异物。抽取 100 支允许有 2 个白点		配料工	灌封前逐台检查	灯检
标记	标明品名、批号、工号、盘号纸，不得有遗漏		灭菌工	灭菌前逐盘检查	目测

（三）口服液灌装工序工艺验证

1. 验证目的　口服液灌装工序工艺验证主要对灌封产品的装量差异、异物、含量均一性进行检验，评价灌装工艺稳定性。

2. 验证项目和标准

（1）工艺条件：灌装机空气压力为 0.6MPa，灌封速度为 100 瓶 /min。取样检测装量差异和异物。

（2）验证程序：按工艺规程操作，上盖、轧盖前均匀取样 5 点，每次 10 个瓶盖，检测微生物限度；药液灌装机前取样 1 点，取样 100ml 检测微生物限度；灌装时每 30 分钟取 3 瓶检测微生物限度。

（3）合格标准：符合规定。

（四）口服液灌装设备的日常维护与保养

开车前必须先进行试车，判明正常后方可正式生产。调整机器时，工具使用适当，严禁用力过大过猛或使用不合适的工具拆零件以免损坏机件及影响机器性能。每当机器进行调整时，要将松过的螺丝拧紧。机器上必须保持清洁，不能有油污、药液、玻璃碎屑等。

在生产过程中，及时清除药液或玻璃碎屑。交班前应将机器表面各部清洁一次，并在活动部门上加清洁的润滑油。每周大擦洗一次，特别是使用中不容易清洁到的地方需擦净或用压缩空气吹净。

实训思考

1. 口服液灌装前要做好哪些准备工作？
2. 灌装机运行时有哪些注意事项？

项目三

口服液的质量检验

任务　葡萄糖酸锌口服液的质量检验

能力目标：

1. 能根据 SOP 进行口服液的质量检验。
2. 能描述口服液质量检验项目和操作要点。

口服液一般为口服溶液剂，其质量检验项目主要是装量和微生物限度要求。

领取任务：

进行葡萄糖酸锌口服溶液的质量检验。

一、葡萄糖酸锌口服溶液质量标准

1. 成品质量标准　成品质量检验项目及标准见表 5-3。

表 5-3　成品质量检验项目及标准

检验项目	标准	
	法规标准	稳定性标准
性状	无色至淡黄色的澄清液体	无色至淡黄色的澄清液体
鉴别	1）三氯化铁试液显深黄色 2）锌盐鉴别反应	–
含量	93.0%~107.0%	93.0%~107.0%
pH	3.0~4.5	3.0~4.5
相对密度	>1.02	>1.02

2. 中间品质量标准　中间品检验项目及标准见表 5-4。

表 5-4　中间品检验项目及标准

中间产品名称	检验项目	标准
配液中间品	含量	93.0%~107.0%
	pH	3.0~4.5
灌装中间品	装量	不得少于标示量
	封口质量	符合规定

3. 贮存条件和有效期规定

(1)贮存条件:密闭保存。

(2)有效期:24 个月。

二、葡萄糖酸锌口服溶液质量检验规程

1. 性状　目测。

2. 鉴别　取本品 5ml,加三氯化铁试液 1 滴,显深黄色。显锌盐鉴别反应。

3. 装量　取供试品 10 个,分别将内容物倾尽,测定其装量,每个装量均不得少于其标示量。

4. 微生物限度　照《中国药典》(2015 年版)微生物限度检查法(通则 3300),应符合规定。

5. 相对密度　参照《中国药典》(2015 年版)相对密度检查法(通则 0601)检查。

6. 含量测定　精密量取本品适量(约相当于葡萄糖酸锌 0.35g),加水 10ml,加氨 - 氯化铵缓冲液(pH 10.0)5ml,再加氟化铵 1g 与铬黑 T 指示剂少许,用乙二胺四醋酸二钠滴定液(0.05mol/L)滴定至溶液由紫红色转变为蓝绿色,并持续 30 秒不褪色。

实训思考

口服液的质量检验项目有哪些?

实训情境六

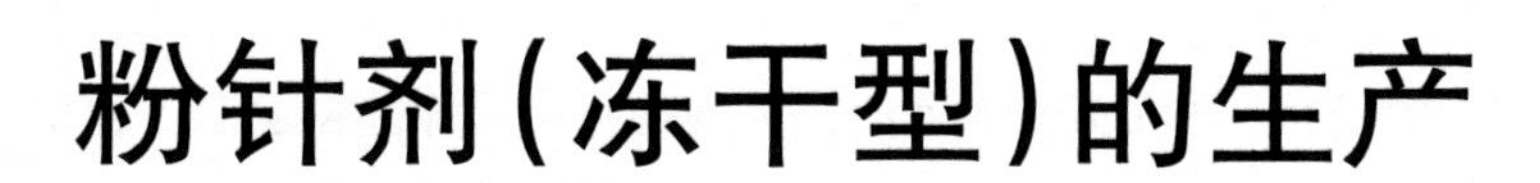

粉针剂（冻干型）的生产

项目一

接收生产指令

任务　粉针剂(冻干型)生产工艺

能力目标：

1. 能描述粉针剂(冻干型)生产的基本工艺流程。
2. 能明确粉针剂(冻干型)生产的关键工序。
3. 会根据生产工艺规程进行生产操作。

粉针剂(冻干型)是一种无菌固体状剂型,将药物制成无菌液体灌装后采用冷冻干燥技术制成的剂型。粉针剂(冻干型)在真空条件下干燥,含水量低,可防止药品水解、氧化,克服了无菌液体注射剂的不稳定问题。采用液体方式灌装,较粉末分装计量更精确。采用注射用水调配,经除菌过滤等措施,可有效防止引入不溶性微粒及可见异物。冻干后的制品为多孔结构,质地疏松,复溶迅速,可恢复药液原有特性,有利于临床应用。由于生产过程中未使用有效灭菌法除菌,因此需采用无菌生产工艺。

领取任务：

学习粉针剂(冻干型)生产工艺,熟悉粉针剂(冻干型)生产操作过程及工艺条件。

一、粉针剂(冻干型)生产工艺流程

根据生产指令和工艺规程编制生产作业计划。首先验收工作、收料及来料,检查化验报告、数量、装量、包装、质量等。容器处理,西林瓶经洗烘联动线进入干燥灭菌岗位,干燥灭菌结束后,冷却待用,胶塞清洗并干燥灭菌后待用,铝盖清洗干燥后待用。称量时需复核原辅料名称、规格、数量等,再按投料量称量。配制时可采用浓配 - 稀配两步法或稀配一步法。过滤需进行粗滤及精滤。灌装半压塞,将合格药液灌装入西林瓶内,并进行半压塞。将样品放入冻干箱内,进行冻干。冻干过程包括预冻、升华干燥和再干燥(解吸附)。压塞即在冻干完成后,进行自动液压压塞。轧盖,采用自动轧盖机进行轧盖,注意剔除封口不严的产品。流水线上对产品进行逐瓶目视检测,剔除有异物、冻干不良等不合格产品。贴签包装检验合格的粉针剂(冻干型),并进行装箱打包。粉针剂(冻干型)生产工艺流程见图 6-1。

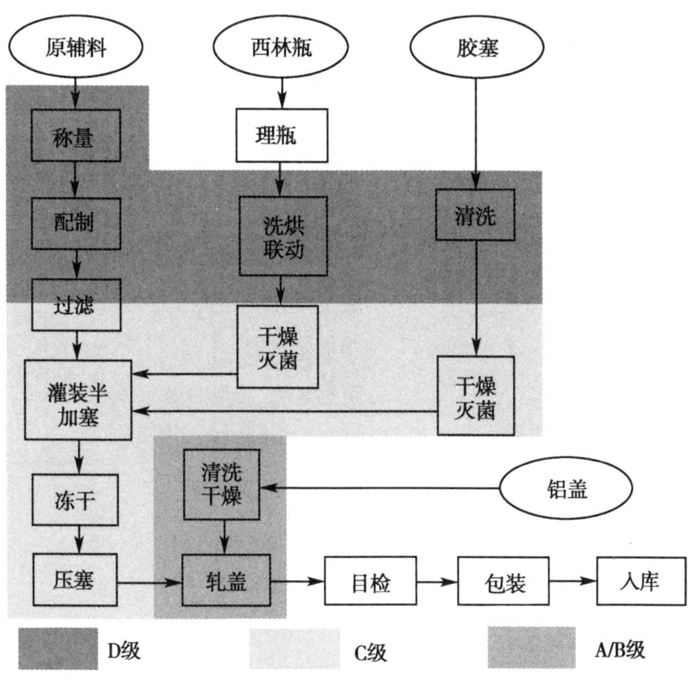

图 6-1　粉针剂（冻干型）生产工艺流程图

配液、粗滤时可在 C 级区域内，精滤则在 D 级区域内进行。灌装工序必须在 B 级背景下的 A 级区内进行，物料转移过程中也需采用 A 级保护。

粉针剂（冻干型）生产质量控制点见表 6-1。

表 6-1　粉针剂（冻干型）生产质量控制点

工序	质量控制点	质量控制项目	监控频次
备料	衡器、量具	校验、平衡	每次
	称量	数量、复核	每次
制水	纯化水	电导率	1 次 /2h
		全项	1 次 /w
	注射用水	pH、电导率	1 次 /2h
		全项	1 次 /w
		细菌内毒素	1 次 /d
洗瓶	洗瓶	西林瓶质量、化验单	每批
		洗瓶水可见异物	3 次 / 班
		超声时间	2 次 / 班
		西林瓶清洗度	3~4 次 / 班
	隧道烘箱	灭菌时间、温度	随时
		西林瓶清洗度	3~4 次 / 班
		细菌内毒素	1 次 /d
洗塞	胶塞清洗	胶塞质量、化验单	每批
		清洗后可见异物	每锅
	胶塞灭菌	灭菌时间、温度	每锅
		细菌内毒素	1 次 / 锅

续表

工序	质量控制点	质量控制项目	监控频次
配制	药液	含量、pH、色泽	每批
	超滤	可见异物	每批
		完整性试验	每周
灌装加塞	药液	装量、可见异物、色泽	随时
	装量	装量差异	15/次
	半加塞	半加塞质量	随时
		可见异物、装量差异	每班
冻干	待冻干品	数量、加塞质量	每锅
	冻干	冻干温度、真空度	随时
		冻品进程	2小时
	冻干品	轧盖质量	每锅
		水分	每批
		冻干质量	每批
铝盖	铝盖清洗	清洗后水电导率	每锅
	铝盖干燥	水分	每锅
轧盖	物料	铝盖清洗质量	每班
		胶塞压合质量	随时
	轧盖	轧盖质量	随时
外包装	待包装品	每盘标志	每盘
	目检	目检后抽查	30分钟
	包装材料	质量、报告单	每批
	贴签	批号、效期、贴签质量	随时
	装小盒	数量、说明书、标签、批号、效期	随时
	装大盒	数量、批号、效期	随时
	装箱	数量、批号、效期、装箱单	随时
	打包	打包质量	随时
入库	成品	整洁、分区、货位卡、数量	每批

二、粉针剂(冻干型)生产操作过程及工艺条件

1. 领料 核对原辅料的品名、规格、含量、报告单、合格证。

称量操作

2. 称量 操作人员根据生产指令领取所需原辅料、针用活性炭,在领取称量物料时核对品种是否与处方相符,核对原辅料的品名、批号、数量。称取后的物料置洁净容器内备用。工艺条件:称量时一人操作,一人复核,确保称量无误(ER-6.1-动画1)。

3. 配液 按处方将原辅料加入配制量为70%的注射用水,置于浓配罐中搅拌溶解,加入0.1%的针用活性炭,充分搅拌均匀,60℃保温吸附15分钟,用0.8μm钛滤棒趁热过滤。QA人员取样测

定 pH 及含量。检测合格的滤液经管道输入稀配罐中，加注射用水至足量，充分搅拌 20 分钟，转速为 80 次 /min，分别经 0.45μm、0.22μm 的微孔滤膜过滤。滤液经管道送入贮罐中，标明品名、批号、数量、时间、操作者备用（ER-6.1- 动画 2）。浓配罐、稀配罐见图 6-2。工艺条件：① 0.8μm 钛滤棒 $P \geqslant 0.6$MPa；② 0.45μm 微孔滤膜 $P \geqslant 0.23$MPa；③ 0.22μm 微孔滤膜 $P \geqslant 0.39$MPa。

配液及无菌过滤过程

图 6-2　浓配罐、稀配罐

4. 洗瓶、干燥、灭菌　西林瓶经洗瓶输送盘传送至洗瓶机内（ER-6.1- 图片 1）。使用纯化水、注射用水清洗，洁净后输送至烘干隧道（ER-6.1- 图片 2）。预热区干燥后，于高温区灭菌 15 分钟，低温区冷却后，填写物料交接单，输送入灌装室。工艺条件：①清洗纯化水、注射用水，温度控制在 50~60℃；②灭菌区温度 350℃；③每批灭菌西林瓶应在 12 小时内使用。

洗瓶机

西林瓶输送至烘干隧道式灭菌

5. 洗塞、干燥、灭菌　将胶塞放入胶塞漂洗机内（图 6-3），用澄明的注射用水漂洗胶塞至洁净；移入胶塞灭菌烘箱中（图 6-4），进行干燥、灭菌。工艺条件：①干燥灭菌温度为 120℃，时间为 2 小时；②每批灭菌胶塞应在 12 小时内使用。

图 6-3　转筒式胶塞漂洗机

图 6-4　转筒式胶塞灭菌烘箱

6. 铝盖处理　将铝盖洗至洁净,烘干,待用。工艺条件:烘干温度在 80℃以下;24 小时内使用。

灌装细节

7. 灌装加塞　核对品名、批号、数量、检验报告单,确认无误后灌装药液(ER-6.1-图片 3)。调整装量及加塞质量,合格后进行连续生产,每隔 15 分钟进行装量检查,随时观察灌装、加塞质量,挑出不合格品,异常情况时立刻停机(ER-6.1- 图片 4)。灌装后的半成品放入不锈钢盘中,及时移入冻干箱进行冷冻干燥。工艺条件:①按标示量进行灌装;②每批药液应在配制后 2 小时内灌装完毕。

半压塞

8. 冻干干燥

1)预冻:测定产品低共熔点,预冻温度控制在低共熔点以下 10~20℃。预冻方法包括速冻法、慢冻法。速冻法,箱内温度 -45℃以下保持 4 小时。慢冻法,制品放入冻干箱后缓慢降温。

2)升华干燥:①一次干燥,冻干箱温度控制在 -45℃以下,系统抽真空,升华开始,控制温度、真空度,升华干燥时间为 35 小时;②二次干燥,大部分水分升华后,提高板层温度、干燥箱的压力以加快热量传送,产品进入二次干燥阶段,温度为 20℃,时间为 2 小时;③二次干燥结束后,打开箱体的气源开关,输入无菌空气使箱内压力与大气一致;④压塞,出箱。工艺条件:①预冻温度 -45℃,维持 4 小时;②升华干燥真空度应在 6Pa 以下。

9. 轧盖　进行轧盖操作,轧盖后的中间产品放入不锈钢盘中,附带物料交接单(ER-6.1- 图片 5)。随时观察轧盖质量,挑出不合格产品。

轧盖

10. 目检　目视检查,挑检出轧盖乱伤、变形、喷瓶断层、萎缩等质量不合格产品。不合格品集中放置,并填好不合格证,进行统一处理。检后每盘填好物料交接单。

11. 包装　按生产指令领取标签、说明书、盒托、中盒、大箱等包装物,2 人以上核对品名、规格、数量。审核无误后,在规定处印上产品批号、有效期等。贴标签时,随时抽检观察内容及清晰度。合格后进行包装,每 6 瓶附带制品说明书装入 1 小盒内,贴上封签,每 10 小盒装入 1 中盒,每 10 中盒装入 1 大箱,每大箱内附带一份装箱单,用封箱胶带封箱,再将大箱用捆扎机按“#”字形捆扎,同时进行取样,对成品进行检验。

实训思考

1. 简述粉针剂(冻干型)的生产工艺流程。
2. 简述粉针剂(冻干型)各岗位的工艺要求。

项目二

粉针剂(冻干型)生产前准备

任务　粉针剂(冻干型)车间人员进出及车间清场

能力目标：

1. 能采用正确的方法进出 A/B 级洁净区。
2. 能进行 A/B 级清场。

一、粉针剂(冻干型)洁净区对人员要求

粉针剂(冻干型)生产洁净区有 A、B、C、D 级,根据岗位对洁净级别的要求,人员按相应更衣规程进入洁净区。进出 C、D 级更衣规程详见前述。

进入 A/B 级洁净区的着装要求:遮盖头发、胡须等相关部位,佩戴口罩以防散发飞沫,必要时戴防护目镜。工作服应为灭菌连体工作服,不脱落纤维、微粒,同时能滞留身体散发的微粒。佩戴无菌、无颗粒物散发的橡胶或塑料手套,袖口应塞进手套内,穿经灭菌或消毒的脚套,裤腿应塞进脚套内。

员工每次进入 A/B 级洁净区时,每班至少更换一次无菌工作服。操作期间,应经常消毒手套,必要时更换口罩、手套。A/B 级区人员穿戴见图 6-5。

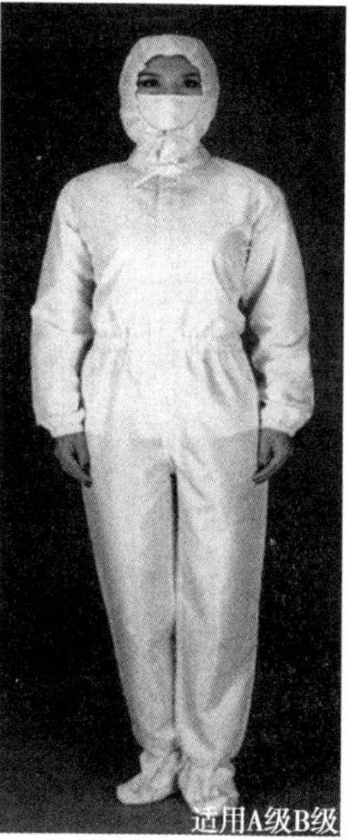

图 6-5　A/B 级区人员穿戴

领取任务：

进行“人员进出 A/B 级洁净区”的操作练习,保证洁净区卫生,防止污染和交叉污染。

二、粉针剂(冻干型)生产前准备

(一) 人员进出 A/B 级洁净区标准更衣程序

1. 进入大厅　于指定位置存放个人物品，在更鞋区更换工作鞋。进入第一更衣室，更换工作服，摘掉饰物。

2. 进入洗盥室　用流动纯化水清洁面部、手部，用药皂反复搓洗至手腕上 5cm 处。加强搓洗指缝、指甲缝、手背、掌纹等处。必要时用洁净小毛刷进行刷洗。

3. 进入二更　进入气闸间更换洁净鞋，75% 乙醇溶液喷洒手部消毒 2~3 分钟。按个人编号从"已灭菌"标志的 A 袋取出装有无菌内衣的洁净袋，检查里外标志是否一致、附件是否齐全，确认无误后换上无菌内衣裤。

4. 进入三更　进入气闸间，手部喷洒消毒，进入第三更衣室。更换无菌鞋，手部消毒。按个人编号从"已灭菌"标示的 B 袋取出装有无菌外衣的洁净袋，检查无误再更无菌外衣、佩戴无菌帽、口罩。注意以下事项：①按照"由上至下的顺序"进行衣裤、帽的更换；②不得将无菌服接触地面，扎紧领口、袖口，头发不得外露。穿戴好无菌服后在衣镜前检查确认是否合适，再戴上灭菌手套。

5. 手部再次消毒　在三更气闸间，75% 乙醇喷洒消毒手套后，进入操作间。

6. 退出洁净区　退出洁净区时，按进入时逆向顺序进行。在第二更衣室更衣，不需手部消毒。将无菌服换下装入原袋中，统一收集，贴挂"待清洗"标识。离开工作室。

(二) 物料、物品进出 B 级洁净区标准操作规程

1. 生产原材料及包装材料的领取

(1) 仓库人员根据生产计划准备生产原材料，车间辅助人员根据生产指令填写领料单，到仓库领料，仓库凭领料单发货。

(2) 辅助人员在交接区根据领料单对领取的原材料和包装材料的名称、规格、批号、数量进行核对并领取，核对无误后，签收物料。

2. B 级洁净区物料及工器具的进入

(1) 原辅料出入：①领取的原辅料放置外清间，用浸饮用水的半湿丝光毛巾擦拭后，通过气闸室传递至 D 级区；②原料桶用浸有 75% 酒精的半湿丝光毛巾擦拭，重点擦拭桶底部，放入传递窗开启紫外灯照射 30 分钟；③通知 B 级区操作人员接收原辅料，B 级区辅助人员用浸 75% 酒精溶液的半湿丝光毛巾擦拭原料桶，经周转车传入原料暂存间进行紫外灯照射。

(2) 铝盖出入：①将铝盖领取到外清间，除去外包装，将内包装用浸饮用水的半湿丝光毛巾擦拭后，通过气闸室传递至铝盖清洗间；②拆除内包装，放入铝盖清洗灭菌机；③灭菌完毕通知 C 级区轧盖操作人员接收铝盖，进行烘干；④烘干后的铝盖在 A 级层流罩下出料，做好状态标志。

(3) 胶塞出入：①胶塞送至物料交接区，车间领料人员在物料外清间除去胶塞外包装，使用浸饮用水的半湿丝光毛巾擦拭胶塞的塑封包装，将胶塞传至气闸室；②胶塞内包装用浸 75% 酒精溶液的半湿丝光毛巾清洁；③胶塞经 D 级洁净区走廊运入胶塞暂存间存放备用；④胶塞转移至清洗间，检查无异物后，加入胶塞清洗机清洗灭菌；⑤灭菌完毕，通知 B 级区辅助人员接收胶塞，在 A 级层流罩

下出料,做好状态标志。

(4)西林瓶出入:①西林瓶送至物料外清区,除掉外包装,使用浸饮用水的半湿丝光毛巾清洁塑封包装,西林瓶传送至气闸室;②西林瓶经D级洁净区走廊运入瓶塞暂存间存放;③西林瓶送至洗瓶机清洗,随轨道进入隧道式灭菌烘箱,灭菌后进入分装间,灭菌后西林瓶暴露环境为B级背景下的A级区域。

(5)需传入B级洁净区的原辅料、眼镜等其他物品出入:①在传递间用浸饮用水的半湿丝光毛巾擦拭后放入传递窗,打开紫外灯,照射30分钟;②D级洁净区人员打开传递窗,需传入B级洁净区的工器具等其他物品,C级洗烘人员用75%的酒精擦拭其表面后,选择干热或湿热灭菌,灭菌后传入B级洁净区;③B级洁净区使用的消毒液在C级区域配制好后,经过除菌过滤进入B级区域。

3. B级洁净区物料、工器具的退出

(1)使用后的空铝瓶、胶塞从B级走廊传递窗退出B级洁净区,再通过D级洁净区走廊、气闸、外清室退出岗位。

(2)B级洁净区退出的其他物品,从B级走廊传递窗退出B级洁净区,再通过D级洁净区走廊、气闸、外清室退出洁净区,由辅助员工统一处理。

4. 注意事项

(1)岗位人员核对原辅材料的名称、规格、批号、数量,无误后签收物料传递单。

(2)D级洁净室对传入B级区的原料等物品要进行登记,退出空铝瓶时核对数量是否与传入相一致,不一致时及时查清原因。

(3)存放原材料和包装材料的全部货架上均应有明显的状态标识。材料名称、规格、批号、数量、状态等标志,如有变动,应及时修改。填写岗位物料领发台账,确保账、物、卡相符。

(4)物料转移过程中,注意与其他规格、型号、批号的同类物料分开放置,做好标志,避免混淆。

(三)B级洁净区环境清洁规程

1. 清场间隔时间

(1)各工序在生产结束后,更换品种、规格、批号前应彻底清理作业场所,未取得清场合格证之前,不得进行下一个品种、规格、批号的生产。

(2)大修后、长期停产重新恢复生产前应彻底清理及检查作业场所。

(3)车间大消毒前后要彻底清理及检查作业场所。

(4)超出清场有效期的应重新清场。

2. 清场要求

(1)地面无积灰、无结垢,门窗、室内照明灯、风口、工艺管线、墙面、天棚、设备表面、开关箱外壳等清洁干净无积灰。

(2)室内不得存放与生产无关的杂品及上批产品遗留物。

(3)使用的工具、容器清洁无异物,无上批产品的遗留物。

(4)设备内外无上批生产遗留的物料、成品,无油垢。

3. 注意事项

(1)无菌衣更衣室应由B级洁净区辅助人员清洁。天花板、墙壁、灯罩、衣服架、鞋柜、净手器、盆架用浸消毒液的半湿丝光毛巾沿一个方向擦拭至洁净后再擦拭一遍。更衣室地面用浸消毒液的专用半湿丝光毛巾擦拭至无杂物、无污迹后再擦拭一遍。

(2)B级洁净区使用的乙醇溶液等清洁剂和消毒剂需经除菌过滤后方可使用,为避免交叉污染,消毒剂需交替使用,每周更换一次。

(3)清洁完毕,更改操作间、设备、容器等状态标志,标明有效期(24小时)。QA人员检查合格后,发放清场合格证,退出生产岗位。

(四)环境消毒、灭菌标准操作规程

1. 臭氧消毒

(1)臭氧消毒前准备:为防止臭氧泄漏,确保臭氧在空间分布均匀和作用效率,洁净区所有门应紧闭,保持洁净室(区)相对密封。人员退出岗位后,方可消毒。

(2)臭氧灭菌程序:①进入准备工作状态。关闭空调新风,在净化空调机正常运转的状态下,接通臭氧发生器控制柜电源,电源指示灯亮,电压表显示电源电压。②进入正常工作状态。按下启动按钮工作指示灯亮,电源指示灯灭,设计定时为2小时,定时器开始计时,电流表显示工作电流。③停止工作。机器工作至预设时间(消毒结束),自动停机,工作指示灯灭,电源指示灯亮,机器恢复准备工作状态。开启新风,通风2小时后,人员方可进入。

洁净区在每个生产周期第7天,生产结束清场完毕人员退出岗位后进行,臭氧消毒120分钟。

2. 甲醛灭菌

(1)灭菌条件:温度30~40℃,相对湿度65%以上时,甲醛气体的消毒效果最佳。面积按10ml/m^3的比例量,B级洁净区甲醛4 580ml,C级洁净区甲醛3 430ml,D级洁净区甲醛7 020ml。

(2)具体过程如下:①将取量的甲醛倒入甲醛发生器,放置在指定位置,打开加热器使其蒸发成气体(ER-6.2-图片1)。启动空调器风机,甲醛气体循环60分钟关闭空调器,房间熏蒸消毒8小时。②热排风。熏蒸消毒完成后,开启B、C、D级空调机组、新风阀、排风机、排风阀、房间排风机,开始热排风,时间为8小时,环境温度控制在34~36℃。③冷排风。热排风完成后,开启制冷,关闭工业蒸汽,冷排风4小时后,B级、C级、D级洁净区房间温度恢复至正常温度。

甲醛发生器

正常生产时,甲醛消毒工作B级洁净区每月需进行一次甲醛消毒工作;C级洁净区每3个月需进行一次;D级洁净区每6个月要进行一次。

3. 重点操作及注意事项

(1)臭氧灭菌时,浓度适中,时间控制在120分钟。甲醛消毒灭菌前,通知空调岗位经加湿器将相对调湿度至60%~90%。

(2)彻底清洁环境后方可进行臭氧或甲醛消毒灭菌。甲醛消毒时打开洁净区各房间的门,但通往其他洁净区的门保持关闭。

(3)甲醛消毒前,各区洁净人员分别将清洁好的洁净服放置各区内并随大环境消毒。B级洁净服需灭菌。D 级洁净区更衣室放置两套，B、C 级洁净区各放置一套。

4. 甲醛蒸发锅的清洁　消毒完毕，人员穿戴洁净服从洁净室取出甲醛蒸发器，传递至车间外部，辅助人员佩戴消毒面具，倒出残液，向锅内加入水，用毛刷刷洗残渣，直至干净后备用。

5. 消毒完毕岗位员工要及时清洁岗位　A、B、C 级洁净区清洁消毒标准操作规程见 ER-6.2- 文本 1。

A、B、C 级洁净区清洁消毒标准操作规程

实训思考

简述 B 级洁净区的清场要求。

项目三

生产粉针剂(冻干型)

任务一　西林瓶洗烘

能力目标：

1. 能根据批生产指令进行洗烘(联动生产线)岗位操作。
2. 能描述洗烘的生产工艺操作要点及其质量控制要点。
3. 会按照 QCL 型立式转鼓式洗瓶机、隧道式灭菌烘箱的操作规程进行设备操作。
4. 能对洗烘工艺过程中间产品进行质量检验。
5. 会进行西林瓶洗烘岗位工艺验证。
6. 会对洗烘设备进行清洁、保养。

药液盛装的玻璃容器包括安瓿、西林瓶、输液瓶等。安瓿、西林瓶的清洗、灭菌多采用洗、烘、灌联动生产线,自动化程度比较高,提高洗瓶效率的同时可避免生产过程中产生的细菌污染。

清洗设备可为旋转式或箱体式。清洗介质包括无菌过滤的压缩空气、纯化水、循环水,终端清洗需使用注射用水。

领取任务:

按批生产指令将西林瓶装入洗瓶机中清洗,并进行质量检验。洗瓶机已完成设备验证,进行洗烘工艺验证。工作完成后,对设备进行维护与保养。

一、西林瓶洗烘岗位设备

1. QCL 系列超声波洗瓶机　本机为立式转鼓结构,采用机械手夹翻转和喷管作往复跟踪,利用超声波和水汽交替冲洗,可完成自动进瓶、超声波清洗、外洗、内洗、出瓶的全过程。整体传递过程模拟齿轮外齿啮合原理。该机通用性广,运行平稳,水、气管路不会交叉污染。设备见图 6-6。

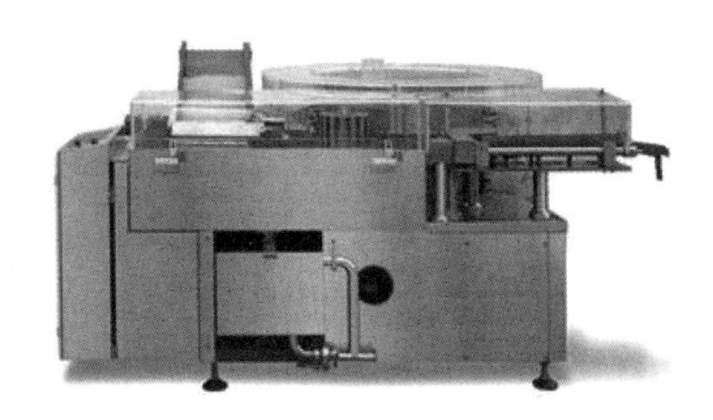

图 6-6　立式转鼓式超声波洗瓶机

清洗程序如下：容器浸入水浴→超声波→纯化水（或注射用水）冲淋→注射用水冲淋→无菌过滤的压缩空气吹干→进入烘箱灭菌。

用水冲淋时，压缩空气吹干确保水能迅速被排干，避免微粒不随水流走，残留在容器内。

2. SZK 系列隧道式灭菌箱　本机为整体隧道式结构，分为预热区、高温灭菌区、冷却区三个部分。采用热空气洁净层流消毒原理对容器进行短时的高温灭菌去热原。本机风量、风速自动无级调速，各区域温度、风压实时监控，高效、更换便捷。可用于西林瓶、安瓿瓶的烘干灭菌。

二、西林瓶洗烘岗位操作

生产前准备工作

实训设备：QCL 型洗瓶机、SZK420/27 隧道灭菌烘箱。

进岗前按进入 D 级洁净区要求进行着装，进岗后做好厂房、设备清洁卫生，并做好操作前的一切准备工作（ER-6.3- 文本 1）。

（一）西林瓶洗烘岗位标准操作规程

1. 配件安装、检查、试运行　检查西林瓶清洗机及隧道烘箱均已清洁；确认洗瓶用注射用水的各项指标均合格，合格方可用于西林瓶洗涤；空机运转洗瓶机，检查是否工作正常。

2. 生产过程

（1）按领料单核对西林瓶，检查检验合格证。检查西林瓶有无下列缺陷，如裂缝、疵点、变形，高度和直径不一致或其他外形损坏等，拣出缺陷品并堆放到指定地点。

（2）纯化水洗刷理瓶盘，烘干备用。

（3）打开纯化水，注射用水，压缩气阀门，应满足纯化水压力≥ 0.2MPa，注射用水压力≥ 0.2MPa，压缩空气压力≥ 0.2MPa。

（4）开启隧道灭菌烘箱各风机、排风机，开启加热电源。温度上升至 250℃以上可开始走网带，升至 350℃以上方可开始进瓶，灭菌时间大于 5 分钟，固定网带运行频率 37.5Hz，进瓶口压差不能大于 250Pa，冷却段不能形成负压，加热段两段压差维持在 ± 5Pa 之间。

（5）洗瓶段主要工作流程为进瓶、粗洗、精洗、检查，并注意中间品控制（ER-6.3-动画 1）。

西林瓶洗涤过程

1）进瓶：将人工理好的西林瓶慢慢放入分瓶区。

2）粗洗：瓶子经超声波清洗，温度控制在 50~60℃。

3)精洗:压缩空气将瓶内、外壁水吹干,循环水进行西林瓶内、外壁进行清洗。随后压缩空气再次吹干西林瓶内、外壁水,注射用水进行两次瓶内壁冲洗,再用洁净压缩空气把西林瓶内外壁上的水吹净。

4)检查:操作过程中,随时注意检查以下项目,检查各喷水、气的喷针管有无阻塞情况,如有,及时用 1mm 钢针通透;检查西林瓶内外所有冲洗部件是否正常;检查纯化水、注射用水的过滤器是否符合要求;检查注射用水冲瓶时的温度、压力;检查压缩空气的压力、过滤器是否符合要求。

(6)洗瓶中间控制:取洗净后 10 个西林瓶目检洁净度是否符合要求,每班需检查两次,同时记录检查结果于批生产记录中。

西林瓶干燥灭菌过程

(7)干燥灭菌:在层流保护下,灭菌洗净的西林瓶输送至隧道灭菌烘箱干燥灭菌(ER-6.3- 动画 2)。

灭菌温度≥ 350℃,灭菌时间 5 分钟以上,灭菌完毕后出瓶,控制出瓶温度≤ 45℃。灭菌过程中不断查看:预热段、灭菌段、冷却段温度是否正常;各段过滤器的性能、风速、风压有无变化。每 30 分钟记录灭菌段、排风、冷却温度,每 120 分钟记录以下数据:① 5 个压差数值。隧道烘箱进口处与洗瓶间的压差;预热段、灭菌段、冷却过滤器的前后压差。各压差数值按规定控制在 12mmH_2O 柱,如发现达不到该数值,操作人员应报告车间主任检查电机本身或检查过滤器是否堵塞。② 3 个自动记录仪上的数值。灭菌段温度,网带速度,灭菌段风压。③5 个电机选速。排风、进风、热风、冷却 1 段、冷却 2 段的电机速度。

3. 结束过程

(1)洗瓶结束,关闭洗瓶机,统计瓶子数量并做好记录。

清场标准操作程序

(2)生产结束后,按“清场标准操作程序”(ER-6.3- 文本 2)要求进行清场。

(3)按要求完成记录填写。做好房间、设备、容器等清洁记录。清场完毕,填写清场记录。上报 QA 检查,合格后发清场合格证,挂“已清场”牌。

4. 异常情况处理

(1)洗瓶机若出现 1 小时内无法修复,应及时通知工序负责人和车间,由车间和工序负责人通知相应的岗位人员,按各岗位的要求进行处置。

(2)当其他工序出现异常情况时,应根据工序安排进行处置。

(3)洗瓶过程中容易出现的问题及处理方法见表 6-2。

表 6-2　洗瓶过程中容易出现的问题及处理

问题	处理办法
洗瓶机网带上冒瓶或超声波进绞龙区易倒瓶	调整网带整体高度、输送网带速度,减少摩擦力或增加弹片,调整各部位间隙及交接高度,检查超声波频率是否开得适当
注射用水、循环水、压缩空气压力不足或喷淋水注不满瓶而浮瓶子	检查供水系统增加高压水泵,检测滤芯是否堵塞,按要求更换新的滤芯,检测水泵方向是否正确,检查管道是否堵塞,清洗水槽过滤网和喷淋板
水温过高导致绞龙变形,绞龙与进瓶底轨间隙过大而掉瓶或破瓶	洗瓶机使用的注射用水一定要控制在 50℃左右,超过此温度需增加热转换器控制好水温,调整绞龙与底轨之间的间隙,绞龙变形严重需更换新的绞龙

续表

问题	处理办法
进瓶绞龙与提升拨块交接时间的调整	松开绞龙右端联轴器夹紧套上 M8 内六角螺钉,转动绞龙使瓶子与提升拨块重合,再拧紧夹紧套固定螺钉。手动盘车绞龙将瓶子送进拨块时无阻卡现象,则表明已调整到位,否则还需进一步调整
提升拨块、滑条由于水温过高而变形或 M4 固定螺钉易松动脱落导致卡死整台机	将提升拨块、滑条拆下来全部检查。将滑条、轴承、M4 固定螺钉重新加胶拧紧螺钉,滑条变形的需重新更换,轴承损坏需更换新的进口不锈钢轴承,更重要的还是要控制好水温
圆弧栏栅、提升拨块与机械手夹子交接区易破瓶或掉瓶	①调整不锈钢圆弧栏栅与瓶子的间隙,松开不锈钢圆弧栏栅两颗 M8 外六角固定螺钉,使提升拨块内瓶子与圆弧栏栅保留有 1~2mm 的间隙;②调整提升拨块瓶子与机械手夹子对中,提升凸轮与机械手夹子交接时间。松开提升凸轮轴下面传动链轮上 4 颗 M8 外六角螺钉,便可以旋转提升凸轮使拨块瓶子正好送到机械手夹子的中间
大转盘间隙过大、摆动架间隙过大、喷针对中不好易弯	间隙过大的原因有可能是减速机、铜套、关节轴承、凸轮、十字节、轴与平键。调整大转盘传动小齿轮与大齿轮的间隙,检查传动万向节、所有传动的关节轴承、摆动架大铜套、跟踪和升降凸轮、减速机、凸轮与凸轮主轴和键的所有间隙是否过大,所有传动轴承是否磨损。全面调整它们相互间的间隙,使之在范围之内,超过一定范围必须更换零部件减少它们之间的间隙,使得所有间隙在允许范围内才能正常运行。间隙消除后再调整校正喷针与机械手导向套对中
喷针与机械手导向套的对中	在大转盘和喷针摆动架位置确定情况下才能调整它们的相互对中,首先手动盘车使喷针往上走,当走到接近机械手导向套时再来调整喷针与导向套的对中。如果所有喷针都往一个方向偏时,可以单独整体微调摆动架,松开摆臂上两颗 M12 夹紧螺钉进行微调。如果单个相差,可以将摆动架安装板和喷针架进行前后和左右调整
摆动架和大转盘错位后的定位和调整	调整摆动架升降连杆,使摆动架与水槽的最高边缘要保留有 5~10mm 的间隙,摆动架走到最右端时与大转盘升降座要保持有 5~10mm 的间隙且不能相碰撞
洗瓶机机械手夹子与出瓶拨块或拨轮交接区易掉瓶或破瓶	调整出瓶栏栅与出瓶拨块瓶子之间的间隙,夹子与同步带出瓶拨块的交接时间
出瓶栏栅与同步带拨块、出口与烘干机过桥板区易倒瓶和破瓶	调整出瓶栏栅与拨块之间的间隙,检查它们的交接时间,出瓶前叉与同步带拨块及出瓶弯板的间隙大小,正确调整来瓶信号和挤瓶信号接近开关以及进瓶弹片的弹力大小

(二)西林瓶洗烘岗位中间品的质量检验

生产过程中,每 2 小时检查西林瓶澄明度,每 1 小时检查超声波水、循环水、注射用水、冲瓶空气压力。

洗瓶设备各压力要求如下:超声波水压力≥ 1.0bar,循环水压力≥ 0.5bar,注射用水压力≥ 0.5bar,冲瓶空气压力≥ 1.0bar。

在洗瓶时应注意微粒的控制,符合以下要求:

(1)注射用水澄明度:每 300ml 检出 200~300μm 的微粒不得超过 5 个,无大于 300μm 的微粒。

(2)洗瓶后的瓶子:每瓶检出 200~300μm 的微粒不得超过 2 个,无大于 300μm 的微粒。

（三）西林瓶洗烘工序工艺验证

1. 验证目的　西林瓶洗烘工序工艺验证考察洗瓶用水质量，隧道烘箱运行时间、温度，西林瓶洗涤、灭菌效果。考察洗烘工艺的稳定性。

2. 验证项目和标准

（1）工艺条件：超声波开启时间，压缩空气压力、时间、流量，洗瓶用水的可见异物检查等。

（2）验证程序：按工艺规程进行洗瓶、干燥、灭菌。取洗净的空瓶装水检查可见异物。记录干燥、灭菌的工艺过程，如温度、时间等。查阅西林瓶干燥、灭菌过程，打印记录的数据。按《无菌检查操作规程》检查西林瓶的无菌性。

（3）洗瓶清洁度测定：取连续生产的3个批次，每批取样3次。每30分钟取50支，灌装合格的注射用水，采用灯检法进行观察，剔除不合格品，同时计算西林瓶清洁合格率。

（4）合格标准：①过滤后的纯化水、注射用水的可见异物，洗涤后西林瓶的清洁度，最终冲洗水符合标准要求；②记录数据，干燥、灭菌过程的运行时间、温度应达到程序设定值；③被检验的所有西林瓶均应无微生物生长。

（四）西林瓶洗烘设备的日常维护与保养

1. QCL超声波洗瓶机的日常维护与保养

（1）清洗：清洗洗瓶机大转盘、上下水槽、洗瓶机管道，清洗及更换洗瓶机滤芯。

（2）润滑：定期对各运动部件进行润滑。法兰件及易生锈的地方均应涂油防锈；摆动架上的滑套采用40#机械油润滑；链条、凸轮、齿轮采用润滑脂润滑；及时更换蜗轮蜗杆减速机的润滑油。

（3）更换易损件：输瓶网带的下瓶区两边进瓶弹片失去弹力需及时更换；机械手夹头、弹簧、导向套、喷针、摆臂轴承、复合套如有磨损需及时更换；滑条、提升拨块、出瓶拨块、同步带、绞龙磨损后间隙过大需及时更换。

2. 隧道灭菌烘箱的日常维护与保养

（1）应每周对使用设备工作腔内部进行清洁，应每月拆卸对流壁，彻底清洁烘箱的风道。设备应每半年至少做一次验证，发现热分布不好或尘埃粒子超标应更换高效过滤器。

（2）每周应检查循环风机润滑脂，如缺少应及时补充。每半月检查一次设备的电器部分线柱是否有松动现象。设备运行结束后，清洁设备表面、控制面板。设备连续运行一年后，需对设备内部进行一次全面的拆卸、清洗，需加机油和润滑脂的在清洗后重新加注机油、润滑脂。

QCL型洗瓶机标准操作程序

QCL型洗瓶机标准操作程序见ER-6.3-文本3。

SZK420/27隧道灭菌烘箱的标准操作程序见ER-6.3-文本4。

SZK420/27隧道灭菌烘箱的标准操作程序

实训思考

1. 西林瓶超声波清洗机开机前要进行哪些准备工作？
2. 清洗过程中要注意哪些项目的检验？
3. 西林瓶干燥灭菌工序在运行过程中要注意记录哪些内容？

任务二 胶塞清洗

能力目标：

1. 能根据批生产指令进行胶塞清洗岗位操作。
2. 能描述胶塞清洗的生产工艺操作要点及其质量控制要点。
3. 会按照胶塞清洗机等的操作规程进行设备操作。
4. 能对胶塞清洗工艺过程中间产品进行质量检验。
5. 会对胶塞清洗设备进行清洁、保养。

直接接触药品的包装材料如容器、胶塞通常存在4种污染：微生物、内毒素、外部微粒和外部化学污染。清洗操作可以将微粒、化学污染、内毒素控制在规定的要求。必要时，清洗后的物料需灭菌后方可使用。物料的清洗、灭菌工艺均应经过验证。

药品包装材料所使用的胶塞由合成橡胶制成。橡胶具备弹性好、耐磨性好、可灭菌、易于着色等特点，具备提供高密封性、利用率高、清洗简便、硬度可调等性能。合成橡胶制成的胶塞除上述污染物外，其主要污染物为丁基化合物、金属粒子(胶塞模板)、润滑油以及配方中可萃取物质如硫、酚类、醛类及酮类化合物。如有安全性、耐高温等更高要求时可选用聚四氟乙烯或硅橡胶，此橡胶多用于制造软管和垫圈。

常用的卤化丁基橡胶包括需洗涤的胶塞、需漂洗的胶塞、免洗胶塞和即用胶塞。4类胶塞在清洗时有所调整。

1. 需洗涤的胶塞 清洗时需用大量清洗剂、清洗用水进行漂洗和精洗，硅油适当硅化，硅化后进行灭菌、烘干。用于密封药品的胶塞，可先密封药品再进行最终灭菌。此类胶塞具有中高等的微生物污染、热原污染及微粒污染(纤维、胶屑等)。

2. 需漂洗的胶塞 使用前用适量的热注射用水漂洗，并用硅油适当硅化，硅化不易过度，否则会产生跳塞现象，规划后再经灭菌烘干。用于密封药品的胶塞可密封药品后进行终灭菌。此类胶塞在胶塞生产厂已经过深层次清洗，并经过初步灭菌。

3. 免洗胶塞 免洗胶塞简称RFS(ready-for-sterilization closure)，使用前拆开包，灭菌即可使用。此类胶塞在胶塞生产厂时已使用注射用水进行最终清洗，有效去除了细菌内毒素、微生物及微粒。采用专用的RFS袋(俗称呼吸袋)进行包装，选用此类胶塞可减少或取消胶塞进厂后的产品质量再控制，可减少胶塞洗烘过程。但由于包装袋的限制，灭菌方法通常采用蒸汽灭菌、环氧乙烷灭菌和γ射线灭菌，不适于干热灭菌。

4. 即用胶塞 即用胶塞简称RFU(ready-for-use closure)，具有免洗胶塞所有特性，并经过提前灭菌，无须再次灭菌。

领取任务：

按批生产指令将胶塞放入胶塞清洗机内进行清洗，并进行质量检验。胶塞清洗设备已完成设备验证，进行胶塞清洗工艺验证。工作完成后，对设备进行维护与保养。

一、胶塞清洗设备

胶塞清洗常用设备为KJCS-E超声波胶塞清洗机（见图6-7），采用全自动进料方式，胶塞可以在同一容器内进行清洗、硅化、在线清洗、纯蒸汽在线灭菌、热风循环干燥、辅助真空气相干燥和螺旋自动出料等，均连续运行。利用超声波空化清洗，清洗桶慢速旋转搅拌，清洗箱双侧溢流，清洗液循环过滤等，洗涤效果较好。且纯化水和注射用水单独接入，能按生产工艺需要自动切换，避免两水混淆。系统控制阀门在所有工艺介质的压力满足设定要求时，方可开启，以保证设备正常运行。

图6-7　KJCS-E超声波胶塞清洗机

二、胶塞清洗岗位操作

实训设备：KJCS-E超声波胶塞清洗机。

进岗前按进入D级洁净区要求进行着装，进岗后做好厂房、设备清洁卫生，并做好操作前的一切准备工作（ER-6.3-文本1）。

（一）胶塞清洗岗位标准操作规程

1. 配件安装、检查、试运行　胶塞经物流通道拆去外包装，进入胶塞贮存间，经紫外传递窗（风机延时99秒）进入胶塞清洗岗位。

检查胶塞是否具备检验合格证，同时是否有破损、厚薄不均等现象，拣出不合格品堆放在指定位置。

确认洗胶塞用注射用水的各项指标均合格，检查其可见异物，合格后方可用于胶塞洗涤。

胶塞完全吸入设备腔体后，检查胶塞机进料斗门和出料门是否关好。

打开注射用水、真空泵、蒸汽阀门、压缩空气阀门,检查各压力及真空度是否满足工艺要求。要求注射用水压力≥ 0.2MPa,压缩空气压力≥ 0.35MPa。

ER-6.3-动画3

胶塞的处理过程

2. 生产过程(ER-6.3- 动画 3)

(1)上料:打开进料真空吸料阀,由真空控制器控制,将胶塞吸入清洗腔内,关闭进料口盖。

(2)开机:选择清洗程序,通过自动程序控制操作。

(3)粗洗:经过滤的注射用水进行喷淋粗洗 3~5 分钟,喷淋水直接由箱体底部排水阀排出。进行混合漂洗 15~20 分钟,混洗后的水经排污阀排出。

(4)漂洗 1 :粗洗后的胶塞经注射用水漂洗 10~15 分钟。

(5)中间控制:漂洗 1 结束后从取样口取洗涤水检查可见异物是否合格,若不合格,则用注射用水洗涤至合格。

(6)硅化:硅油量为 0~20ml/ 箱次。硅化温度为≥ 80℃。

(7)漂洗 2 :硅化后,排空腔体内的水,再用注射用水漂洗 10~15 分钟。

(8)中间控制:漂洗 2 结束后,从取样口取洗涤水检查可见异物是否合格,若不合格,则用注射用水洗涤至合格。

(9)灭菌:蒸汽湿热灭菌,温度大于 121℃,灭菌时间大于 15 分钟,即 $F_0 \geq 15$。

(10)真空干燥:启动真空泵抽真空,使真空压力不大于 0.09MPa。

3. 结束过程 清洗结束后关闭清洗机。将洁净胶塞置于层流罩下的洁净不锈钢桶内,贴上标签,标明品名、清洗编号、数量、卸料时间、有效期等,并签名。灭菌后胶塞应在 24 小时内使用。

生产结束后,按"清场标准操作程序"(ER-6.3- 文本 2)要求进行清场,做好房间、设备、容器等清洁记录。

ER-6.3-文本5

KJCS-E 超声波胶塞清洗机标准操作程序

按要求完成记录填写。清场完毕,填写清场记录。上报 QA 检查,合格后,发清场合格证,挂"已清场"牌。

KJCS-E 超声波胶塞清洗机标准操作程序见 ER-6.3- 文本 5。

(二)胶塞清洗岗位中间品的质量检验

胶塞使用前应检验其可见异物,合格后方可使用。QA 抽样检验干燥失重及无菌。

清洗过程中需进行微粒控制,以保证胶塞洁净。

胶塞澄明度:每只胶塞检出 200~300μm 的微粒不超过 2 个,无大于或等于 300μm 的微粒。

(三)胶塞清洗设备的日常维护与保养

在正常使用条件下气动球阀应每 2 年更换一次密封圈。支承主轴的可调心滚动轴承采用钠脂或锂脂润滑,润滑脂每年需更换一次。摆线减速机每年更换一次润滑油。水环真空泵每年由专业人员进行一次检修。

主传动轴口的 2 套机械密封应使用硅油。

当流经蒸汽过滤器、呼吸过滤器的阻力大于规定值一倍时,应拆下滤芯进行清洗或更换。应定期检查气源处理三联组合件,雾化器应在无油时加入雾化油。

电器控制柜内的元气件每年需进行一次检查、保养。检查接线的可靠性,必要时更换不正常的电子元件和控制线。胶塞清洗机中的其他与电源有关的部件、元气件需每半年检查一次接线的可靠性。

经常检查安全接地线的接触是否良好,一旦发生不良现象应及时更换。每3个月应对电接点压力表对应控制的压力范围进行一次核对。每月进行一次电气回路、蒸汽管路、冷却水管路和压缩空气管路的检查,如有故障应及时排除。

实训思考

1. 简述胶塞清洗机的清洗过程。
2. 胶塞清洗机如何进行保养与维护?

任务三　铝盖清洗

能力目标:

1. 能根据批生产指令进行铝盖清洗岗位操作。
2. 能描述铝盖清洗的生产工艺操作要点及其质量控制要点。
3. 会按照BGX-1铝盖清洗机的操作规程进行设备操作。
4. 能对铝盖清洗工艺过程中间品进行质量检验。
5. 会对铝盖清洗机进行清洁、保养。

为防止压塞不严,保持容器内的无菌,需再次使用的铝盖,虽不直接接触药品,但也应经过适当清洗方可使用。

领取任务:

按批生产指令将铝盖放入清洗机内进行清洗,并进行质量检验。铝盖清洗设备已完成设备验证,进行铝盖清洗工艺验证。工作完成后,对设备进行维护与保养。

一、铝盖清洗设备

BGX-1铝盖清洗机经拌筒的滚动、搅拌、水循环系统的高速喷淋,以及压缩气体激起的泉涌、冲浪等作用下,达到清洗的效果,见图6-8。

图 6-8　BGX-1 铝盖清洗机

二、铝盖清洗岗位操作

实训设备:BGX-1 铝盖清洗机。

进岗前按进入一般生产区要求进行着装,进岗后做好厂房、设备清洁卫生,并做好操作前的一切准备工作(ER-6.3- 文本 1)。

(一) 铝盖清洗岗位标准操作规程

1. 生产过程(ER-6.3- 动画 4)

铝盖的生产过程

(1)领料:领料员根据生产指令领取铝盖,核对规格、批号、数量等,由物流通道进入车间,经脱外包装后进入岗位。

(2)装料:装好进料斗,将铝盖加入清洗机内。

(3)开机:设置粗洗时间、洗涤温度、漂洗时间、精洗时间、放水时间、冲洗时间、烘干温度和时间参数。仪器进入自动运行状态。

(4)粗洗:高压喷淋水冲洗铝盖,滚筒翻转,水流从放水口带走比重较重的杂质。

(5)漂洗:循环水注水,铝盖在滚筒中翻转漂洗,水流从溢流口带走比重较轻的杂质。

(6)精洗:纯化水经过滤后由喷淋管喷出,对铝盖进行精洗。

(7)取样检查:合格后,进入下步操作。不合格需重复粗洗、漂洗、精洗直至合格。

(8)冲洗:放掉清洗槽中的水,待水放尽后,开启水泵冲洗。

(9)烘干:开风机、加热,将水分蒸发排出。

(10)出料:在轧盖室装好出料斗,调好合适转速,自动出料。

2. 结束过程

(1)铝盖清洗结束,关闭铝盖清洗机。将装有铝盖的聚乙烯袋袋口扎紧,并做好产品标识。

(2)生产结束后,按“清场标准操作程序”(ER-6.3- 文本 2)要求进行清场,做好房间、设备、容器等清洁记录。

(3)按要求完成记录填写。清场完毕,填写清场记录。上报 QA 检查,合格后,发清场合格证,挂“已清场”牌。

3. 注意事项

⑴开始烘干时，应打开排水口，排尽管道里的水，注意下批开始清洗时，要关掉排水口。

⑵在烘干温度接近目标温度前，打开出水阀，排尽清洗桶里的余水，保证干燥程序的顺利进行。

全自动铝盖清洗机标准操作程序见 ER-6.3- 文本 6。

ER-6.3-文本6

全自动铝盖清洗机标准操作程序

（二）铝盖清洗岗位中间品的质量检验

目视法检查铝盖的清洁、干燥程度，同时检查铝盖表面的光泽，表面光泽应同清洗前基本一致。

（三）铝盖清洗设备的日常维护与保养

出料大门的两个折弯转轴处，每班应从油嘴注入微量硅油。主传动轴上的两套机械密封的密封面，每班应加入少量硅油。

每班查看水阻和风阻，当阻力大于规定值一倍时，应将水过滤器、空气过滤器滤芯拆下清洗或更换。查看空气雾化器，及时添加雾化油。

实训思考

铝盖采用何种方法灭菌？

任务四　粉针剂（冻干型）灌装

能力目标：

1. 能根据批生产指令进行粉针剂（冻干型）灌装岗位操作。
2. 能描述粉针剂（冻干型）灌装的生产工艺操作要点及其质量控制要点。
3. 会按照灌装机的操作规程进行设备操作。
4. 能对粉针剂（冻干型）灌装工艺过程中间产品进行质量检验。
5. 会进行粉针剂（冻干型）灌装岗位工艺验证。
6. 会对粉针剂（冻干型）灌装机进行清洁、保养。

粉针剂（冻干型）为非最终灭菌产品，必须在无菌环境下进行灌装，并采用自动化灌封系统，该系统需安装在隔离器内，可最大限度减少污染风险。

领取任务：

按批生产指令将配好的药液灌装入西林瓶内，并进行质量检验。灌装设备已完成设备验证，进行无菌灌装工艺验证。工作完成后，对设备进行维护与保养。

一、粉针剂(冻干型)灌装设备

YG-KGS8 型灌装机见图 6-9,本机由送瓶转盘、绞龙输送、跟踪灌装、盖胶塞系统、出瓶轨道和电控等部分组成。依靠同步跟踪灌装装置,带动针头一次完成灌装动作。通过转盘、绞龙送瓶,针头跟踪绞龙定位。灌装泵按照电控装置的快慢及装量的多少进行灌装。最后,进入滚轮式盖胶塞工位,完成半压塞或全压塞、出瓶等动作。本机适用于粉针剂(冻干型)液体灌装。

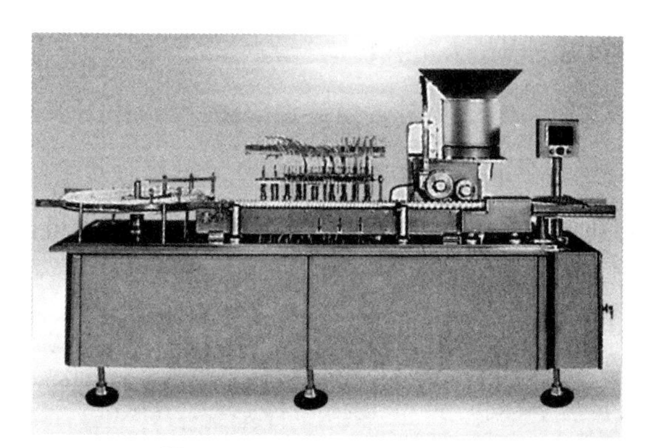

图 6-9　YG-KGS8 型灌装机

二、粉针剂(冻干型)灌装岗位操作

实训设备:YG-KGS8 型灌装机。

进岗前按进入 A/B 级洁净区要求进行着装,进岗后做好厂房、设备清洁卫生,并做好操作前的一切准备工作(ER-6.3- 文本 1)。

(一)粉针剂(冻干型)灌装岗位标准操作规程

1. 设备安装配件、检查及试运行

(1)检查配液器具是否清洗干净并贴上待用标志。

(2)进入岗位后,启动百级层流罩,检查层流罩的运行是否正常。

(3)检查瓶、胶塞的澄明度,检查过滤后药液的澄明度是否符合要求,并按灌装指令单要求确认装量差异是否符合要求,当一切正常时,方可开机灌装。

灌装加塞过程

2. 生产过程(ER-6.3- 动画 5)

(1)瓶子准备:瓶子经洗瓶,隧道烘箱干燥灭菌,除热原后经隧道烘箱后转盘、输送带、灌装机前转盘(全部带层流罩)进入灌装机(带层流罩)。

(2)胶塞准备:胶塞经胶塞清洗机清洗、灭菌、干燥后进入胶塞贮藏室一百级层流罩下用不锈钢桶加盖贮存,灌装时抬至灌装机旁,在灌装机层流罩下倒入胶塞振荡器中。

(3)药液准备:药液根据配液岗位的工作情况,准备好后进行无菌过滤(百级层流)。

(4)过滤准备:无菌过滤前,应检查过滤器组件消毒灭菌记录。然后组装过滤器进行滤膜的完整性测试,按《微孔滤膜的起泡点试验》执行。滤膜完整性试验合格后,用真空将膜抽干。

(5)药液灌装:配液岗位通知后,打开墙上的与配液间连接的管路通道,封好过滤管口,将过滤管插至配液间,由配液间人员与配液容器连接。将过滤器组件与过滤容器连接,并连接好真空管和输液管,检查无误后开真空,开始抽滤。等过滤容器抽至体积的2/3时,关掉真空,将过滤器装至另一容器后,已装药液的容器压塞、封口后送至灌装机A级层流下,然后倒入盛液容器中,过滤容器压塞后送回过滤间使用,等本批药液过滤完毕后,拉出过滤管,盖回管路面板。

(6)放入冻干:操作者应及时将装满已灌装并半压塞瓶子的盘子沿A级层流保护通道送入冻干机中搁板上,在瓶子四周按上不锈钢边框后抽出底盘,每层搁板可放6个不锈钢盘。灌装结束后,关上冻干机门并锁紧,然后通知冻干岗位人员开机运行。

灌装过程中应记录下列数据:每2小时记录隧道烘箱后转盘、灌装机前转盘、灌装机百级层流罩的压差。每2小时检查瓶子和半成品的澄明度。每30分钟检查每个注射器的装量差异。

3. 生产结束　在过滤准备阶段,由1人进行,其余2人进入冻干机出口间,开始上一批冻干箱的出箱准备。

接到冻干岗位人员通知后,打开箱门,用接盘将瓶子从冻干机搁板上拉出后放到接盘上,送到轧盖转盘进口处,将瓶推入转盘中,同时通知轧盖岗位人员开始轧盖。

冻干出箱结束后,关上箱门,通知冻干机操作员进行冻干机的C.I.P和S.I.P程序。然后出箱人员对冻干机出口间进行清场,清场合格后准备下一批的灌装和进箱。

YG-KGS8灌装机标准操作程序见ER-6.3-文本7。

YG-KGS8 灌装机标准操作程序

(二)粉针剂(冻干型)灌装岗位中间品的质量检验

粉针剂(冻干型)灌装岗位中间品需进行以下项目的控制:

1. 瓶子澄明度　每瓶检出200~300μm的微粒不超过2个,无大于300μm的微粒。

2. 胶塞　每只胶塞粒子数200~300μm不超过2个,无大于300μm的微粒。

3. 装量差异　标准装量 ±7.5%。

(三)粉针剂(冻干型)灌装工序工艺验证

1. 验证目的　粉针剂(冻干型)灌装工序工艺验证主要考察药液可见异物、灌装效果,评价灌装工艺稳定性。

2. 验证项目和标准　工艺条件包括灌装药液的可见异物,药液从稀释到灌装的时间限制等。

(1)验证程序:按工艺规程灌装,在灌装过程中每30分钟取样1次,检测药液可见异物。灌装生产操作人员在生产过程中控制装量,质量监控员在正式灌装生产前及生产过程中负责抽样检查装量。

(2)合格标准:药液可见异物符合质量标准要求。注射剂装量应符合规定。

(四)粉针剂(冻干型)灌装设备的日常维护与保养

冻干粉针灌装设备应注意机器的润滑:灌装架的跟踪部件上的机油室用于跟踪机构的纵向移动滑块的润滑。各齿轮、链轮、凸轮工作部件每周加一次润滑脂。其他传动部件,每天加一次润滑脂,带座球轴承每月加一次润滑脂。灌装升降、跟踪凸轮传动的润滑。

涡轮蜗杆减速机在出厂前已加好油。正常情况下,设备半年后更换一次,以后每一年更换一次。

实训思考

1. 药液灌装前要做哪些准备工作?
2. 粉针剂(冻干型)灌装过程中需进行哪些检验?

任务五　冻干

能力目标:

1. 能根据批生产指令进行冻干岗位操作。
2. 能描述冻干的生产工艺操作要点及其质量控制要点。
3. 会按照冻干机的操作规程进行设备操作。
4. 能对冻干工艺过程中间产品进行质量检验。
5. 会进行冻干岗位工艺验证。
6. 会对冻干机进行清洁、保养。

冻干全称真空冷冻干燥,是将含水物料冷冻至共晶点以下,凝结成固体后,在适当真空度下逐渐升温,利用水的升华性能使冰直接升华为水蒸气,再利用真空系统中的冷凝器将水蒸气冷凝,使物料低温脱水而达到干燥目的的一种技术。该过程包括了3个步骤:预冻、一次干燥(升华)、二次干燥(解吸附)。

领取任务:

按批生产指令将冻干机内的药液进行冻干,并进行质量检验。冻干机已完成设备验证,进行冻干工艺验证。工作完成后,对设备进行维护与保养。

一、冻干设备

DX系列真空冷冻干燥机(图6-10)采用优质不锈钢制造,具有以下特点:①设备的能耗低,冷凝器结构紧凑,捕水能力大,不需使用扩散原也能达到高真空度要求;②采用液体循环进行冷却和加热在-40~70℃范围内,维持同一搁板的不同位置及板与板之间温差控制在±1℃,保证整批产品质量均一;③配置有自动压塞装置,避免了产品与外界的接触,保证了产品的纯度,板层能上下自由移动,便于进、出料及设备的清洗消毒;④控制系统采用程式输入的先进装置,设备能正确地自动运行,并且将整个冻干周期内的数据记录、打印,供保存和分析;⑤采用综合报警系统和联锁控制机构,可避免产品在操作失误或配套设施出错时蒙受损失;⑥配置有限量泄漏控制仪,可缩短冻干周期2~3小时。

图 6-10　DX 系列真空冷冻干燥机

二、冻干岗位操作

实训设备:DX 系列真空冷冻干燥机。

进岗前按进入一般生产区要求进行着装,进岗后做好厂房、设备清洁卫生,并做好操作前的一切准备工作。

(一) 冻干岗位标准操作规程

冻干过程

1. 生产过程(ER-6.3- 动画 6)

(1) 确认物料:与灌装岗位工作人员联系,确认冻干机内已放入待冻干物品。

(2) 设置程序:根据待冻干药物的冻干曲线设置程序,进行产品冻干。

(3) 预冻:冻干箱内缓慢制冷,使产品从液态转化为固态,使制品完全冻结。

(4) 升华干燥:当制品温度达到 -35℃以下时,保持 1 小时,确保每块板的制品温度都达到此温度。打开压缩机对冷凝器进行降温,当后箱冷凝器温度降至 -45℃以下,保持一段时间。打开真空泵 5 分钟后,打开小蝶阀,对冷凝器进行抽真空,对后箱抽 20 分钟后,打开大蝶阀,真空泵对整个系统抽真空,当干燥箱内真空度达到 13.33Pa 以下关闭冷冻机,通过搁置板下的加热系统缓缓加温,供给制品在升华过程中所需的热量,使冻结产品的温度逐渐升高至 -20℃,药液中的水分就可升华,基本除尽后转入再干燥阶段。

(5) 二次干燥:在冻干过程中,冻结冰已不存在时,升华阶段结束,但制品中还剩下 5%~10% 的水分,并没达到工艺要求,要进行二次干燥,二次干燥温度,根据制品性质确定,一般保持 2 个小时左右冻干过程即结束。

每个冻干过程均需进行压力测试,符合要求程序再继续运行。

程序运行完成,进行压塞后再出箱。

2. 生产结束　产品完全出箱后,开启化霜程序进行除霜。待冷阱内无霜即可关闭冻干机。

生产结束后,按“清场标准操作程序”(ER-6.3- 文本 2)要求进行清场,做好房间、设备、容器等清洁记录。

按要求完成记录填写。清场完毕,填写清场记录。上报 QA 检查,合格后,发清场合格证,挂“已清场”牌。

3. 异常情况及处理

(1)含水量偏高:装入容器液层过厚,干燥过程热量供给不足,真空度不够,冷凝器温度偏高,可采用旋转冷冻机及其他相应方法。

(2)喷瓶:制冷温度过高,局部过热,制品熔化成液体,在高真空条件下,液体从固体界面下喷出来。

4. 注意事项　冻干机开机前认真检查各部位运行情况,真空泵、压缩机开动时,勿用手直接接触,出现故障时停机维修,维修时切断电源,挂上明显指示牌。

压力表及压缩机按规定使用,压力表应有合格证。

开机前冷却水首先打开,相关的制冷阀门都处于开的状态。

DX 系列冷冻干燥机标准操作程序见 ER-6.3- 文本 8。

ER-6.3-文本8

DX 系列冷冻干燥机标准操作程序

(二)冻干工序工艺验证

1. 验证目的　冻干工序工艺验证主要考察冻干工艺参数、冻干效果,评价冻干工艺稳定性。

2. 验证项目和标准

(1)验证程序:按制定的工艺规程冻干。连续生产 3 批,对制品冷冻最低温度、保温时间、一次干燥时间、二次干燥时间等参数进行检测,核对设备自动记录。评价冻干工艺参数符合产品质量的要求。

(2)合格标准:冷冻最低温度,× × ℃;保温时间,× × 小时;一次干燥时间,× × 小时;二次干燥时间,× × 小时;外观,产品应为疏松完整块状物。

(三)冻干设备的日常维护与保养

1. 制冷系统

(1)检查所有截止阀(压缩机吸、排气阀、供液阀、手阀等)是否处于开启状态,读数是否正常。

(2)开机查看压缩机运行声音是否正常,如果异常先检查供电的三相电是否平衡。

(3)查看制冷管是否有异常振动,如果有责采用相应的固定措施。

(4)检查各项运行参数,如有异常查明原因进行处理。

2. 真空系统

(1)开启真空泵之前检查真空泵油位是否位于视镜约 1/2 处,如不足及时添加。

(2)确保后箱干燥方可使用真空泵,对箱体抽真空前,如果有水汽,则要使冷凝器温度低于 -45℃。

(3)检查泵是否能够在正常的时间内抽到极限真空,观察真空泵运行时是否产生杂音,真空泵油和泵头上的链接部分是否存在松动现象,如有问题进行处理。

(4)每周打开真空泵气振阀,在空载的情况下运行 2 小时左右检查泵体是否漏油,工作是否有杂音,如有问题进行处理。

3. 循环系统

(1)开机前检查循环泵的运转方向(绿色指示灯亮为正常,红色指示灯亮为反向)。

(2)检查平衡桶液位、循环泵压力、导热油温度等参数是否正常,如有异常查找原因进行解决。

4. 气动系统

(1)确认气压是否正常,如有异常进行调整。

(2)检查润滑器润滑油液位是否正常,如缺少及时添加。

5. 在位消毒系统

(1)开机前对管道、安全阀门、疏水器、进气/排气阀门、检查门和门安全系统进行检查,如有异常及时处理。

(2)开启蒸汽灭菌前务必确保门安全位置。

实训思考

1. 开启真空泵前应符合怎样的条件?为什么?
2. 冻干机冻干结束,产品出箱后,除一般的清场工作外还需进行哪些工作?
3. 冻干产品出现皱缩,可能是什么原因?

任务六 轧盖

能力目标:

1. 能根据批生产指令进行轧盖岗位操作。
2. 能描述轧盖的生产工艺操作要点及其质量控制要点。
3. 会按照 KYG400 型轧盖机的操作规程进行设备操作。
4. 能对轧盖工艺过程中间产品进行质量检验。
5. 会进行轧盖岗位工艺验证。
6. 会对轧盖进行清洁、保养。

轧盖的目的是轧紧瓶颈处已压的胶塞,从而保证产品在长时间内的完整性和无菌性。轧盖会产生大量的金属颗粒,影响洁净区环境,故轧盖区的设计应保证轧盖过程不会对环境要求更高的灌装间及灌装过程造成污染。

领取任务:

按批生产指令将冻干压塞好的瓶子进行轧盖,并进行质量检验。轧盖机已完成设备验证,进行轧盖工艺验证。工作完成后,对设备进行维护与保养。

一、轧盖设备

KYG400 型轧盖机(图 6-11)完成上盖、带盖、轧盖、计数等工序。具有以下特点:①单刀轧盖方式(瓶子自转和公转,轧刀公转);②低噪声电磁振荡器,具有铝盖的监控装置,实现无盖停机功能;

③机器上所有台面无焊缝，无死角，清洗方便；④良好的电气控制系统，在运行中保持电器散热良好；⑤操作面高出台面250mm，可以有效地保护操作面的层流不混流。本机主要用于2~50ml西林瓶的轧盖。

图 6-11　KYG400 型轧盖机

二、轧盖岗位操作

实训设备：KYG400型轧盖机。

进岗前按进入D级洁净区要求进行着装，进岗后做好厂房、设备清洁卫生，并做好操作前的一切准备工作（ER-6.3-文本1）。

（一）轧盖岗位标准操作规程

1. 生产过程（ER-6.3-动画7）

轧盖过程

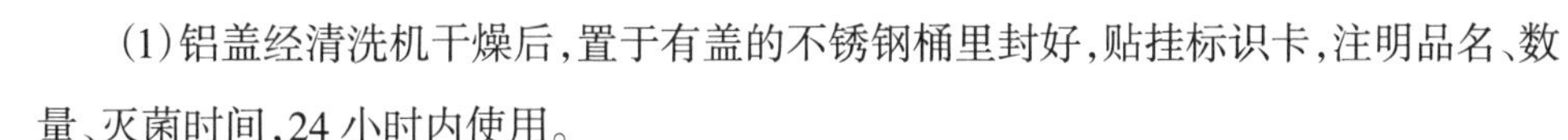

（1）铝盖经清洗机干燥后，置于有盖的不锈钢桶里封好，贴挂标识卡，注明品名、数量、灭菌时间，24小时内使用。

（2）打开铝盖储存桶，将铝盖倒入铝盖振荡器。

（3）启动轧盖机，调整好压盖紧密度，使铝盖包口合适整平，不得有裙边和松动等现象，以三指拧盖顺时针旋转不动为限，如有松动返工重轧。

（4）各项试车检查合格后，将冻干合格的半成品放入轧盖机进料旋转转盘中，开始正式生产。

（5）生产过程中随时检查轧盖质量，挑出不合格铝盖、次盖、裙边等半成品，松动瓶需返工重轧。铝盖振荡器中应保持一定量的铝盖，操作者随时注意轨道上的铝盖量，以免漏轧。返工轧盖应在轧盖区进行，尽量不使胶塞撬离瓶口，如有胶塞撬离瓶口造成污染，此药瓶按废品处理。

2. 生产结束

（1）轧盖结束，关闭轧盖机。将装有轧好盖瓶子的聚乙烯袋袋口扎紧，送至中间站，并做好产品标识。剩余铝盖返回准备岗位。

（2）生产结束后，按“清场标准操作程序”（ER-6.3-文本2）要求进行清场，做好房间、设备、容器等的清洁记录。

（3）按要求完成记录填写。清场完毕，填写清场记录。上报QA检查，合格后，发清场合格证，挂“已清场”牌。

3. 注意事项

（1）轧盖机运行中手或工具不得伸入转动部位，轨道上有倒瓶现象可用镊子夹起。

（2）检查轧盖有松动时，要停机调整。

（3）轨道口有卡瓶现象应停机清除玻璃屑，检查碎瓶原因，并排除故障，方可开机。

KYG400型轧盖机操作程序见ER-6.3-文本9。

KYG400 型轧盖机操作程序

(二) 轧盖岗位中间品的质量检验

轧盖岗位中间品的质量检验主要进行外观检查和气密性检查。

1. 外观检查　封口圆整光滑,不松动。

2. 气密性检查　按气密性检查方法检查,应全部合格。

(三) 轧盖工序工艺验证

1. 验证目的　轧盖工序工艺验证主要考察轧盖后西林瓶气密性,评价轧盖工艺稳定性。

2. 验证项目和标准

(1)验证程序:按制定的工艺规程轧盖。用充有水的注射器刺入西林瓶内,观察注射器水能否自动吸入瓶内。连续3次并记录。

(2)合格标准:3个手指拧铝塑盖不应有松动现象,水能够自动吸入西林瓶。

(四) 轧盖设备的日常维护与保养

轧盖机的日常维护与保养应做到:检查气源压力,如有变化进行调整。检查安全门传感器,如有故障进行处理。检查设备各工位模具位置,位置有偏差进行调整。紧固模具固定螺栓。擦拭光电传感器探头并测试其灵敏度。开机试运行查看设备运行状态。

实训思考

轧盖时需注意哪些事项?

项目四

粉针剂（冻干型）的质量检验

任务　注射用氨曲南的质量检验

能力目标：

1. 能根据 SOP 进行粉针剂（冻干型）的质量检验。
2. 能描述粉针剂（冻干型）的质量检验项目和操作要点。

粉针剂(冻干型)的质量检验项目与注射液的不同之处主要在于需检查装量差异和不溶性微粒，其余要求类似。

领取任务：

进行粉针剂（冻干型）的质量检验。

（一）注射用氨曲南质量标准

1. 成品质量标准　注射用氨曲南质量检验项目及标准见表 6-3。

表 6-3　注射用氨曲南质量检验项目及标准

检验项目	标准	
	法规标准	稳定性标准
性状	白色或类白色疏松块状物	白色或类白色疏松块状物
鉴别	含量测定色谱图中，与对照品溶液主峰保留时间一致	含量测定色谱图中，与对照品溶液主峰保留时间一致
含量	90.0%~115.0%	90.0%~115.0%
pH	4.5~7.5	4.5~7.5
溶液澄清度与颜色	≤ 1 号浊度标准液 ≤黄色 4 号标准比色液	≤ 1 号浊度标准液 ≤黄色 4 号标准比色液
有关物质	符合规定	符合规定
细菌内毒素	0.17EU/mg	0.17EU/mg
水分	<2.0%	<2.0%

续表

检验项目	标准	
	法规标准	稳定性标准
无菌	符合规定	符合规定
不溶性微粒	含 10μm 及以上的微粒不超过 6 000 粒，含 25μm 及以上的微粒不超过 600 粒	含 10μm 及以上的微粒不超过 6 000 粒，含 25μm 及以上的微粒不超过 600 粒

2. 中间品质量标准　注射用氨曲南中间品检验项目及标准见表 6-4。

表 6-4　注射用氨曲南中间品检验项目及标准

中间产品名称	检验项目	标准
灌封中间品	装量差异	符合规定
	封口质量	符合规定

(二) 注射用氨曲南质量检验规程

1. 性状　本品为白色或类白色粉末或疏松块状物。

2. 鉴别　在含量测定项下记录的色谱图中，供试品溶液主峰的保留时间应与对照品溶液主峰的保留时间一致。

3. 酸碱度　取本品，加水制成每 1ml 中含氨曲南 0.1g 的溶液，依法测定[《中国药典》(2015 年版)通则 0631]，pH 应为 4.5~7.5。

4. 溶液的澄清度与颜色　取本品 5 瓶，按标示量分别加水制成每 1ml 中含氨曲南 0.1g 的溶液，溶液应澄清无色；如显浑浊，与 1 号浊度标准液[《中国药典》(2015 年版)通则 0902 第一法]比较，均不得更浓；如显色，与黄色或黄绿色 4 号标准比色液[《中国药典》(2015 年版)通则 0901 第一法]比较，均不得更深。

5. 有关物质　取装量差异项下的内容物，混合均匀，精密称取适量，加流动相 A 溶解并稀释制成每 1ml 中含氨曲南 1mg 的溶液，作为供试品溶液。照氨曲南项下的方法测定。单个杂质峰面积不得大于对照溶液主峰面积的 1.5(1.5%)，各杂质峰面积的和不得大于对照溶液主峰面积的 5 倍(5.0%)

6. 不溶性微粒　取本品按标示量加微粒检查用水制成每 1ml 中含氨曲南 50mg 的溶液，依法检查[《中国药典》(2015 年版) 通则 0903]，标示量为 1g 以下折算为：每 1g 样品中含 10μm 以上的微粒不得过 6 000 个，含 25μm 及以上的微粒不得过 600 个。

7. 无菌　取本品，加 0.9% 无菌氯化钠溶液溶解并稀释制成每 1ml 中含 90mg 的溶液，经薄膜过滤法处理，依法检查[《中国药典》(2015 年版) 通则 1101]，应符合规定。

8. 含量测定　照高效液相色谱法[《中国药典》(2015 年版)通则 0102]测定。

实训思考

注射用氨曲南的质量检验项目有哪些?

项目五

粉针剂的包装

任务　粉针剂的包装流程

能力目标：√

1. 能根据批生产指令进行粉针剂包装岗位操作。
2. 能描述粉针剂包装的生产工艺操作要点及其质量控制要点。
3. 会按照贴签机、包装机等的操作规程进行设备操作。
4. 能对粉针剂包装工艺过程中间产品进行质量检验。
5. 会进行包装工序工艺验证。
6. 会对贴签机进行清洁、保养。

粉针剂在包装前仍需进行灯检，一般采用流水线上人工目检，剔除不合格品后，顺传送带直接进入包装岗位。

领取任务：

按批生产指令将检验合格的半成品进行包装，并进行质量检验。包装设备已完成设备验证，进行包装工艺验证。工作完成后，对设备进行维护与保养。

一、粉针剂包装设备

1. 不干胶贴签机　本机能自动完成口服液瓶、西林瓶等其他各类瓶子的不干胶贴签，引用热打印机头，微电脑全程控制，无瓶不出签，见图 6-12。

图 6-12　JTB 型全自动不干胶贴签机

2. TQ 系列贴签机　见图 6-13。本机器自动化程度高，能自动贴标签，自动打印生产批号及失效期。具有以下特点：①无瓶不贴签，不打印；②直线吸签方法结构简单；③可配两个独立加有消声器的干式真空泵,消除了油泵的油烟污染;④通过使用位置传感器系统实现全机自动化;⑤变频主电机从零到额定转速的无级调速。

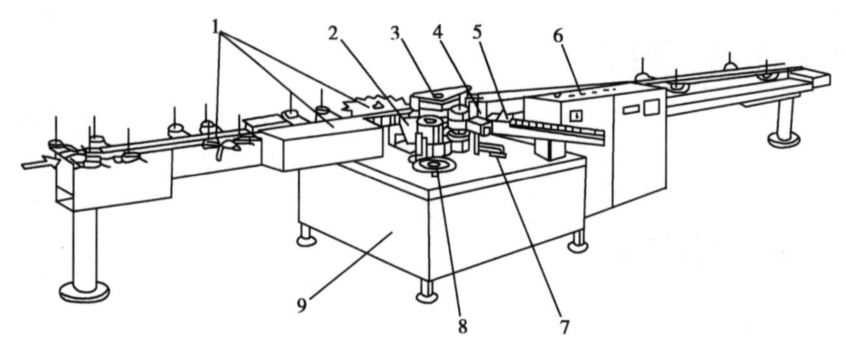

1. 小瓶输送系统;2. 涂胶机构;3. 贴签机构;4. 打字机构;5. 供签机构;
6. 电气控制系统;7. 真空系统;8. 主传动系统;9. 主机台。

图 6-13　TQ 400 贴签机

二、粉针剂包装岗位操作

实训设备:不干胶贴签机或 TQ 系列贴签机。

进岗前按进入一般生产区要求进行着装,进岗后做好厂房、设备清洁卫生,并做好操作前的一切准备工作(ER-6.5- 文本 1)。

(一) 粉针剂包装岗位标准操作规程(R-6.5- 动画 1)

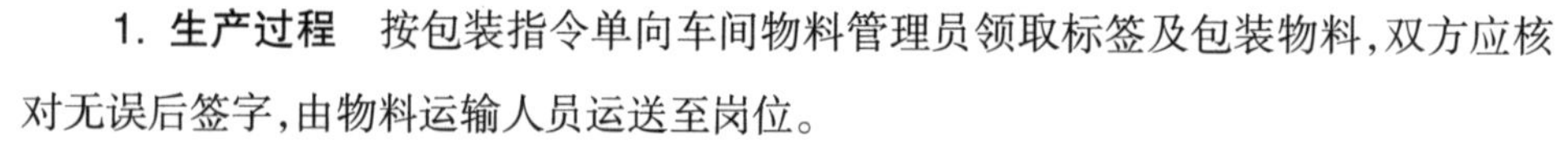

1. 生产过程　按包装指令单向车间物料管理员领取标签及包装物料,双方应核对无误后签字,由物料运输人员运送至岗位。

检查标签质量、贴签质量、小盒质量、大箱质量、标签批号是否合格。

经轧盖机轧好盖的半成品经轧盖后传送带分段传送至灯检处。

灯检:目视检测挑出异物、产品萎缩不全等不合格产品(ER-6.5- 动画 2)。

不干胶贴签机操作按《贴签机操作程序》操作;纸签贴签操作按《TQ-3 型贴签机操作程序》操作。

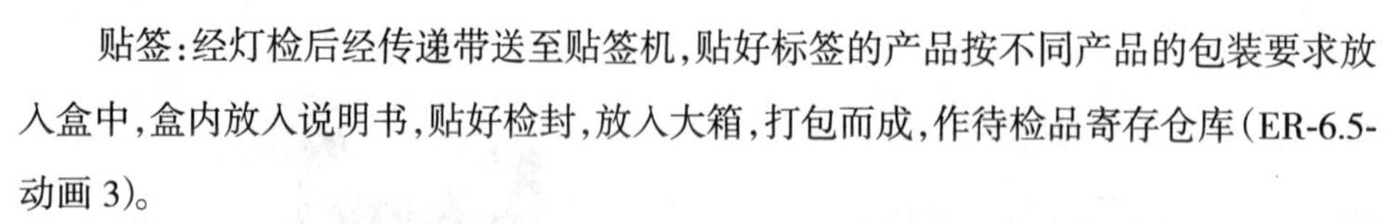

贴签:经灯检后经传递带送至贴签机,贴好标签的产品按不同产品的包装要求放入盒中,盒内放入说明书,贴好检封,放入大箱,打包而成,作待检品寄存仓库(ER-6.5- 动画 3)。

说明书由说明书折叠机折叠(ER-6.5- 图片 1),小盒批号由小盒批号打印机打印,大箱批号由大箱批号打印机打印。标签批号由贴签机自动打印完成。

生产过程中,每 2 小时抽查贴签质量,装箱质量,装盒质量。

2. 生产结束　关闭电源。打包完成的成品运至仓库作待检品寄存。

JTB 型贴签机标准操作程序见 ER-6.5- 文本 2。

TQ-3 型贴签机标准操作程序见 ER-6.5- 文本 3。

（二）粉针剂包装岗位中间品的质量检验

粉针剂包装岗位需进行以下项目的质量控制：

1. 瓶数、盒数应保证准确。

2. 瓶签斜度应小于1~5mm，离瓶底2~4mm，标签上批号位置准确、清晰。

3. 小盒、大箱上的批号、有效期清晰，小盒的检封和大箱的封口纸贴应整齐，大箱打包牢固、端正。

（三）粉针剂包装工序工艺验证

1. 验证目的　包装工序工艺验证主要考察灯检后产品的可见异物、成品外观，评价包装工艺稳定性。

2. 验证项目和标准

（1）验证程序：按制定的工艺规程灯检、印字包装。质量监控员每30分钟抽查1次灯检后产品的可见异物，记录不合格产品数量。在包装生产过程中，根据包装质量控制表每隔30分钟进行一次检查，重点应注意检查异物和产品外观物理特性。

（2）合格标准：应符合质量标准要求。在包装生产过程中无异常现象。

实训思考

1. 粉针剂包装岗位中间品需检验哪些项目？

2. 简述粉针剂包装工艺验证程序。

实训情境七

粉针剂(粉末型)的生产

项目一

接收生产指令

任务 粉针剂(粉末型)生产工艺

能力目标：

1. 能描述粉针剂(粉末型)生产的基本工艺流程。
2. 能明确粉针剂(粉末型)生产的关键工序。
3. 会根据粉针剂(粉末型)生产工艺规程进行生产操作。

粉针剂(粉末型)是采用无菌生产工艺将无菌原料药直接分装至洁净无菌容器内所得的剂型。与冻干粉针比较,工艺更简单,即包材的清洗灭菌、分装、轧盖、灯检和包装等步骤。本实训情境中主要介绍分装。

领取任务：

学习粉针剂(粉末型)生产工艺,熟悉粉针剂(粉末型)生产操作过程及工艺条件。

一、粉针剂(粉末型)生产工艺流程

根据生产指令和工艺规程编制生产作业计划。粉针剂(粉末型)生产工艺流程图见图7-1。收料、来料验收,根据化验报告、数量、装量、包装、质量等进行验收。容器处理将西林瓶经洗烘联动线进入干燥灭菌后冷却,胶塞清洗并干燥灭菌后待用,铝盖清洗干燥后待用。称量应按需进行称量,复核原辅料名称、规格、数量等,按投料量称量。分装(含压塞)即将无菌原辅料药分装入洁净西林瓶内,并压塞。轧盖一般采用自动轧盖机进行轧盖,严格剔除封口不严的产品。目检是对流水线上产品进行逐瓶目视检测,剔除有异物、冻干不良的产品。包装即是对检验合格的冻干粉针贴签包装,并进行装箱打包。

分装工序必须在B级背景下的A级区内进行,物料转移也需采用A级保护。

粉针剂(粉末型)生产质量控制要点见表7-1。

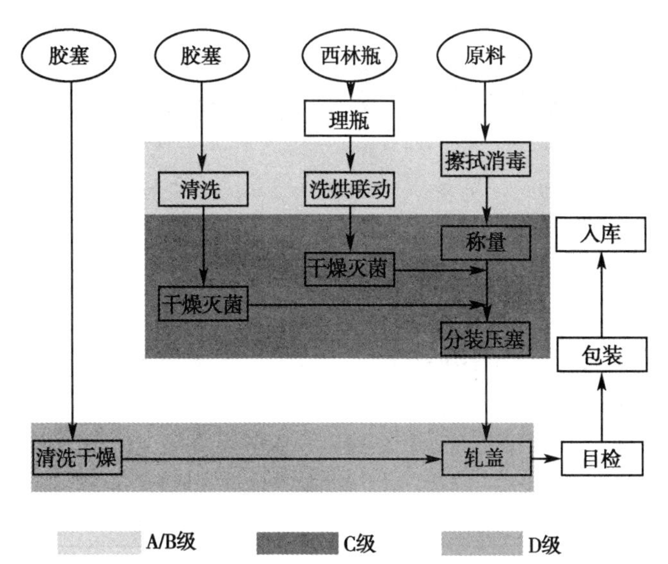

图 7-1　粉针剂(粉末型)生产工艺流程图

表 7-1　粉针剂(粉末型)生产质量控制要点

工序	监控点	监控项目	检查频次	备注
车间	洁净区	沉降菌	每次大消后	静态
		尘埃粒子	每次大消后	静态
水站	纯化水	电导率、pH	1 次 /2h	
	注射用水	电导、pH、氯化物	1 次 /2h	
灭菌	工具、工衣	温度、压力、时间	1 次 / 柜	
洗瓶	洗净瓶	洁净度	2 次 / 班	自然光目检
洗塞	洗塞	可见异物	1 次 / 批	自然光目检
分装	分装间	沉降菌	每班	动态
		操作人微生物	每班	动态
		设备表面沉降菌	每班	动态
	灭菌后瓶子	干燥失重、无菌	1 次 / 班	
		可见异物	4 次 / 班	
	灭菌后胶塞	干燥失重、可见异物、无菌	1 次 / 批	
	分装后半成品	装量	1 次 /30min	
			2 小时 / 次	
		可见异物	1 次 / 班	
轧盖	轧盖	外观、异物、紧密度	2 次 / 班	
	灯检	外观、异物、紧密度	每支	

续表

工序	监控点	监控项目	检查频次	备注
包装	标签	批号、内容	每批	
		外观	1 次 /h	
			2 次 / 班	
	中包	批号、印字内容	每箱	
		数量、内容	每箱	
	大包	批号、合格证	每箱	
		数量、内容	每箱	
		打包	每箱	

二、粉针剂（粉末型）生产操作过程及工艺条件

粉针剂生产

粉针剂的生产过程（ER-7.1- 图片 1）如下：

1. 原料的准备工作　在无菌分装操作前一天，物料员凭批生产指令从仓库领取无菌原料，在缓冲间擦拭干净，依据领料核料单审核原料名称、规格、批号、重量、是否有检验合格证等，由物料员和 QA 检查员进行审核，合格后，由车间生产人员用消毒液揩擦桶外壁后，放到物料传递间。原料经净化后传入 C 级洁净 B 区，第二天经传递窗紫外灯照射 30 分钟后方可传入 C 级 A 区。原料传入 C 级 A 区后需再次对原料铝桶外壁用消毒液擦拭，做好状态标识后待用。

2. 胶塞的洗涤（含硅化灭菌与干燥）　胶塞清洗操作过程由粗洗、第一次漂洗、硅化、第二次漂洗、灭菌、干燥、出料构成。并注意 2 次漂洗后应进行中间品控制。

（1）粗洗：经过滤的注射用水喷淋粗洗胶塞 3~5 分钟，喷淋水由箱体底部排水阀排出。混合漂洗 15~20 分钟，混洗后的水经排污阀排出。

（2）第一次漂洗：注射用水漂洗粗洗后的胶塞 10~15 分钟。

（3）中间控制：第一次漂洗结束后，从取样口取洗涤水检查可见异物，如果不合格，需继续用注射用水进行洗涤至合格。

（4）硅化：加硅油量为 0~20ml/ 箱次，硅化温度为≥ 80℃。

（5）第二次漂洗：硅化后，先排完腔体内的水，再用注射用水漂洗 10~15 分钟。

（6）中间控制：第二次漂洗结束后，从取样口取洗涤水检查可见异物，如果不合格，需继续用注射用水进行洗涤至合格。

（7）灭菌：流通蒸汽湿热灭菌，所需温度大于 121℃，时间大于 15 分钟（ER-7.1-图片 2）。

真空灭菌柜

（8）真空干燥：启动真空泵，抽真空，真空压力不大于 0.09MPa，打开进气阀，这样反复操作直至腔室内温度达 55℃方可停机。

⑼出料：将洁净胶塞置于洁净不锈钢桶内并贴上标签，标明品名、清洗编号、数量、卸料时间、有效期，并签名。

⑽打印：自动打印记录并核对正确，附于本批生产记录中。

胶塞清洗工艺条件漂洗时间视洗涤水可见异物是否合格而定。灭菌条件为饱和蒸汽灭菌，温度大于121℃，时间大于15分钟，$F_0 \geq 15$。灭菌后胶塞应在24小时内使用。

3. 西林瓶的清洗和灭菌

⑴西林瓶清洗灭菌生产操作过程：包括理瓶、粗洗、精洗、检查和灭菌。

理瓶即将人工理好的西林瓶慢慢放入分瓶区。粗洗时瓶子经超声波清洗，温度范围50~60℃。精洗时用压缩空气将瓶内、外壁水吹干，用循环水进行西林瓶内、外壁的清洗，再用压缩空气将西林瓶内、外壁水吹干，然后用注射用水冲洗两次瓶内壁，再用洁净压缩空气把西林瓶内、外壁的水吹净。

⑵检查：操作过程中，一定要控制以下项目①检查各喷水、气的喷针管有无阻塞情况，如有，应及时用1mm钢针通透；②检查冲洗部件是否正常；③检查纯化水和注射用水的过滤器应符合要求；④检查注射用水冲瓶时的温度和压力；⑤检查压缩空气的压力和过滤器。

⑶洗瓶中间控制：在洗瓶开始时，取洗净后10个西林瓶目检洁净度，要求每班检查两次，并将检查结果记录于批生产记录中。

灭菌洗净的西林瓶在层流保护下送至隧道灭菌烘箱进行干燥灭菌，灭菌温度≥350℃，灭菌时间5分钟以上，灭菌完毕后出瓶，要求出瓶温度≤45℃。

灭菌过程中不断查看：预热段、灭菌段、冷却段的温度是否正常；各段过滤器的性能、风速和风压有无变化。

⑷西林瓶清洗灭菌工艺条件如下：西林瓶清洗温度50~60℃。西林瓶灭菌温度≥350℃，灭菌时间5分钟以上。

4. 铝盖的准备　工作区已清洁，不存在任何与现场操作无关的包装材料、残留物与记录，同时审查该批生产记录及物料标签。

根据批生产指令领取铝盖，并检查其是否有检验合格证，包装完整，在D级环境下，检查铝盖，如已变形、破损、边缘不齐等，将铝盖拣出存放在指定地点。

将铝塑盖放于臭氧灭菌柜中，开启臭氧灭菌柜70分钟。灭菌结束后将铝盖放入带盖容器中，贴上标签，标明品名、灭菌日期、有效期待用。

铝盖清洗的工艺条件：臭氧灭菌70分钟。

5. 工器具的灭菌消毒处理

⑴分装机零部件的处理：分装机的可拆卸且可干热灭菌的零部件用注射用水清洗干净后，放入对开门百级层流灭菌烘箱干热灭菌，温度180℃以上保持2小时，取出备用；分装机可拆卸不可热压灭菌的零部件用注射用水冲洗干净后，用75%乙醇擦洗浸泡消毒处理；设备不可拆卸的表面部分每天用75%消毒液进行擦试消毒处理；其他不可干热灭菌的工器具在脉动真空灭菌柜中121℃灭菌30分钟，而后转入无菌室。

⑵进无菌室的维修工具零件不能干热灭菌的，须经消毒液消毒或紫外照射30分钟以上方可进

无菌室。

纸张、眼镜经紫外照射30分钟以上方可进入无菌室。

6. 无菌分装 按下主电机驱动按钮,观察各运动部位转动情况是否正常,充填轮与装粉箱之间有无漏粉,并及时进行调整。调试装量,完成后,在每台机器抽取每个分装头各5瓶,检查装量情况,调试合格后方可进行正式生产。西林瓶灭菌后由隧道烘箱出口至转盘,目视检查,将污瓶、破瓶捡出,倒瓶用镊子扶正。西林瓶在层流的保护下直接用于药粉的分装,分装后压塞,操作人员发现落塞用镊子人工补齐。装量差异检查,每隔30分钟取5瓶进行检查,装量应在合格范围。如发现有漂移,在线微调,如检查超过标准装量范围,通知现场QA,对前一阶段产品进行调查。如发现不合格的应将前10分钟的瓶子全部退回按规定处理。在分装过程,发现分装后的产品是有落塞和装量不合格等现象,及时挑出,作为不合格品处理。分装期间,操作人员要求每30分钟用75%酒精手消毒一次。

7. 轧盖、灯检 已灌粉盖塞合格的中间产品随网带传出无菌间,在轧盖间轧盖,轧盖要求平滑,无皱褶、无缺口,并用三手指直立捻不松动为合格,若发现轧口松动、歪盖、破盖应立即停机调整。

逐瓶灯检轧好盖的中间产品,将不合格品挑出,每1小时将灯检情况记录于批生产记录中,在灯检岗位必须查出破瓶、轧坏、异物、色点、松口、量差等不合格品。

8. 包装

(1)贴签:将标签装上机,调整高度,开始贴签,将第一张已打码合格的并经班组长及QA核对签名的标签贴于生产记录背面。如有倒瓶,将倒瓶扶正,使之顺利进入贴签进料输送带上进行贴签。在贴签过程中,随时检查贴签质量,标签是否平整,批号是否正确、清晰。

(2)装小盒(或中盒)、打印:按批包装指令在小盒(或中盒)上打印产品批号、生产日期和有效期,并将第一个打码合格且经班长、QA核对签名的小盒(或中盒)附于批生产记录。然后在每个小盒(或中盒)上手工盖上箱号。装塑托时需装好说明书,装中盒时需贴好封口签。

(3)装大箱:单支包装产品需先过塑后装箱,打包。首先须进行大箱打印,按批包装指令在包材打印记录上打印产品批号、生产日期、有效期。将包材打印记录交班组长及QA核对签名,附于批生产记录,可正式打印大箱。将大箱用胶带封底后放上垫板。胶带长度为每边5~10cm,且不得盖住打印内容。装大箱即将包装好的中盒置于大箱内,不得倒置,放入一张核对正确的产品合格证。包装完毕,将包装记录附入本批批生产记录中。

(4)包装检查:包装质检员对已装箱的每箱产品按相关要求进行检查。检查完一箱,在产品合格证上签名。全部检查完毕,将包装检查记录附入本批批生产记录中。

(5)封箱:用胶带对检查合格后的产品封箱,胶带长度为每边5~10cm,且不得盖住打印内容。

(6)打包:打两条平行打包带,打包带距边10~15cm,松紧适宜,按顺序码放于托盘上,批号朝外。

(7)入库待检:分别填写成品完工单和请验单,成品入库待检。

注:对于部分产品,在装盒后,需先进行塑封,然后再装箱。

实训思考

1. 简述粉针剂(粉末型)的生产工艺流程。
2. 粉针剂(粉末型)的生产工艺条件有哪些?

项目二

生产粉针剂(粉末型)

任务　无菌粉末分装

能力目标：

1. 能根据批生产指令进行无菌粉末分装岗位操作。
2. 能描述无菌粉末分装的生产工艺操作要点及其质量控制要点。
3. 会按照无菌粉末分装机的操作规程进行设备操作。
4. 能对无菌粉末分装工艺过程中间产品进行质量检验。
5. 会进行无菌粉末分装岗位工艺验证。
6. 会对粉末分装机进行清洁、保养。

无菌粉末的分装应通过培养基灌装试验验证分装工艺可靠性后方能正式生产，且需定期进行验证。该岗位是高风险操作，为最大限度降低产品污染的风险，应在A级背景下进行。

领取任务：

按批生产指令将无菌粉末进行分装，并进行质量检验。分装机已完成设备验证，进行无菌粉末分装工艺验证。工作完成后，对设备进行维护与保养。

一、无菌粉末分装设备

BKFG250无菌粉末分装机见图7-2。本机采用直线螺杆式自动分装无菌粉末。瓶子由柔性输送带作间歇运动。并将药瓶送4列加塞工作站。4个螺杆分装头同步，将药粉定量装入小瓶。再进入4列加塞工作站完成加塞。特殊设计的螺杆，可满足不同分装和不同黏度的药粉。

图7-2　直线螺杆式无菌粉末分装机

二、无菌粉末分装岗位操作

直线螺杆式无菌粉末分装机

进岗前按进入 A/B 级洁净区要求进行着装(ER-7.2- 图片 1)。进岗后做好厂房、设备清洁卫生,并做好操作前的一切准备工作(ER-7.2- 文本 1)。

(一) 无菌粉末分装岗位标准操作规程

生产前检查

1. 生产过程　西林瓶经洗瓶(ER-7.2- 动画 1),隧道烘箱干燥、灭菌(ER-7.2- 动画 2)、除热原后经分装前转盘(带层流罩)进入分装机(带层流罩)。西林瓶使用前应检查西林瓶是否在有效期内(西林瓶的有效期为 4 小时,若超过则应及时送回洗瓶间重洗)(ER-7.2- 图片 2)。

西林瓶洗涤

胶塞经胶塞清洗机清洗、干燥、灭菌后进入分装室,A 级层流罩下用不锈钢桶加盖贮存,分装时在 A 级区将胶塞装入小不锈钢桶中,加盖后运至分装机,在分装机头 A 级层流罩下倒入胶塞振荡器中,胶塞使用前应检查胶塞是否在有效期内(胶塞有效期为出箱后 24 小时)(ER-7.2- 动画 3)。

西林瓶干燥、灭菌

无菌原料粉按无菌原料药进出无菌生产区清洁消毒规程进入分装室,需分装时在分装机头 A 级层流罩下倒入原粉斗中准备分装(无菌原料应距有效期 6 个月以上,否则不能作为分装原料投入使用)(ER-7.2- 图片 3)。

按《BKFG250 分装机操作规程》组装分装机头,确认正常后,即可开机生产。

正式分装前应检查瓶子澄明度、胶塞澄明度、原粉澄明度是否符合要求,并按分装指令单要求确认装量差异是否符合指令单要求,当一切都正常时,方可正式开机分装。

粉末分装车间

分装过程中应记录下列数据:每 2 小时记录分装机的吸粉和持粉真空度;每 2 小时记录分装机吹粉和清洁空气压力;每 2 小时记录分装机前转盘 A 级层流和分装机头 A 级层流的压差,分装机层流罩内的温度和湿度。

分装过程中应检查每批原粉的性状色泽和澄明度;检查每批胶塞的清洁度、水分;每 3 小时检查瓶子和半成品澄明度;每 15 分钟每个下粉口抽查 4 瓶半成品的装量差异;每 2 小时每个下粉口抽查 24 瓶半成品的装量差异。

胶塞的处理过程

2. 结束过程　关闭分装机,关闭总电源。将装有分装压塞好的瓶子传送到轧盖岗位,并做好产品标识。

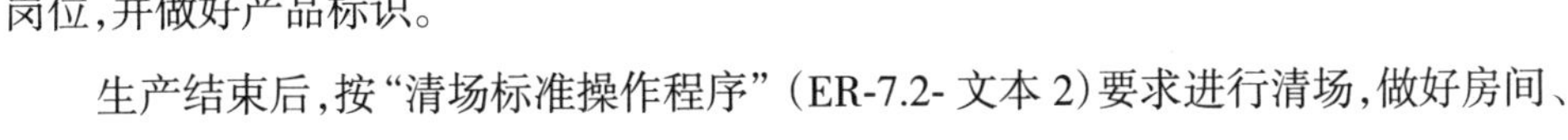

生产结束后,按“清场标准操作程序”(ER-7.2- 文本 2)要求进行清场,做好房间、设备、容器等清洁记录。

按要求完成记录填写。清场完毕,填写清场记录。上报 QA 检查,合格后,发清场合格证,挂“已清场”牌。

抗生素瓶分装自动线

BKFG250 无菌粉末分装机标准操作程序见 ER-7.2- 文本 3。

(二) 无菌粉末分装岗位中间品的质量检验

无菌粉末分装过程中需进行以下项目的控制:

1. 瓶子澄明度　每瓶检出200~300μm的微粒不超过2个，无大于300μm的微粒。

清场标准操作程序

2. 胶塞　粒子数每只胶塞200~300μm不得超过2个，无大于300μm的微粒，水分含量≤0.1%。

3. 无菌原料粉中不溶性微粒　每瓶200~300μm的微粒不超过5个，无大于300μm的微粒。

BKFG250无菌粉末分装机标准操作程序

4. 装量差异　装量差异限度不超过±5%。

5. 标示量　97%~103%。

（三）无菌粉末分装工序工艺验证

1. 验证目的　通过培养基模拟灌装试验确认粉针车间在现有设备和环境下，按现有的标准操作，执行现行的分装工艺能生产出合格的无菌分装产品。

2. 验证项目和标准

（1）验证程序：在分装线上，先将经过辐射灭菌的乳糖粉末分装到西林瓶中，再将无菌的液体肉汤培养基灌装到西林瓶中，压塞，轧盖后恒温培养，通过培养结果确认无菌分装工艺的可靠性。整个操作过程模拟正常的粉针剂生产状态。

（2）判定标准：经试验灌装好的培养基按以上要求培养后，应将每瓶培养基对着灯光仔细目测。透明、澄清、无混浊的培养基判为无微生物生长；培养基混浊或有悬浮的菌丝或菌落，则需做进一步的微生物生长检查，以确定培养基是否真正染菌。一旦染菌，应对污染菌进行鉴别，其阳性率应低于1/1 000。

（四）无菌粉末分装设备的日常维护与保养

在各运动部位应加注润滑油，槽凸轮及齿轮等部件可加钙基润滑脂，进行润滑。开机前应检查各部位是否正常，确认无误后方可操作。调整机器时工具要适当，严禁用过大的工具或用力过猛拆卸零件，以防影响或损坏其性能。

实训思考

1. 无菌粉末分装过程中要进行哪些检查？
2. 无菌粉末分装机分装完毕要进行哪些工作？

项目三

粉针剂（粉末型）的质量检验

任务　注射用青霉素钠的质量检验

能力目标：

1. 能根据 SOP 进行粉针剂（粉末型）的质量检验。
2. 能描述粉针剂质量检验项目和操作要点。

粉针剂粉末型与冻干型的质检项目类似，在不同品种项下有不同的要求。

领取任务：

进行注射用青霉素钠的质量检验。

一、注射用青霉素钠质量标准

1. 成品质量标准　见表 7-2。

表 7-2　注射用青霉素钠成品质量标准

检验项目	标准	
	法规标准	稳定性标准
性状	白色结晶性粉末	白色结晶性粉末
鉴别	(1) 含量测定色谱图中，供试品主峰保留时间与对照品溶液主峰保留时间一致 (2) 红外吸收光谱与对照图谱一致 (3) 钠盐的鉴别反应	—
含量	95.0%~115.0%	95.0%~115.0%
澄清度与颜色	符合规定	符合规定
酸碱度	5.0~7.5	5.0~7.5
有关物质	≤关号浊度标准液 ≤黄色 6 号标准比色液	≤ 1 号浊度标准液 ≤黄色 6 号标准比色液

续表

检验项目	标准	
	法规标准	稳定性标准
青霉素聚合物	<0.10%	<0.10%
细菌内毒素	0.10EU/1 000 个青霉素单位	0.10EU/1 000 个青霉素单位
无菌	符合规定	符合规定
干燥失重	<1.0%	<1.0%
不溶性微粒	含 10μm 及以上的微粒不超过 6 000 粒,含 25μm 及以上的微粒不超过 600 粒	含 10μm 及以上的微粒不超过 6 000 粒,含 25μm 及以上的微粒不超过 600 粒

2. 中间品质量标准　见表 7-3。

表 7-3　注射用青霉素钠中间品质量标准

中间产品名称	检验项目	标准
灌封中间品	装量差异	符合装量差异限度要求
	封口质量	符合规定

3. 贮存条件和有效期规定

(1)贮存条件:密闭保存。

(2)有效期:18 个月。

二、注射用青霉素钠质量检验规程

1. 性状　目测。

2. 装量差异检查　取供试品 5 瓶,除去标签、铝盖,容器外壁用乙醇擦净,干燥,开启时注意避免玻璃屑等异物落入容器中,分别迅速精密称定,倾出内容物,容器用水或乙醇洗净,在适宜条件下干燥后,再分别精密称定每一容器的重量,求出每瓶的装量与平均装量。每瓶装量应在规定限度范围内,如有 1 瓶不符合,应另取 10 支复试。

3. 溶液澄清度与颜色　取本品 5 瓶,按标示量分别加水制成每 1ml 含 60mg 的溶液,溶液应澄清无色,如显混浊,与 1 号浊度标准液比较,均不得更浓;如显色,与黄色或黄绿色 2 号标准比色液比较,均不得更深。

4. 干燥失重　取本品,在 105℃干燥,减失重量不得过 1.0%。

5. 不溶性微粒　取本品,按标示量加微粒检查用水制成每 1ml 含 60mg 的溶液,依不溶性微粒检查法,应符合规定。

6. 青霉素聚合物　采用分子排阻色谱法进行测定,以青霉素计,不得超过 0.10%。

7. 含量测定　采用高效液相色谱法进行测定。

8. 有关物质　采用高效液相色谱法进行测定。

实训思考

1. 粉针剂（粉末型）的质量检验项目有哪些？
2. 粉针剂（粉末型）的在线检验项目有哪些？

实训思考参考答案

药物制剂综合实训教程

附　　录

目　录

附录 1

生产指令

附表 1-1　生产指令单

指令编号		产品代码		产品名称		规格		计划产量	
批　号		车间		生产日期	年　月　日　至　年　月　日				
物料代码	物料名称		规格	进厂编号	检验报告书号			单位	数量
备注：									
制单人： 日期：		车间主任： 日期：		生产部主管： 日期：		QA 主管： 日期：			

附表 1-2 包装指令单

指令编号		产品名称		产品代码		包装规格		计划产量	
批号		车间		包装日期	年 月 日 至 年 月 日				

物料代码	物料名称	规格	进厂编号	检验报告书号	单位	数量
备注：						

制单人： 日期：	车间主任： 日期：	生产部主管： 日期：	QA 主管： 日期：

附表 1-3 领料单

日期：

原辅料名称	代码	规格	批号	需要量	领取量	备注
领料人：			审核人：		发放人：	

附录 2

固体制剂生产实训记录

附表 2-1　粉碎岗位生产记录

生产日期		班级		班组	
产品名称		规格		批号	
主要设备					
操作依据					

<table>
<tr><th>指令</th><th colspan="3">工艺参数</th><th colspan="2">操作参数</th><th>备注</th></tr>
<tr><td>生产前准备</td><td colspan="3">1. 操作间清场合格有《清场合格证》并在有效期内
2. 所用设备是否有设备完好证
3. 所用器具是否已清洁
4. 物料是否有物料卡
5. 是否挂上“正在生产”状态牌
6. 室内温湿度是否符合要求</td><td colspan="2">是□　否□
是□　否□
是□　否□
是□　否□
是□　否□
温度＿＿＿＿
RH＿＿＿＿</td><td>操作人：
复核人：</td></tr>
<tr><td rowspan="7">生产操作过程</td><td colspan="3">1. 按照 FGJ-300 高效粉碎机标准操作规程操作
2. 将物料粉碎，控制加料速度，粉碎后的细粉装入衬有洁净塑料袋的周转桶内，扎好袋口，填好“物料卡”备用</td><td colspan="2">已完成□
未完成□</td><td rowspan="7">操作人：
复核人：</td></tr>
<tr><td>物料名称</td><td>粉碎前数量 /kg</td><td>粉碎后数量 /kg</td><td>筛网目数</td><td>收率</td></tr>
<tr><td></td><td></td><td></td><td></td><td></td></tr>
<tr><td></td><td></td><td></td><td></td><td></td></tr>
<tr><td></td><td></td><td></td><td></td><td></td></tr>
<tr><td></td><td></td><td></td><td></td><td></td></tr>
<tr><td></td><td></td><td></td><td></td><td></td></tr>
<tr><td rowspan="2">生产结束</td><td colspan="2">设备清洁及状态标志</td><td colspan="3">已完成□　　未完成□</td><td rowspan="2">操作人：
复核人：</td></tr>
<tr><td colspan="2">生产场地清洁</td><td colspan="3">已完成□　　未完成□</td></tr>
<tr><td colspan="2">异常情况记录</td><td colspan="5"></td></tr>
<tr><td colspan="2">指导老师</td><td colspan="5"></td></tr>
<tr><td colspan="2">小组成员</td><td colspan="5"></td></tr>
</table>

附表 2-2　筛分岗位生产记录

生产日期		班级		班组	
产品名称		规格		批号	
主要设备					
操作依据					

<table>
<tr><th>指令</th><th colspan="3">工艺参数</th><th colspan="2">操作参数</th><th>备注</th></tr>
<tr><td>生产前准备</td><td colspan="3">1. 操作间清场合格有《清场合格证》并在有效期内
2. 所用设备是否有设备完好证
3. 所用器具是否已清洁
4. 物料是否有物料卡
5. 是否挂上“正在生产”状态牌
6. 室内温湿度是否符合要求</td><td colspan="2">是□　否□
是□　否□
是□　否□
是□　否□
是□　否□
温度__________
RH__________</td><td>操作人：
复核人：</td></tr>
<tr><td rowspan="5">生产操作过程</td><td colspan="3">1. 按照 XZS400-2 旋涡振动筛分机标准操作规程操作
2. 控制加料速度，过筛后的细粉装入衬有洁净塑料袋的周转桶内，扎好袋口，填好“物料卡”备用</td><td colspan="2">已完成□
未完成□</td><td rowspan="5">操作人：
复核人：</td></tr>
<tr><td>物料名称</td><td>筛分前数量 /kg</td><td>筛分后数量 /kg</td><td>过筛目数</td><td>收率</td></tr>
<tr><td></td><td></td><td></td><td></td><td></td></tr>
<tr><td></td><td></td><td></td><td></td><td></td></tr>
<tr><td></td><td></td><td></td><td></td><td></td></tr>
<tr><td rowspan="2">生产结束</td><td colspan="2">设备清洁及状态标志</td><td colspan="3">已完成□　　未完成□</td><td rowspan="2">操作人：
复核人：</td></tr>
<tr><td colspan="2">生产场地清洁</td><td colspan="3">已完成□　　未完成□</td></tr>
<tr><td colspan="2">异常情况记录</td><td colspan="5"></td></tr>
<tr><td colspan="2">QA</td><td colspan="5"></td></tr>
<tr><td colspan="2">小组成员</td><td colspan="5"></td></tr>
</table>

附表 2-3　称量配料记录

<table>
<tr><td>生产日期</td><td></td><td>班级</td><td></td><td>班组</td><td></td></tr>
<tr><td>产品名称</td><td></td><td>规格</td><td></td><td>批号</td><td></td></tr>
<tr><td colspan="6">主要设备</td></tr>
<tr><td colspan="6">操作依据</td></tr>
</table>

<table>
<tr><th>指令</th><th colspan="3">工艺参数</th><th>操作参数</th><th>备注</th></tr>
<tr><td>生产前准备</td><td colspan="3">1. 操作间清场合格有《清场合格证》并在有效期内
2. 所用设备是否有设备完好证
3. 所用器具是否已清洁
4. 物料是否有物料卡
5. 是否挂上“正在生产”状态牌
6. 室内温湿度是否符合要求</td><td>是□　否□
是□　否□
是□　否□
是□　否□
是□　否□
温度 ______
RH______</td><td>操作人：
复核人：</td></tr>
<tr><td rowspan="6">生产操作过程</td><td colspan="3">1. 核对待加工物料的品名、批号、重量等与物料标示卡是否一致</td><td>是□　否□</td><td rowspan="6">操作人：
复核人：</td></tr>
<tr><td colspan="4">2. 根据工艺要求称定各种物料。配料称量实行两人复核制度。</td></tr>
<tr><td>物料名称</td><td colspan="2">批号</td><td>数量</td></tr>
<tr><td></td><td colspan="2"></td><td></td></tr>
<tr><td></td><td colspan="2"></td><td></td></tr>
<tr><td></td><td colspan="2"></td><td></td></tr>
<tr><td rowspan="2">生产结束</td><td colspan="2">设备清洁及状态标志</td><td colspan="2">已完成□　　未完成□</td><td rowspan="2">操作人：
复核人：</td></tr>
<tr><td colspan="2">生产场地清洁</td><td colspan="2">已完成□　　未完成□</td></tr>
<tr><td colspan="2">异常情况记录</td><td colspan="4"></td></tr>
<tr><td colspan="2">QA</td><td colspan="4"></td></tr>
<tr><td colspan="2">小组成员</td><td colspan="4"></td></tr>
</table>

附表 2-4 制粒干燥岗位生产记录

生产日期		班级		班组	
产品名称		规格		批号	
主要设备					
操作依据					

<table>
<tr><th>指令</th><th colspan="5">工艺参数</th><th>操作参数</th><th>备注</th></tr>
<tr><td>生产前准备</td><td colspan="5">1. 操作间清场合格有《清场合格证》并在有效期内
2. 所用设备是否有设备完好证
3. 所用器具是否已清洁
4. 物料是否有物料卡
5. 是否挂上“正在生产”状态牌
6. 室内温湿度是否符合要求</td><td>是□ 否□
是□ 否□
是□ 否□
是□ 否□
是□ 否□
温度 ______
RH________</td><td>操作人：
复核人：</td></tr>
<tr><td rowspan="17">生产操作过程</td><td rowspan="4">配料</td><td>原辅料名称</td><td>批号</td><td>领料数量</td><td>实投数量</td><td>补退数量</td><td rowspan="7">操作人：
复核人：</td></tr>
<tr><td></td><td></td><td></td><td></td><td></td></tr>
<tr><td></td><td></td><td></td><td></td><td></td></tr>
<tr><td></td><td></td><td></td><td></td><td></td></tr>
<tr><td rowspan="3">配浆</td><td>品名</td><td>批号</td><td>用量</td><td>浓度</td><td>重量</td></tr>
<tr><td></td><td></td><td></td><td rowspan="2"></td><td rowspan="2"></td></tr>
<tr><td></td><td></td><td></td></tr>
<tr><td rowspan="3">制粒</td><td colspan="4">加黏合剂用量</td><td>________kg</td><td rowspan="3">操作人：
复核人：</td></tr>
<tr><td>搅拌</td><td colspan="3">低速 □ 高速□</td><td>时间________min</td></tr>
<tr><td>制粒</td><td colspan="3">低速 □ 高速□</td><td>时间________min</td></tr>
<tr><td rowspan="2">干燥</td><td colspan="4">烘箱干燥：湿颗粒平铺于托盘内，依次摆放于托架上，推车推进就位，按相应岗位操作法干燥</td><td>设定温度______℃
干燥时间
____
翻动时间
______________</td><td>操作人：
复核人：</td></tr>
<tr><td colspan="4">流化干燥：将湿颗粒置于流化床内，按流化干燥操作法进行干燥</td><td>设定物料温度____
进风温度_______
出风温度_______
干燥时间_______</td><td>操作人：
复核人：</td></tr>
<tr><td>整粒</td><td colspan="4">干颗粒按相应岗位操作法进行整粒</td><td>筛网目数 ______
干颗粒数量____kg</td><td>操作人：
复核人：</td></tr>
<tr><td rowspan="2">生产结束</td><td colspan="3">设备清洁及状态标志</td><td colspan="3">已完成□ 未完成□</td><td rowspan="2">操作人：
复核人：</td></tr>
<tr><td colspan="3">生产场地清洁</td><td colspan="3">已完成□ 未完成□</td></tr>
<tr><td colspan="2">物料平衡</td><td colspan="6"></td></tr>
<tr><td colspan="2">异常情况记录</td><td colspan="6"></td></tr>
<tr><td colspan="2">QA</td><td colspan="6"></td></tr>
<tr><td colspan="2">小组成员</td><td colspan="6"></td></tr>
</table>

附表 2-5　总混岗位生产记录

<table>
<tr><td>生产日期</td><td></td><td>班级</td><td></td><td>班组</td><td></td></tr>
<tr><td>产品名称</td><td></td><td>规格</td><td></td><td>批号</td><td></td></tr>
<tr><td>主要设备</td><td colspan="5"></td></tr>
<tr><td>操作依据</td><td colspan="5"></td></tr>
</table>

<table>
<tr><th>指令</th><th colspan="2">工艺参数</th><th>操作参数</th><th>备注</th></tr>
<tr><td>生产前准备</td><td colspan="2">1. 操作间清场合格有《清场合格证》并在有效期内
2. 所用设备是否有设备完好证
3. 所用器具是否已清洁
4. 物料是否有物料卡
5. 是否挂上“正在生产”状态牌
6. 室内温湿度是否符合要求</td><td>是□　否□
是□　否□
是□　否□
是□　否□
是□　否□
温度________
RH________</td><td>操作人：
复核人：</td></tr>
<tr><td rowspan="5">生产操作过程</td><td colspan="2">1. 按照 HDA-100 型多向运动混合机标准操作规程
2. 将混合后的物料装入衬有洁净塑料袋的周转桶内，扎好袋口，填好“物料卡”备用</td><td>已完成□
未完成□</td><td rowspan="5">操作人：
复核人：</td></tr>
<tr><td>物料名称</td><td>物料重量 /kg</td><td rowspan="4">混合操作时间________
混合后颗粒数量________kg</td></tr>
<tr><td></td><td></td></tr>
<tr><td></td><td></td></tr>
<tr><td></td><td></td></tr>
<tr><td rowspan="2">生产结束</td><td>设备清洁及状态标志</td><td colspan="2">已完成□　　未完成□</td><td rowspan="2">操作人：
复核人：</td></tr>
<tr><td>生产场地清洁</td><td colspan="2">已完成□　　未完成□</td></tr>
<tr><td>物料平衡</td><td colspan="4"></td></tr>
<tr><td>异常情况记录</td><td colspan="4"></td></tr>
<tr><td>QA</td><td colspan="4"></td></tr>
<tr><td>小组成员</td><td colspan="4"></td></tr>
</table>

附表 2-6　胶囊填充岗位生产记录

生产日期		班级		班组	
产品名称		规格		批号	
主要设备					
操作依据					

<table>
<tr><th>指令</th><th colspan="2">工艺参数</th><th>操作参数</th><th>备注</th></tr>
<tr><td>生产前准备</td><td colspan="2">1. 操作间清场合格有《清场合格证》并在有效期内
2. 检查设备状态是否完好
3. 检查操作间温湿度是否在规定范围内
（温度：18~26℃，湿度：45%~60%）
4. 检查模具是否已清洁并在有效期内
5. 检查压缩空气和真空度是否符合要求
6. 检查电子天平是否在校验有效期内</td><td>是□　否□
是□　否□
温度________
RH________
是□　否□
是□　否□
是□　否□
是□　否□</td><td>操作人：
复核人：</td></tr>
<tr><td rowspan="5">生产操作过程</td><td>领料</td><td>按批生产指令领取 2# 胶囊和颗粒</td><td>2# 胶囊________粒
颗粒________kg</td><td rowspan="5">操作人：
复核人：</td></tr>
<tr><td>装模具</td><td>装上 2# 模具</td><td>模具________#</td></tr>
<tr><td>充填</td><td>启动电源，设定运行参数
试充填调整好装量后，开始充填</td><td>理论装量
________g/ 粒</td></tr>
<tr><td>质量检查</td><td>每 20min 检查一次装量
崩解时限一次以上
随时检查胶囊的外观质量</td><td>见装量差异检查表</td></tr>
<tr><td>抛光</td><td>启动胶囊抛光机开始抛光</td><td>是□　　否□</td></tr>
</table>

<table>
<tr><td></td><td>领用量
A</td><td>成品量
B</td><td>废品量
C</td><td>剩余量
D</td><td>收率 E=
B/(A−D)</td><td>物料平衡 F=
(B+C)/(A−D)</td><td rowspan="3">操作人：
复核人：</td></tr>
<tr><td>颗粒</td><td></td><td></td><td></td><td></td><td></td><td></td></tr>
<tr><td>胶囊</td><td></td><td></td><td></td><td></td><td></td><td></td></tr>
</table>

<table>
<tr><td rowspan="2">生产结束</td><td>设备清洁及状态标志</td><td>已完成□　　未完成□</td><td rowspan="2">操作人：
复核人：</td></tr>
<tr><td>生产场地清洁</td><td>已完成□　　未完成□</td></tr>
</table>

<table>
<tr><td rowspan="8">质量检查记录</td><td rowspan="4">外观</td><td>时间</td><td>外观质量</td><td>时间</td><td>外观质量</td></tr>
<tr><td></td><td></td><td></td><td></td></tr>
<tr><td></td><td></td><td></td><td></td></tr>
<tr><td></td><td></td><td></td><td></td></tr>
<tr><td rowspan="4">崩解时限</td><td>时间</td><td>崩解时限</td><td>时间</td><td>崩解时限</td></tr>
<tr><td></td><td></td><td></td><td></td></tr>
<tr><td></td><td></td><td></td><td></td></tr>
<tr><td></td><td></td><td></td><td></td></tr>
<tr><td>异常情况记录</td><td colspan="5"></td></tr>
<tr><td>QA</td><td colspan="5"></td></tr>
<tr><td>小组成员</td><td colspan="5"></td></tr>
</table>

附表 2-7　胶囊充填装量差异表

空心胶囊型号									#	空心胶囊平均重量										g
理论装量									g/ 粒	装量差异限度										g/ 粒
检查时间	每粒装量																			
平均装量																				
装量差异																				
结论																				
操作人						复核人								日期						

附表 2-8　铝塑包装生产记录

<table>
<tr><td>生产日期</td><td colspan="2"></td><td>班级</td><td></td><td>班组</td><td></td></tr>
<tr><td>产品名称</td><td colspan="2"></td><td>规格</td><td></td><td>批号</td><td></td></tr>
<tr><td colspan="7">主要设备</td></tr>
<tr><td colspan="7">操作依据</td></tr>
<tr><td>指令</td><td colspan="4">工艺参数</td><td>操作参数</td><td>备注</td></tr>
<tr><td>生产前准备</td><td colspan="4">1. 操作间清场合格有《清场合格证》并在有效期内
2. 检查设备状态是否完好
3. 检查操作间温湿度是否在规定范围内
（温度：18~26℃，湿度：45%~60%）
4. 检查模具是否已清洁并在有效期内</td><td>是□　否□
是□　否□
温度________
RH________
是□　否□</td><td>操作人：

复核人：</td></tr>
<tr><td rowspan="9">生产操作过程</td><td rowspan="5">领料</td><td rowspan="2">待包产品</td><td>名称</td><td>批号</td><td>数量 /kg</td><td rowspan="9">操作人：

复核人：</td></tr>
<tr><td></td><td></td><td></td></tr>
<tr><td rowspan="3">包装材料</td><td>名称</td><td>批号</td><td>数量</td></tr>
<tr><td></td><td></td><td></td></tr>
<tr><td></td><td></td><td></td></tr>
<tr><td>按工艺要求设置相应参数</td><td colspan="3">上成型板温度 ______℃
下成型板温度________℃
热封温度____________℃
压缩空气压力________MPa
运行速度____________</td><td>已完成□
未完成□</td></tr>
<tr><td rowspan="3">按岗位操作法进行铝塑包装操作</td><td colspan="3">吸泡正常
热封严密</td><td>正常□　异常□
严密□　不严□</td></tr>
<tr><td colspan="3">批号清晰</td><td>清晰□　不清□</td></tr>
<tr><td colspan="3">冲载正常</td><td>正常□　异常□</td></tr>
<tr><td rowspan="2">生产结束</td><td colspan="2">设备清洁及状态标志</td><td colspan="3">已完成□　未完成□</td><td rowspan="2">操作人：

复核人：</td></tr>
<tr><td colspan="2">生产场地清洁</td><td colspan="3">已完成□　未完成□</td></tr>
<tr><td rowspan="6">物料平衡</td><td colspan="2">包装日期</td><td colspan="2">包装数（板）</td><td colspan="2">折合数量（万粒）</td></tr>
<tr><td colspan="2"></td><td colspan="2"></td><td colspan="2"></td></tr>
<tr><td>包装材料</td><td colspan="2">领用量 /kg</td><td colspan="2">使用量 /kg</td><td>剩余量 /kg</td></tr>
<tr><td></td><td colspan="2"></td><td colspan="2"></td><td></td></tr>
<tr><td></td><td colspan="2"></td><td colspan="2"></td><td></td></tr>
<tr><td colspan="6"></td></tr>
<tr><td>异常情况记录</td><td></td><td colspan="3"></td><td colspan="2"></td></tr>
<tr><td>QA</td><td></td><td colspan="3"></td><td colspan="2"></td></tr>
<tr><td>小组成员</td><td></td><td colspan="3"></td><td colspan="2"></td></tr>
</table>

附表 2-9　压片岗位生产记录

生产日期		班级		班组	
产品名称		规格		批号	
主要设备					
操作依据					

<table>
<tr><th>指令</th><th colspan="2">工艺参数</th><th>操作参数</th><th>备注</th></tr>
<tr><td>生产前准备</td><td colspan="2">1. 操作间清场合格有《清场合格证》并在有效期内
2. 检查设备状态是否完好
3. 检查操作间温湿度是否在规定范围内
（温度：18~26℃，湿度：45%~60%）
4. 检查模具是否已清洁并在有效期内
5. 检查电子天平是否在校验有效期内</td><td>是□　否□
是□　否□
温度________
RH________
是□　否□
是□　否□</td><td>操作人：
复核人：</td></tr>
<tr><td rowspan="5">生产操作过程</td><td>领料</td><td>按生产指令领取模具和物料</td><td>冲模 φ________
颗粒________kg</td><td rowspan="5">操作人：
复核人：</td></tr>
<tr><td>装冲模</td><td>按程序安装模具，试运行转应灵活、无异常声音</td><td>已完成□ 未完成□</td></tr>
<tr><td>加料</td><td>料斗内加料，并注意保持料斗内的物料不少于 1/2</td><td>已完成□ 未完成□</td></tr>
<tr><td>试压</td><td>检查片重、硬度、崩解度、脆碎度，外观</td><td>见片剂在线检查表</td></tr>
<tr><td>压片</td><td>正常压片，至少每 15min 检查一次平均片重，每 2h 检查一次片重差异</td><td>见装量差异检查表</td></tr>
<tr><td rowspan="2">生产结束</td><td>设备清洁及状态标志</td><td colspan="2">已完成□　　未完成□</td><td rowspan="2">操作人：
复核人：</td></tr>
<tr><td>生产场地清洁</td><td colspan="2">已完成□　　未完成□</td></tr>
<tr><td>异常情况记录</td><td colspan="4"></td></tr>
<tr><td>QA</td><td colspan="4"></td></tr>
<tr><td>小组成员</td><td colspan="4"></td></tr>
</table>

附表 2-10　片剂片重差异检查表

品名									批号											
理论片重								g/ 片	片重差异限度											g/ 片
检查时间	每片片重																			
平均装量																				
装量差异																				
结论																				
操作人								复核人							日期					

附表 2-11　片剂在线检查表

<table>
<tr><td>品名</td><td colspan="2"></td><td>规格</td><td></td><td>批号</td><td colspan="2"></td></tr>
<tr><td rowspan="10">崩解时限及脆碎度检查记录</td><td>日期</td><td colspan="2">时间</td><td>崩解时限 /min</td><td>日期</td><td>时间</td><td>脆碎度 /%</td></tr>
<tr><td rowspan="9"></td><td colspan="2"></td><td></td><td rowspan="9"></td><td></td><td></td></tr>
<tr><td colspan="2"></td><td></td><td></td><td></td></tr>
<tr><td colspan="2"></td><td></td><td></td><td></td></tr>
<tr><td colspan="2"></td><td></td><td></td><td></td></tr>
<tr><td colspan="2"></td><td></td><td></td><td></td></tr>
<tr><td colspan="2"></td><td></td><td></td><td></td></tr>
<tr><td colspan="2"></td><td></td><td></td><td></td></tr>
<tr><td colspan="2"></td><td></td><td></td><td></td></tr>
<tr><td colspan="2"></td><td></td><td></td><td></td></tr>
<tr><td>桶号</td><td></td><td></td><td></td><td></td><td></td><td></td><td></td></tr>
<tr><td>净重量 /kg</td><td></td><td></td><td></td><td></td><td></td><td></td><td></td></tr>
<tr><td>数量 / 万片</td><td></td><td></td><td></td><td></td><td></td><td></td><td></td></tr>
<tr><td>总重量</td><td colspan="3">kg</td><td>总数量</td><td colspan="3">万片</td></tr>
<tr><td>回收粉头</td><td colspan="3">kg</td><td>可见损耗量</td><td colspan="3">kg</td></tr>
<tr><td>物料平衡</td><td colspan="4">物料平衡 =(片总量 + 回收粉头 + 可见损耗量)/ 领用颗粒总量 ×100%
收得率 = 实际产量(万片)/ 理论产量(万片)×100%</td><td colspan="3">操作人:
复核人:</td></tr>
<tr><td>异常情况分析</td><td colspan="7"></td></tr>
</table>

附表 2-12　包衣岗位生产记录

<table>
<tr><td>生产日期</td><td></td><td>班级</td><td></td><td>班组</td><td></td></tr>
<tr><td>产品名称</td><td></td><td>规格</td><td></td><td>批号</td><td></td></tr>
<tr><td>主要设备</td><td colspan="5"></td></tr>
<tr><td>操作依据</td><td colspan="5"></td></tr>
</table>

<table>
<tr><th>指令</th><th colspan="5">工艺参数</th><th colspan="2">操作参数</th><th>备注</th></tr>
<tr><td>生产前准备</td><td colspan="5">1. 操作间清场合格有《清场合格证》并在有效期内
2. 检查设备状态是否完好
3. 检查操作间温湿度是否在规定范围内
（温度：18~26℃，湿度：45%~60%）</td><td colspan="2">是□　否□
是□　否□
温度________
RH________</td><td>操作人：

复核人：</td></tr>
<tr><td rowspan="4">生产操作过程</td><td colspan="5">按薄膜包衣标准操作程序包衣
设定热风温度控制在 65~75℃
滚筒转速控制在 6~15r/min</td><td colspan="2">热风温度________
滚筒转速________
压缩空气________</td><td rowspan="4">操作人：

复核人：</td></tr>
<tr><td colspan="5">包衣过程中随时检查片面质量，片剂增重</td><td colspan="2">见片重差异检查表</td></tr>
<tr><td>素片重 /kg</td><td>包衣料品种</td><td>包衣料量 /kg</td><td>喷雾开始时间</td><td>喷雾结束时间</td><td>薄膜片重 /kg</td><td>薄膜片损耗 /kg</td></tr>
<tr><td></td><td></td><td></td><td></td><td></td><td></td><td></td></tr>
<tr><td rowspan="2">生产结束</td><td colspan="3">设备清洁及状态标志</td><td colspan="4">已完成□　　未完成□</td><td rowspan="2">操作人：

复核人：</td></tr>
<tr><td colspan="3">生产场地清洁</td><td colspan="4">已完成□　　未完成□</td></tr>
<tr><td colspan="2">异常情况记录</td><td colspan="7"></td></tr>
<tr><td colspan="2">QA</td><td colspan="7"></td></tr>
<tr><td colspan="2">小组成员</td><td colspan="7"></td></tr>
</table>

附表 2-13　包衣片(薄膜衣)片重差异检查表

品名									批号											
理论片重								g/片	片重差异限度											g/片
检查时间	每片片重																			
平均装量																				
装量差异																				
结论																				
操作人								复核人							日期					

附表 2-14　瓶包装岗位生产记录

<table>
<tr><td colspan="2">生产日期</td><td></td><td colspan="2">班级</td><td colspan="2"></td><td colspan="2">班组</td><td></td></tr>
<tr><td colspan="2">产品名称</td><td></td><td colspan="2">规格</td><td colspan="2"></td><td colspan="2">批号</td><td></td></tr>
<tr><td colspan="10">主要设备</td></tr>
<tr><td colspan="10">操作依据</td></tr>
<tr><td>指令</td><td colspan="6">工艺参数</td><td colspan="2">操作参数</td><td>备注</td></tr>
<tr><td>生产前准备</td><td colspan="6">1. 操作间清场合格有《清场合格证》并在有效期内
2. 检查设备状态是否完好
3. 检查操作间温湿度是否在规定范围内
（温度：18~26℃，湿度：45%~60%）</td><td colspan="2">是□　否□
是□　否□
是□　否□
温度________
RH________</td><td>操作人：
复核人：</td></tr>
<tr><td rowspan="10">生产操作过程</td><td rowspan="5">领料</td><td colspan="3">上工序移交数量 / 万片</td><td></td><td colspan="2">理论产量 / 瓶</td><td></td><td rowspan="10">操作人：
复核人：</td></tr>
<tr><td>包材名称</td><td colspan="2">批号</td><td colspan="2">领用量</td><td>使用量</td><td>剩余量</td></tr>
<tr><td>瓶 / 个</td><td colspan="2"></td><td colspan="2"></td><td></td><td></td></tr>
<tr><td>盖 / 个</td><td colspan="2"></td><td colspan="2"></td><td></td><td></td></tr>
<tr><td>标签 / 张</td><td colspan="2"></td><td colspan="2"></td><td></td><td></td></tr>
<tr><td rowspan="5">生产</td><td colspan="7">按瓶包装标准操作规范进行操作</td></tr>
<tr><td colspan="2">装瓶开机时间</td><td>运行速度</td><td colspan="2">温度 /℃</td><td colspan="2">压力</td></tr>
<tr><td colspan="2"></td><td></td><td colspan="2"></td><td colspan="2"></td></tr>
<tr><td colspan="2">关机时间</td><td>包装数量 / 瓶</td><td colspan="2">回收品量 / 片</td><td colspan="2">损耗量 / 片</td></tr>
<tr><td colspan="2"></td><td></td><td colspan="2"></td><td colspan="2"></td></tr>
<tr><td rowspan="2">生产结束</td><td colspan="4">设备清洁及状态标志</td><td colspan="4">已完成□　　未完成□</td><td rowspan="2">操作人：
复核人：</td></tr>
<tr><td colspan="4">生产场地清洁</td><td colspan="4">已完成□　　未完成□</td></tr>
<tr><td colspan="3">异常情况记录</td><td colspan="7"></td></tr>
<tr><td colspan="3">QA</td><td colspan="7"></td></tr>
<tr><td colspan="3">小组成员</td><td colspan="7"></td></tr>
</table>

附表 2-15 化胶岗位生产记录

生产日期		班级		班组	
产品名称		规格		批号	
主要设备					
操作依据					

<table>
<tr><th>指令</th><th colspan="4">工艺参数</th><th colspan="2">操作参数</th><th>备注</th></tr>
<tr><td>生产前准备</td><td colspan="4">1. 操作间清场合格有《清场合格证》并在有效期内
2. 所用设备是否有设备完好证
3. 所用器具是否已清洁
4. 物料是否有物料卡
5. 是否挂上“正在生产”状态牌
6. 室内温湿度是否符合要求</td><td colspan="2">是□ 否□
是□ 否□
是□ 否□
是□ 否□
是□ 否□
温度________
RH________</td><td>操作人:
复核人:</td></tr>
<tr><td rowspan="7">生产操作过程</td><td>物料名称</td><td>物料编码</td><td>批号</td><td>检验单编号</td><td>领入量</td><td>投料量</td><td rowspan="7">操作人:
复核人:</td></tr>
<tr><td>明胶</td><td></td><td></td><td></td><td></td><td></td></tr>
<tr><td>甘油</td><td></td><td></td><td></td><td></td><td></td></tr>
<tr><td>羟苯乙酯</td><td></td><td></td><td></td><td></td><td></td></tr>
<tr><td>纯化水</td><td></td><td></td><td></td><td></td><td></td></tr>
<tr><td colspan="2">明胶 已加□
甘油 已加□
羟苯乙酯 已加□
色素 已加□</td><td>蒸汽压力/MPa</td><td>真空度/MPa</td><td>罐内温度/℃</td><td>开始加热时间
结束加热时间</td></tr>
<tr><td colspan="2">放料</td><td colspan="4">胶液总量:共 ____ 罐</td></tr>
<tr><td rowspan="4">结料</td><td>物料名称</td><td>使用量/kg</td><td>损耗量/kg</td><td>剩余量/kg</td><td colspan="2">去向</td><td rowspan="4">操作人:
复核人:</td></tr>
<tr><td>明胶</td><td></td><td></td><td></td><td colspan="2"></td></tr>
<tr><td>甘油</td><td></td><td></td><td></td><td colspan="2"></td></tr>
<tr><td>羟苯乙酯</td><td></td><td></td><td></td><td colspan="2"></td></tr>
<tr><td rowspan="2">生产结束</td><td colspan="3">设备清洁及状态标志</td><td colspan="3">已完成□ 未完成□</td><td rowspan="2">操作人:
复核人:</td></tr>
<tr><td colspan="3">生产场地清洁</td><td colspan="3">已完成□ 未完成□</td></tr>
<tr><td colspan="2">异常情况记录</td><td colspan="6"></td></tr>
<tr><td colspan="2">QA</td><td colspan="6"></td></tr>
<tr><td colspan="2">小组成员</td><td colspan="6"></td></tr>
</table>

附表 2-16　软胶囊配料生产记录

生产日期		班级		班组	
产品名称		规格		批号	
主要设备					
操作依据					

指令	工艺参数	操作参数	备注
生产前准备	1. 操作间清场合格有《清场合格证》并在有效期内 2. 所用设备是否有设备完好证 3. 所用器具是否已清洁 4. 物料是否有物料卡 5. 是否挂上“正在生产”状态牌 6. 室内温湿度是否符合要求	是□　否□ 是□　否□ 是□　否□ 是□　否□ 是□　否□ 温度________ RH________	操作人: 复核人:
生产操作过程	按生产指令领取物料，复核各物料的品名、规格、数量	物料 1________kg 物料 2________kg 物料 3________kg	操作人: 复核人:
	将固体物料分别粉碎，过 100 目筛	已粉碎　□ 已过筛　□	
	液体物料过滤后加入调配罐中	已过滤　□	
	将固体物料按一定的顺序加入调配罐中，与液体物料混匀	物料 1、2、3 已加入　□ 已混匀　□	
	将混合物料加入胶体磨或乳化罐中，进行研磨或乳化	已研磨　□ 已乳化　□	
	将研磨或乳化后得到的药液过滤后用干净容器盛装，标明品名、规格、批号、数量	已标明　□	
生产结束	设备清洁及状态标志	已完成□　未完成□	操作人: 复核人:
	生产场地清洁	已完成□　未完成□	
异常情况记录			
QA			
小组成员			

附表 2-17　软胶囊压制岗位生产记录

<table>
<tr><td>生产日期</td><td></td><td>班级</td><td></td><td>班组</td><td></td></tr>
<tr><td>产品名称</td><td></td><td>规格</td><td></td><td>批号</td><td></td></tr>
<tr><td>主要设备</td><td colspan="5"></td></tr>
<tr><td>操作依据</td><td colspan="5"></td></tr>
</table>

<table>
<tr><th>指令</th><th colspan="3">工艺参数</th><th>操作参数</th><th>备注</th></tr>
<tr><td>生产前准备</td><td colspan="3">1. 操作间清场合格有《清场合格证》并在有效期内
2. 所用设备是否有设备完好证
3. 所用器具是否已清洁
4. 物料是否有物料卡
5. 是否挂上“正在生产”状态牌
6. 室内温湿度是否符合要求</td><td>是□　否□
是□　否□
是□　否□
是□　否□
是□　否□
温度 ______
RH________</td><td rowspan="3">操作人：
复核人：</td></tr>
<tr><td rowspan="2">物料</td><td colspan="3">内容物　　　　数量：　　kg</td><td>在储存期内：是□　否□</td></tr>
<tr><td colspan="3">胶液</td><td>在储存期内：是□　否□</td></tr>
<tr><td colspan="5">喷体编号：　　　　　　模具编号：</td><td></td></tr>
<tr><td rowspan="10">软胶囊压制</td><td>喷体温度 /℃</td><td></td><td></td><td></td><td></td></tr>
<tr><td>左胶盒温度 /℃</td><td></td><td></td><td></td><td></td></tr>
<tr><td>右胶盒温度 /℃</td><td></td><td></td><td></td><td></td></tr>
<tr><td>胶液批号</td><td></td><td></td><td></td><td></td></tr>
<tr><td>胶皮厚度</td><td>符合规定□</td><td>符合规定□</td><td>符合规定□</td><td>符合规定□</td></tr>
<tr><td>操作人</td><td></td><td></td><td></td><td></td></tr>
<tr><td>复核人</td><td></td><td></td><td></td><td></td></tr>
<tr><td>日期 / 班次</td><td>日 /　班</td><td>日 /　班</td><td>日 /　班</td><td>日 /　班</td></tr>
<tr><td colspan="3">合计本批耗用胶液：　　　　罐</td><td colspan="2">记录人：</td></tr>
<tr><td>平均丸重：　　g</td><td>废丸重：　　kg</td><td>复核人：</td><td colspan="2">日期：</td></tr>
<tr><td rowspan="2">生产结束</td><td colspan="2">设备清洁及状态标志</td><td colspan="2">已完成□　未完成□</td><td rowspan="2">操作人：
复核人：</td></tr>
<tr><td colspan="2">生产场地清洁</td><td colspan="2">已完成□　未完成□</td></tr>
<tr><td colspan="2">异常情况记录</td><td colspan="4"></td></tr>
<tr><td colspan="2">QA</td><td colspan="4"></td></tr>
<tr><td colspan="2">小组成员</td><td colspan="4"></td></tr>
</table>

附表 2-18　软胶囊干燥清洗岗位生产记录

<table>
<tr><td>生产日期</td><td></td><td>班级</td><td></td><td>班组</td><td></td></tr>
<tr><td>产品名称</td><td></td><td>规格</td><td></td><td>批号</td><td></td></tr>
<tr><td colspan="6">主要设备</td></tr>
<tr><td colspan="6">操作依据</td></tr>
</table>

<table>
<tr><th>指令</th><th colspan="4">工艺参数</th><th colspan="2">操作参数</th><th>备注</th></tr>
<tr><td>生产前准备</td><td colspan="4">1. 操作间清场合格有《清场合格证》并在有效期内
2. 所用设备是否有设备完好证
3. 所用器具是否已清洁
4. 物料是否有物料卡
5. 是否挂上“正在生产”状态牌
6. 室内温湿度是否符合要求</td><td colspan="2">是□　否□
是□　否□
是□　否□
是□　否□
是□　否□
温度________
RH________</td><td>操作人：

复核人：</td></tr>
<tr><td rowspan="9">生产操作</td><td colspan="7">自开始时间每 2h 记录一次干燥条件</td></tr>
<tr><td>记录时间（时：分）</td><td>室温 /℃</td><td>相对湿度 /%</td><td colspan="2">记录时间（时：分）</td><td>室温 /℃</td><td>相对湿度 /%</td></tr>
<tr><td></td><td></td><td></td><td colspan="2"></td><td></td><td></td></tr>
<tr><td></td><td></td><td></td><td colspan="2"></td><td></td><td></td></tr>
<tr><td></td><td></td><td></td><td colspan="2"></td><td></td><td></td></tr>
<tr><td></td><td></td><td></td><td colspan="2"></td><td></td><td></td></tr>
<tr><td>干燥开始时间</td><td colspan="4">年　月　日　时　分</td><td colspan="2">记录人</td></tr>
<tr><td>干燥结束时间</td><td colspan="4">年　月　日　时　分</td><td colspan="2">记录人</td></tr>
<tr><td colspan="2">累计收丸总数：　　桶　　kg</td><td colspan="2">平均丸重：　　g</td><td colspan="3">废丸重：　　kg</td></tr>
<tr><td>物料平衡</td><td colspan="7">物料平衡限度：
$\text{实际产量}=\frac{\text{收丸总重}+\text{废丸重}}{\text{平均丸重}}\text{（干燥工序）}+\frac{\text{废丸重}}{\text{平均丸重}}\text{（压制工艺）}$
=
$\text{理论产量}=\frac{\text{配制后总量}}{\text{每丸理论内容物重}}$
=
$\text{物料平衡}=\frac{\text{实际产量}}{\text{理论产量}}\times 100\%=$

计算人：　　年　　月　　日</td></tr>
<tr><td rowspan="2">生产结束</td><td colspan="3">设备清洁及状态标志</td><td colspan="3">已完成□　未完成□</td><td rowspan="2">操作人：

复核人：</td></tr>
<tr><td colspan="3">生产场地清洁</td><td colspan="3">已完成□　未完成□</td></tr>
<tr><td colspan="2">异常情况记录</td><td colspan="6"></td></tr>
<tr><td colspan="2">QA</td><td colspan="6"></td></tr>
<tr><td colspan="2">小组成员</td><td colspan="6"></td></tr>
</table>

附表 2-19　固体制剂车间清场记录

清场日期：

产品名称：		规格：	批号：	班次：
清场内容及要求		工艺员检查情况	质监员检查情况	备注
1	设备及部件内外清洁，无异物，拆卸部件清洁	□ 符合 □ 不符合	□ 符合 □ 不符合	
2	无废弃物，无本批遗留物	□ 符合 □ 不符合	□ 符合 □ 不符合	
3	门窗玻璃、墙面、天花板清洁，无尘	□ 符合 □ 不符合	□ 符合 □ 不符合	
4	地面清洁，无积水	□ 符合 □ 不符合	□ 符合 □ 不符合	
5	容器具清洁无异物，摆放整齐	□ 符合 □ 不符合	□ 符合 □ 不符合	
6	灯具、开关、管道清洁，无灰尘	□ 符合 □ 不符合	□ 符合 □ 不符合	
7	收集袋清洁	□ 符合 □ 不符合	□ 符合 □ 不符合	
8	卫生洁具清洁，按定置放置	□ 符合 □ 不符合	□ 符合 □ 不符合	
9	地漏清洁，消毒	□ 符合 □ 不符合	□ 符合 □ 不符合	
结论				
清场人：			QA：	

附录 3

注射剂生产实训记录

附表 3-1　制水（纯化水）岗位生产记录

<table>
<tr><td>生产日期</td><td colspan="2"></td><td>班级</td><td></td><td>班组</td><td></td></tr>
<tr><td>开始时间</td><td colspan="2"></td><td>结束时间</td><td></td><td>主要设备</td><td></td></tr>
<tr><td colspan="7">操作依据</td></tr>
<tr><td>指令</td><td colspan="2">工艺参数</td><td colspan="3">操作参数</td><td>备注</td></tr>
<tr><td>生产前准备</td><td colspan="2">1. 操作间清场合格有《清场合格证》并在有效期内
2. 所用设备是否有设备完好证
3. 所用器具是否已清洁
4. 物料是否有物料卡
5. 是否挂上“正在生产”状态牌
6. 检查各管道，保证各管道畅通
7. 室内温湿度是否符合要求</td><td colspan="3">是□　否□
是□　否□
是□　否□
是□　否□
是□　否□
是□　否□
温度________ RH________</td><td>操作人：
复核人：</td></tr>
<tr><td rowspan="8">生产操作过程</td><td colspan="2" rowspan="3">预处理系统反冲 15min，沉淀 3min 后观察水的澄清度</td><td colspan="3">石英砂过滤器反冲时间：　澄清度：</td><td rowspan="8">操作人：
复核人：</td></tr>
<tr><td colspan="3">活性炭过滤器反冲时间：　澄清度：</td></tr>
<tr><td colspan="3">离子交换器反冲时间：　澄清度：</td></tr>
<tr><td colspan="2" rowspan="5">开反渗透制水机</td><td colspan="3">工作压力：
一级：　MPa；二级：　MPa</td></tr>
<tr><td colspan="3">排浓压力：
一级：　MPa；二级：　MPa</td></tr>
<tr><td colspan="3">浓水流量：
一级：　LPM；二级：　LPM</td></tr>
<tr><td colspan="3">纯水流量：
一级：　LPM；二级：　LPM</td></tr>
<tr><td colspan="3">电导率：
一级：　μs/cm；二级：　μs/cm</td></tr>
<tr><td>质量检验</td><td colspan="2">按《中国药典》（2015 年版）方法检测</td><td colspan="3">酸碱度：　氯离子：
铵盐：</td><td>操作人：
复核人：</td></tr>
<tr><td rowspan="3">生产结束</td><td colspan="2">纯化水产量</td><td colspan="3"></td><td rowspan="3">操作人：
复核人：</td></tr>
<tr><td colspan="2">生产场地清洁</td><td colspan="3">已完成□　未完成□</td></tr>
<tr><td colspan="2">设备清洁及状态标志</td><td colspan="3">已完成□　未完成□</td></tr>
<tr><td>异常情况记录</td><td colspan="6"></td></tr>
<tr><td>QA</td><td colspan="6"></td></tr>
<tr><td>小组成员</td><td colspan="6"></td></tr>
</table>

附表 3-2　注射用水制水岗位生产记录

<table>
<tr><td colspan="2">生产日期</td><td colspan="2"></td><td colspan="2">班级</td><td colspan="2"></td><td colspan="2">班组</td><td></td></tr>
<tr><td colspan="2">开始时间</td><td colspan="2"></td><td colspan="2">结束时间</td><td colspan="2"></td><td colspan="2">主要设备</td><td></td></tr>
<tr><td colspan="11">操作依据</td></tr>
<tr><td>指令</td><td colspan="7">工艺参数</td><td colspan="2">操作参数</td><td>备注</td></tr>
<tr><td>生产前准备</td><td colspan="7">1. 操作间清场合格有《清场合格证》并在有效期内
2. 所用设备是否有设备完好证
3. 所用器具是否已清洁
4. 物料是否有物料卡
5. 是否挂上“正在生产”状态牌
6. 室内温湿度是否符合要求
7. 检查水、电、气是否正常
8. 检查蒸汽压力</td><td colspan="2">是□　否□
是□　否□
是□　否□
是□　否□
是□　否□
温度_____RH_____
是□　否□
蒸汽____MPa</td><td>操作人：
复核人：</td></tr>
<tr><td rowspan="7">生产操作过程</td><td rowspan="7">按照多效蒸馏水机标准操作程序进行</td><td colspan="4">预热</td><td colspan="4">______________min</td><td rowspan="7">操作人：
复核人：</td></tr>
<tr><td colspan="4">原料水进水压力
原料水进水流量
进水气动阀打开时的标准进水流量
冷却水进水压力</td><td colspan="4">______________MPa
______________LPM
______________LPM
______________MPa</td></tr>
<tr><td></td><td>时间</td><td>蒸汽压力 /MPa</td><td>蒸馏水温度 /℃</td><td>蒸馏水电阻率 /（MΩ，95℃）</td><td>纯蒸汽温度 /℃</td><td>储罐注射用水温度 /℃</td><td>循环回水温度 /℃</td></tr>
<tr><td>标准</td><td></td><td>0.3</td><td>95</td><td>1</td><td>120</td><td>80</td><td>65</td></tr>
<tr><td>①</td><td></td><td></td><td></td><td></td><td></td><td></td><td></td></tr>
<tr><td>②</td><td></td><td></td><td></td><td></td><td></td><td></td><td></td></tr>
<tr><td>③</td><td></td><td></td><td></td><td></td><td></td><td></td><td></td></tr>
<tr><td>质量检验</td><td colspan="5">按《中国药典》（2015 年版）方法检测</td><td colspan="4">pH：　　　　　　氯离子：
铵盐：　　　　　内毒素：</td><td>操作人：
复核人：</td></tr>
<tr><td rowspan="3">生产结束</td><td colspan="5">注射用水产量</td><td colspan="4"></td><td rowspan="3">操作人：
复核人：</td></tr>
<tr><td colspan="5">生产场地清洁</td><td colspan="4">已完成□　未完成□</td></tr>
<tr><td colspan="5">设备清洁及状态标志</td><td colspan="4">已完成□　未完成□</td></tr>
<tr><td colspan="3">异常情况记录</td><td colspan="8"></td></tr>
<tr><td colspan="3">QA</td><td colspan="8"></td></tr>
<tr><td colspan="3">小组成员</td><td colspan="8"></td></tr>
</table>

附表 3-3 配制岗位生产记录

<table>
<tr><td>生产日期</td><td></td><td>班级</td><td></td><td>班组</td><td></td></tr>
<tr><td>产品名称</td><td></td><td>规格</td><td></td><td>批号</td><td></td></tr>
<tr><td>数量</td><td></td><td>主要设备</td><td colspan="3"></td></tr>
<tr><td>操作依据</td><td colspan="5"></td></tr>
<tr><td>指令</td><td colspan="2">工艺参数</td><td colspan="2">操作参数</td><td>备注</td></tr>
<tr><td rowspan="2">生产前准备</td><td colspan="2">1. 操作间清场合格有《清场合格证》并在有效期内
2. 所用设备是否有设备完好证
3. 所用器具是否已清洁
4. 物料是否有物料卡
5. 是否挂上“正在生产”状态牌
6. 检查衡器是否正常且在校验有效期内
7. 室内温湿度是否符合要求</td><td colspan="2">是□ 否□
是□ 否□
是□ 否□
是□ 否□
是□ 否□
是□ 否□
温度________RH________</td><td>操作人：
复核人：</td></tr>
<tr><td colspan="2">物料核对
1. 领取及核对原辅料名称、规格、批号、数量
2. 检查化验合格单</td><td colspan="2">氯化钠批号：
规格：
数量：
有□ 无□</td><td>操作人：
复核人：</td></tr>
<tr><td rowspan="8">生产操作过程</td><td colspan="2">清洗配液罐
检查管道排放及过滤器材状况</td><td colspan="2">是□ 否□
是□ 否□</td><td rowspan="8">操作人：
复核人：</td></tr>
<tr><td colspan="2">计算投料量</td><td colspan="2">投氯化钠量：</td></tr>
<tr><td colspan="2">按工艺规程配液</td><td colspan="2">开始投料时间：</td></tr>
<tr><td colspan="2">过滤循环</td><td colspan="2">是□ 否□</td></tr>
<tr><td rowspan="3">取样检测</td><td>含量范围：
0.85%~0.95%(g/ml)</td><td colspan="2">含量：
补料(或稀释)：</td></tr>
<tr><td>pH 范围：
4.5~7.0</td><td colspan="2">pH：
加酸(或加碱)：</td></tr>
<tr><td>澄明度是否合格</td><td colspan="2">是□ 否□</td></tr>
<tr><td colspan="2">将药液送至灌封机</td><td colspan="2">是□ 否□</td></tr>
<tr><td rowspan="4">生产结束</td><td>配料锅及管道清洗</td><td colspan="3">已完成□ 未完成□</td><td rowspan="4">操作人：
复核人：</td></tr>
<tr><td>过滤器拆卸及过滤棒清洗</td><td colspan="3">已完成□ 未完成□</td></tr>
<tr><td>场地清洁</td><td colspan="3">已完成□ 未完成□</td></tr>
<tr><td>清场合格记录</td><td colspan="3">已完成□ 未完成□</td></tr>
<tr><td>异常情况记录</td><td colspan="5"></td></tr>
<tr><td>QA</td><td colspan="5"></td></tr>
<tr><td>小组成员</td><td colspan="5"></td></tr>
</table>

附表 3-4　安瓿理瓶生产岗位记录

<table>
<tr><td>生产日期</td><td></td><td>班级</td><td></td><td>班组</td><td></td></tr>
<tr><td>产品名称</td><td></td><td>来源</td><td colspan="3"></td></tr>
<tr><td>规格</td><td></td><td>批号</td><td></td><td>数量</td><td></td></tr>
<tr><td>操作依据</td><td colspan="5"></td></tr>
<tr><td>指令</td><td colspan="2">工艺参数</td><td colspan="2">结果</td><td>备注</td></tr>
<tr><td rowspan="6">生产前准备</td><td colspan="2">1. 操作间清场合格有《清场合格证》并在有效期内
2. 所用器具是否已清洁
3. 物料是否有物料卡
4. 是否挂上“正在生产”状态牌
5. 室内温湿度是否符合要求</td><td colspan="2">是□　否□
是□　否□
是□　否□
是□　否□
温度 ______
RH________</td><td>操作人：
复核人：</td></tr>
<tr><td rowspan="5">安瓿核对</td><td>按生产指令领取安瓿</td><td colspan="2">是□　否□</td><td rowspan="5">操作人：
复核人：</td></tr>
<tr><td>外包装检查完好</td><td colspan="2">是□　否□</td></tr>
<tr><td>种类(规格)</td><td colspan="2"></td></tr>
<tr><td>数量</td><td colspan="2"></td></tr>
<tr><td>合格证(检验报告单)</td><td colspan="2">有□　无□</td></tr>
<tr><td rowspan="3">生产操作</td><td colspan="2">拆除外包装,取出小包装盒,将安瓿瓶翻覆于理瓶盘中</td><td colspan="2">已完成□　未完成□</td><td rowspan="3">操作人：
复核人：</td></tr>
<tr><td colspan="2">排齐排紧</td><td colspan="2">已完成□　未完成□</td></tr>
<tr><td colspan="2">传递窗送瓶</td><td colspan="2">紫外线消毒
(　　)min</td></tr>
<tr><td rowspan="4">生产结束</td><td colspan="2">内外包装清理</td><td colspan="2">已完成□　未完成□</td><td rowspan="4">操作人：
复核人：</td></tr>
<tr><td colspan="2">理瓶桌清洁</td><td colspan="2">已完成□　未完成□</td></tr>
<tr><td colspan="2">操作场地清洁</td><td colspan="2">已完成□　未完成□</td></tr>
<tr><td colspan="2">清场合格记录</td><td colspan="2">已完成□　未完成□</td></tr>
<tr><td>异常情况记录</td><td colspan="5"></td></tr>
<tr><td>QA</td><td colspan="5"></td></tr>
<tr><td>小组成员</td><td colspan="5"></td></tr>
</table>

附表 3-5　安瓿洗瓶生产岗位记录

<table>
<tr><td>生产日期</td><td></td><td>班级</td><td></td><td>班组</td><td></td></tr>
<tr><td>产品名称</td><td></td><td>规格</td><td></td><td>数量</td><td></td></tr>
<tr><td>主要设备</td><td colspan="2"></td><td>操作依据</td><td colspan="2"></td></tr>
</table>

<table>
<tr><td>指令</td><td colspan="2">工艺参数</td><td>操作参数</td><td>备注</td></tr>
<tr><td rowspan="3">生产前准备</td><td colspan="2">1. 操作间清场合格有《清场合格证》并在有效期内
2. 所用设备是否有设备完好证
3. 所用器具是否已清洁
4. 物料是否有物料卡
5. 是否挂上“正在生产”状态牌
6. 室内温湿度是否符合要求</td><td>是□　否□
是□　否□
是□　否□
是□　否□
是□　否□
温度 ______
RH________</td><td rowspan="3">操作人：

复核人：</td></tr>
<tr><td rowspan="2">安瓿核对</td><td>核对种类（规格）</td><td>种类：__________
规格：__________</td></tr>
<tr><td>数量</td><td>数量：__________ 支</td></tr>
<tr><td rowspan="6">生产操作过程</td><td colspan="2">超声波清洗机水槽放纯化水
精洗机淋瓶机水槽放注射用水</td><td>已完成□　未完成□
已完成□　未完成□</td><td rowspan="6">操作人：

复核人：</td></tr>
<tr><td colspan="2">从传递窗接收安瓿</td><td>紫外线消毒（　）min</td></tr>
<tr><td colspan="2">超声波洗涤（粗洗）：
定时器设置 ____s
水温设置 ______℃</td><td>开始时间：
结束时间：
水温：</td></tr>
<tr><td colspan="2">甩水</td><td>已完成□　未完成□</td></tr>
<tr><td colspan="2">精洗、甩水</td><td>已完成□　未完成□</td></tr>
<tr><td colspan="2">灭菌干燥
设定灭菌温度
设定灭菌时间</td><td>温度：
开始时间：
结束时间：</td></tr>
<tr><td>质量控制</td><td colspan="2">粗洗后可见异物检查
粗洗后破损率
精洗后可见异物检查
精洗后破损率</td><td>合格□　不合格□
破损率 ________
合格□　不合格□
破损率 ________</td><td>操作人：

复核人：</td></tr>
<tr><td rowspan="3">生产结束</td><td colspan="2">设备清洁及状态标志</td><td>已完成□　未完成□</td><td rowspan="3">操作人：

复核人：</td></tr>
<tr><td colspan="2">生产场地清洁</td><td>已完成□　未完成□</td></tr>
<tr><td colspan="2">清场合格记录</td><td>已完成□　未完成□</td></tr>
<tr><td colspan="2">异常情况记录</td><td colspan="3"></td></tr>
<tr><td colspan="2">QA</td><td colspan="3"></td></tr>
<tr><td colspan="2">小组成员</td><td colspan="3"></td></tr>
</table>

附表 3-6　灌封岗位生产记录

生产日期		班级		班组	
产品名称		规格		批号	
数量		主要设备			
操作依据					

<table>
<tr><td>指令</td><td colspan="2">工艺参数</td><td>操作参数</td><td>备注</td></tr>
<tr><td rowspan="3">生产前准备</td><td colspan="2">1. 操作间清场合格有《清场合格证》并在有效期内
2. 所用设备是否有设备完好证
3. 所用器具是否已清洁
4. 物料是否有物料卡
5. 是否挂上“正在生产”状态牌
6. 室内温湿度是否符合要求</td><td>是□　否□
是□　否□
是□　否□
是□　否□
是□　否□
温度 ______
RH________</td><td rowspan="3">操作人：
复核人：</td></tr>
<tr><td rowspan="2">物料核对</td><td>核对安瓿种类（规格）及数量</td><td>种类 ______
规格 ______ 数量 ____</td></tr>
<tr><td>核对药液（品名、规格、数量）</td><td>品名 ______
规格 ______ 数量 ____</td></tr>
<tr><td rowspan="6">生产操作过程</td><td colspan="2">手摇灌封机，检查齿轮板、针头与安瓿的协调性</td><td>已完成□　未完成□</td><td rowspan="6">操作人：
复核人：</td></tr>
<tr><td colspan="2">安瓿放入料斗</td><td>已完成□　未完成□</td></tr>
<tr><td colspan="2">药液充盈管道及压出气泡
预调装量</td><td>已完成□　未完成□
装量调节（　）ml</td></tr>
<tr><td colspan="2">火焰调节</td><td>已完成□　未完成□</td></tr>
<tr><td colspan="2">正常运作
随时抽查装量</td><td>开始时间：
结束时间：
已完成□　未完成□</td></tr>
<tr><td colspan="2">将产品放于灌封盘中，标明品名、规格、批号、数量</td><td>已完成□　未完成□</td></tr>
<tr><td>质量控制</td><td colspan="2">装量检查
封口质量检验</td><td>装量 ______
封口质量 ______</td><td>操作人：
复核人：</td></tr>
<tr><td rowspan="4">生产结束</td><td colspan="2">灌封数</td><td>灌封总数：</td><td rowspan="4">操作人：
复核人：</td></tr>
<tr><td colspan="2">各容器及设备清洁（保养）及状态标志</td><td>已完成□　未完成□</td></tr>
<tr><td colspan="2">生产场地清洁</td><td>已完成□　未完成□</td></tr>
<tr><td colspan="2">清场合格记录</td><td>已完成□　未完成□</td></tr>
<tr><td colspan="2">异常情况记录</td><td colspan="3"></td></tr>
<tr><td colspan="2">指导老师</td><td colspan="3"></td></tr>
<tr><td colspan="2">小组成员</td><td colspan="3"></td></tr>
</table>

附表 3-7　灭菌岗位生产记录

<table>
<tr><td>生产日期</td><td colspan="2"></td><td>班级</td><td></td><td>班组</td><td></td></tr>
<tr><td>产品名称</td><td colspan="2"></td><td>规格</td><td></td><td>批号</td><td></td></tr>
<tr><td>数量</td><td colspan="2"></td><td>主要设备</td><td colspan="3"></td></tr>
<tr><td>操作依据</td><td colspan="6"></td></tr>
<tr><td>指令</td><td colspan="2">工艺参数</td><td colspan="2">操作参数</td><td colspan="2">备注</td></tr>
<tr><td rowspan="2">生产前准备</td><td colspan="2">1. 操作间清场合格有《清场合格证》并在有效期内
2. 所用设备是否有设备完好证
3. 所用器具是否已清洁
4. 物料是否有物料卡
5. 是否挂上“正在生产”状态牌
6. 室内温湿度是否符合要求</td><td colspan="2">是□　否□
是□　否□
是□　否□
是□　否□
是□　否□
温度 ______
RH______</td><td colspan="2" rowspan="2">操作人：
复核人：</td></tr>
<tr><td>物料核对</td><td>核对灌封产品的品名、规格、批号及数量</td><td colspan="2">品名 ______
规格 _____ 批号 ______
数量 ______</td></tr>
<tr><td rowspan="5">生产操作过程</td><td colspan="2">打开真空开关，真空表显示压力，打开灭菌柜前门，将灌封产品放入灭菌柜</td><td colspan="2">真空压力：
已完成□　未完成□</td><td colspan="2" rowspan="5">操作人：
复核人：</td></tr>
<tr><td colspan="2">设定灭菌温度、时间及程序</td><td colspan="2">灭菌温度：
灭菌时间：
程序：</td></tr>
<tr><td colspan="2">按要求设置工号、批号</td><td colspan="2">工号：
批号：</td></tr>
<tr><td colspan="2">灭菌进行</td><td colspan="2">灭菌温度：
灭菌开始时间：
保温开始时间：
保温结束时间：</td></tr>
<tr><td colspan="2">灭菌结束打开后面，将灭菌后产品取出</td><td colspan="2">已完成□　未完成□</td></tr>
<tr><td rowspan="3">生产结束</td><td colspan="2">各容器及设备清洁及状态标志</td><td colspan="2">已完成□　未完成□</td><td colspan="2" rowspan="3">操作人：
复核人：</td></tr>
<tr><td colspan="2">生产场地清洁</td><td colspan="2">已完成□　未完成□</td></tr>
<tr><td colspan="2">清场合格记录</td><td colspan="2">已完成□　未完成□</td></tr>
<tr><td>异常情况记录</td><td colspan="6"></td></tr>
<tr><td>QA</td><td colspan="6"></td></tr>
<tr><td>小组成员</td><td colspan="6"></td></tr>
</table>

附表 3-8　灯检岗位生产记录

<table>
<tr><td>生产日期</td><td colspan="2"></td><td>班级</td><td></td><td>班组</td><td></td></tr>
<tr><td>产品名称</td><td colspan="2"></td><td>开始时间</td><td></td><td>结束时间</td><td></td></tr>
<tr><td>产量</td><td colspan="2"></td><td>主要设备</td><td colspan="3"></td></tr>
<tr><td>操作依据</td><td colspan="6"></td></tr>
<tr><td>指令</td><td colspan="2">工艺参数</td><td colspan="3">操作参数</td><td>备注</td></tr>
<tr><td rowspan="2">生产前准备</td><td colspan="2">1. 操作间清场合格有《清场合格证》并在有效期内
2. 所用设备是否有设备完好证
3. 所用器具是否已清洁
4. 物料是否有物料卡
5. 是否挂上“正在生产”状态牌
6. 室内温湿度是否符合要求</td><td colspan="3">是□　否□
是□　否□
是□　否□
是□　否□
是□　否□
温度 ______
RH________</td><td rowspan="2">操作人:
复核人:</td></tr>
<tr><td>物料核对</td><td>核对待灯检产品的品名、规格、批号及数量</td><td colspan="3">品名 ______
规格 _____ 批号 ______
数量 ______</td></tr>
<tr><td rowspan="2">生产操作</td><td colspan="2">灯检室要求:暗室
灯检台要求:不反光黑色背景
光照度:1 000~1 500lx
检员裸视力:4.9 以上且无色盲
休息 15min/2h</td><td colspan="3">已完成□　未完成□
已完成□　未完成□
光照度 _________
是□　否□
是□　否□</td><td rowspan="2">操作人:
复核人:</td></tr>
<tr><td colspan="2">按要求逐支灯检
方法:取待灯检产品擦净容器外壁,轻轻旋转和翻转容器使药液中存在的可见异物悬浮(除气泡),挑出次品并分类</td><td colspan="3">灯检总数:_____
次品数:______
合格率:______
次品分类如下:
白块(点):_____
纤维:_________
玻璃:_________
色点(块):_____
装量:________
其他:________</td></tr>
<tr><td rowspan="3">生产结束</td><td colspan="2">灯检台清洁及清查遗漏产品</td><td colspan="3">已完成□　未完成□</td><td rowspan="3">操作人:
复核人:</td></tr>
<tr><td colspan="2">生产场地清洁</td><td colspan="3">已完成□　未完成□</td></tr>
<tr><td colspan="2">清场合格记录</td><td colspan="3">已完成□　未完成□</td></tr>
<tr><td>异常情况记录</td><td colspan="6"></td></tr>
<tr><td>QA</td><td colspan="6"></td></tr>
<tr><td>小组成员</td><td colspan="6"></td></tr>
</table>

附表 3-9 印包岗位生产记录

<table>
<tr><td>生产日期</td><td colspan="2"></td><td>班级</td><td></td><td>班组</td><td></td></tr>
<tr><td>产品名称</td><td colspan="2"></td><td>开始时间</td><td></td><td>结束时间</td><td></td></tr>
<tr><td>产量</td><td colspan="2"></td><td>主要设备</td><td colspan="3"></td></tr>
<tr><td>操作依据</td><td colspan="6"></td></tr>
<tr><td>指令</td><td colspan="3">工艺参数</td><td colspan="2">操作参数</td><td>备注</td></tr>
<tr><td rowspan="3">生产前准备</td><td colspan="3">1. 操作间清场合格有《清场合格证》并在有效期内
2. 所用设备是否有设备完好证
3. 所用器具是否已清洁
4. 物料是否有物料卡
5. 是否挂上"正在生产"状态牌
6. 室内温湿度是否符合要求</td><td colspan="2">是□ 否□
是□ 否□
是□ 否□
是□ 否□
是□ 否□
温度 ______
RH________</td><td rowspan="3">操作人：
复核人：</td></tr>
<tr><td rowspan="2">物料核对</td><td colspan="2">核对铜板及待印字产品的品名、规格、批号及数量</td><td colspan="2">品名 ______
规 格 _____ 批 号 ______
数量 ______</td></tr>
<tr><td colspan="2">领取包装材料，核对标签的品名、规格、批号、数量是否与待包装产品一致</td><td colspan="2">盒子领用数：
标签领用数：
是□ 否□</td></tr>
<tr><td rowspan="4">生产操作过程</td><td colspan="3">将铜板装于铜板轮上，调整位置</td><td colspan="2">已完成□ 未完成□</td><td rowspan="4">操作人：
复核人：</td></tr>
<tr><td colspan="3">在油墨轮加油墨并单机操作</td><td colspan="2">已完成□ 未完成□</td></tr>
<tr><td colspan="3">联动操作</td><td colspan="2">已完成□ 未完成□</td></tr>
<tr><td colspan="3">印字包装运作</td><td colspan="2">已完成□ 未完成□</td></tr>
<tr><td rowspan="4">生产结束</td><td colspan="3">印字机及台面清洁及检查遗漏产品</td><td colspan="2">已完成□ 未完成□</td><td rowspan="4">操作人：
复核人：</td></tr>
<tr><td colspan="3">生产场地清洁</td><td colspan="2">已完成□ 未完成□</td></tr>
<tr><td colspan="3">清场合格记录</td><td colspan="2">已完成□ 未完成□</td></tr>
<tr><td colspan="3">核对包装材料</td><td colspan="2">数量：
用盒子数：
用标签数：
盒子剩余数：
标签剩余（破损）数：</td></tr>
<tr><td>异常情况记录</td><td colspan="6"></td></tr>
<tr><td>QA</td><td colspan="6"></td></tr>
<tr><td>小组成员</td><td colspan="6"></td></tr>
</table>

附表 3-10　小容量注射剂生产岗位清场记录

清场日期：　　　　　　　　　　　　　　　　　编号：

清场前产品名称：		规格：	批号：	班次：
清场内容及要求		工艺员检查情况	质监员检查情况	备注
1	设备及部件内外清洁，无异物	□ 符合 □ 不符合	□ 符合 □ 不符合	
2	无废弃物，无前批遗留物	□ 符合 □ 不符合	□ 符合 □ 不符合	
3	门窗玻璃、墙面、地面清洁，无尘	□ 符合 □ 不符合	□ 符合 □ 不符合	
4	地面清洁，无积水	□ 符合 □ 不符合	□ 符合 □ 不符合	
5	容器具清洁无异物，摆放整齐	□ 符合 □ 不符合	□ 符合 □ 不符合	
6	灯具、开关、管道清洁，无灰尘	□ 符合 □ 不符合	□ 符合 □ 不符合	
7	回风口、进风口清洁，无尘	□ 符合 □ 不符合	□ 符合 □ 不符合	
8	收集袋清洁	□ 符合 □ 不符合	□ 符合 □ 不符合	
9	卫生洁具清洁，按位置放置	□ 符合 □ 不符合	□ 符合 □ 不符合	
10	其他			
结论				
清场人				

附录 4

粉针剂（冻干型）生产实训记录

附表 4-1　西林瓶洗瓶岗位生产记录

<table>
<tr><td>生产日期</td><td colspan="2"></td><td>班级</td><td></td><td>班组</td><td></td></tr>
<tr><td>产品名称</td><td colspan="2"></td><td>规格</td><td></td><td>数量</td><td></td></tr>
<tr><td>主要设备</td><td colspan="6"></td></tr>
<tr><td>操作依据</td><td colspan="6"></td></tr>
<tr><td>指令</td><td colspan="2">工艺参数</td><td colspan="3">操作参数</td><td>备注</td></tr>
<tr><td rowspan="3">生产前准备</td><td colspan="2">1. 操作间清场合格有《清场合格证》并在有效期内
2. 所用设备是否有设备完好证
3. 所用器具是否已清洁
4. 物料是否有物料卡
5. 是否挂上“正在生产”状态牌
6. 室内温湿度是否符合要求</td><td colspan="3">是□　否□
是□　否□
是□　否□
是□　否□
是□　否□
温度 ______
RH________</td><td rowspan="3">操作人：
复核人：</td></tr>
<tr><td>西林瓶核对</td><td>与物料传递人员交接西林瓶核对种类（规格）数量</td><td colspan="3">品名 ______
规格 ____ 批号 ______
数量 ______</td></tr>
<tr><td>打开阀门，记录表压</td><td>冲瓶空气
仪表空气
打开注射用水阀门
打开纯化水阀门</td><td colspan="3">________
____
是□　否□
是□　否□</td></tr>
<tr><td rowspan="4">生产操作过程</td><td colspan="2">入口进瓶处排满瓶</td><td colspan="3">已完成□　未完成□</td><td rowspan="4">操作人：
复核人：</td></tr>
<tr><td colspan="2">循环水箱和超声波水箱加水</td><td colspan="3">已完成□　未完成□</td></tr>
<tr><td colspan="2">定时器设置
水温设置
观察压力</td><td colspan="3">开始时间：
结束时间：
定时：
水温：
压力：</td></tr>
<tr><td colspan="2">开机洗涤</td><td colspan="3">已完成□　未完成□</td></tr>
<tr><td rowspan="3">生产结束</td><td colspan="2">设备清洁及状态标志</td><td colspan="3">已完成□　未完成□</td><td rowspan="3">操作人：
复核人：</td></tr>
<tr><td colspan="2">生产场地清洁</td><td colspan="3">已完成□　未完成□</td></tr>
<tr><td colspan="2">清场合格记录</td><td colspan="3">已完成□　未完成□</td></tr>
<tr><td>异常情况记录</td><td colspan="6"></td></tr>
<tr><td>QA</td><td colspan="6"></td></tr>
<tr><td>小组成员</td><td colspan="6"></td></tr>
</table>

附表 4-2 西林瓶干燥灭菌岗位生产记录

<table>
<tr><td>生产日期</td><td></td><td>班级</td><td></td><td>班组</td><td></td></tr>
<tr><td>产品名称</td><td></td><td>规格</td><td></td><td>数量</td><td></td></tr>
<tr><td>主要设备</td><td colspan="5"></td></tr>
<tr><td>操作依据</td><td colspan="5"></td></tr>
<tr><td>指令</td><td colspan="2">工艺参数</td><td>操作参数</td><td colspan="2">备注</td></tr>
<tr><td>生产前准备</td><td colspan="2">1. 操作间清场合格有《清场合格证》并在有效期内
2. 所用设备是否有设备完好证
3. 所用器具是否已清洁
4. 物料是否有物料卡
5. 是否挂上“正在生产”状态牌
6. 室内温湿度是否符合要求</td><td>是□ 否□
是□ 否□
是□ 否□
是□ 否□
是□ 否□
温度 ______
RH________</td><td colspan="2">操作人:
复核人:</td></tr>
<tr><td rowspan="5">生产操作过程</td><td colspan="2">人工自动方式或时控控制方式启动</td><td>已完成□ 未完成□</td><td colspan="2" rowspan="5">操作人:
复核人:</td></tr>
<tr><td colspan="2">记录排风、冷却温度</td><td>已完成□ 未完成□</td></tr>
<tr><td colspan="2">记录隧道烘箱进口处与洗瓶间压差,预热段、灭菌段、冷却压差</td><td>已完成□ 未完成□</td></tr>
<tr><td colspan="2">记录灭菌段温度,网带速度,灭菌段风压</td><td>温度 ______
网带速度 ______
灭菌段风压 ______</td></tr>
<tr><td colspan="2">记录排风、进风、热风、冷却的电机速度</td><td>已完成□ 未完成□</td></tr>
<tr><td rowspan="3">生产结束</td><td colspan="2">设备清洁及状态标志</td><td>已完成□ 未完成□</td><td colspan="2" rowspan="3">操作人:
复核人:</td></tr>
<tr><td colspan="2">生产场地清洁</td><td>已完成□ 未完成□</td></tr>
<tr><td colspan="2">清场合格记录</td><td>已完成□ 未完成□</td></tr>
<tr><td>异常情况记录</td><td colspan="5"></td></tr>
<tr><td>QA</td><td colspan="5"></td></tr>
<tr><td>小组成员</td><td colspan="5"></td></tr>
</table>

附表 4-3　灌装岗位生产记录

<table>
<tr><td>生产日期</td><td></td><td>班级</td><td></td><td>班组</td><td></td></tr>
<tr><td>产品名称</td><td></td><td>规格</td><td></td><td>批号</td><td></td></tr>
<tr><td>数量</td><td></td><td>主要设备</td><td colspan="3"></td></tr>
<tr><td>操作依据</td><td colspan="5"></td></tr>
<tr><td>指令</td><td colspan="2">工艺参数</td><td>操作参数</td><td colspan="2">备注</td></tr>
<tr><td rowspan="4">生产前准备</td><td colspan="2">1. 操作间清场合格有《清场合格证》并在有效期内
2. 所用设备是否有设备完好证
3. 所用器具是否已清洁
4. 物料是否有物料卡
5. 是否挂上“正在生产”状态牌
6. 室内温湿度是否符合要求</td><td>是□　否□
是□　否□
是□　否□
是□　否□
是□　否□
温度 ______
RH________</td><td colspan="2" rowspan="3">操作人:
复核人:</td></tr>
<tr><td rowspan="3">物料核对</td><td>核对西林瓶种类(规格)及数量</td><td>规格 _____
数量 _____</td></tr>
<tr><td>核对药液(品名、规格、数量)</td><td>品名 _____
规格 _____
数量 _____</td></tr>
<tr><td>检查胶塞澄明度</td><td>合格□　不合格□</td><td colspan="2" rowspan="6">操作人:
复核人:</td></tr>
<tr><td rowspan="5">生产操作</td><td colspan="2">滤膜完整性测试</td><td>已完成□　未完成□</td></tr>
<tr><td colspan="2">无菌过滤</td><td>已完成□　未完成□</td></tr>
<tr><td colspan="2">预调装量</td><td>装量调节(　)ml</td></tr>
<tr><td colspan="2">开动流水线灌装</td><td>已完成□　未完成□</td></tr>
<tr><td colspan="2">将灌装及半压塞的西林瓶沿 100 级通道送入冻干机搁板</td><td>已完成□　未完成□</td></tr>
<tr><td rowspan="4">生产结束</td><td colspan="2">灌装数</td><td>灌装总数</td><td colspan="2" rowspan="4">操作人:
复核人:</td></tr>
<tr><td colspan="2">各容器及设备清洁(保养)及状态标志</td><td>已完成□　未完成□</td></tr>
<tr><td colspan="2">生产场地清洁</td><td>已完成□　未完成□</td></tr>
<tr><td colspan="2">清场合格记录</td><td>已完成□　未完成□</td></tr>
<tr><td>异常情况记录</td><td colspan="5"></td></tr>
<tr><td>QA</td><td colspan="5"></td></tr>
<tr><td>小组成员</td><td colspan="5"></td></tr>
</table>

附表 4-4　冻干岗位生产记录

<table>
<tr><td>生产日期</td><td></td><td>班级</td><td></td><td>班组</td><td></td></tr>
<tr><td>产品名称</td><td></td><td>规格</td><td></td><td>批号</td><td></td></tr>
<tr><td>数量</td><td></td><td>主要设备</td><td colspan="3"></td></tr>
<tr><td>操作依据</td><td colspan="5"></td></tr>
<tr><td>指令</td><td colspan="2">工艺参数</td><td colspan="2">操作参数</td><td>备注</td></tr>
<tr><td>生产前准备</td><td colspan="2">1. 操作间清场合格有《清场合格证》并在有效期内
2. 所用设备是否有设备完好证
3. 所用器具是否已清洁
4. 物料是否有物料卡
5. 是否挂上“正在生产”状态牌
6. 室内温湿度是否符合要求</td><td colspan="2">是□　否□
是□　否□
是□　否□
是□　否□
是□　否□
温度 ______
RH______</td><td>操作人：
复核人：</td></tr>
<tr><td rowspan="3">生产操作</td><td colspan="2">确认已放入待冻干物品</td><td colspan="2">已完成□　未完成□</td><td rowspan="3">操作人：
复核人：</td></tr>
<tr><td colspan="2">根据冻干曲线设定冻干程序</td><td colspan="2">已完成□　未完成□</td></tr>
<tr><td colspan="2">开始冻干，注意压力</td><td colspan="2">已完成□　未完成□</td></tr>
<tr><td rowspan="5">生产结束</td><td colspan="2">确认产品出箱</td><td colspan="2">已完成□　未完成□</td><td rowspan="5">操作人：
复核人：</td></tr>
<tr><td colspan="2">化霜</td><td colspan="2">已完成□　未完成□</td></tr>
<tr><td colspan="2">各容器及设备清洁（保养）及状态标志</td><td colspan="2">已完成□　未完成□</td></tr>
<tr><td colspan="2">生产场地清洁</td><td colspan="2">已完成□　未完成□</td></tr>
<tr><td colspan="2">清场合格记录</td><td colspan="2">已完成□　未完成□</td></tr>
<tr><td>异常情况记录</td><td colspan="5"></td></tr>
<tr><td>QA</td><td colspan="5"></td></tr>
<tr><td>小组成员</td><td colspan="5"></td></tr>
</table>

附表 4-5　轧盖岗位生产记录

<table>
<tr><td>生产日期</td><td colspan="2"></td><td>班级</td><td></td><td>班组</td><td></td></tr>
<tr><td>产品名称</td><td colspan="2"></td><td>规格</td><td></td><td>批号</td><td></td></tr>
<tr><td>数量</td><td colspan="2"></td><td>主要设备</td><td colspan="3"></td></tr>
<tr><td>操作依据</td><td colspan="6"></td></tr>
<tr><td>指令</td><td colspan="2">工艺参数</td><td colspan="2">操作参数</td><td colspan="2">备注</td></tr>
<tr><td rowspan="3">生产前准备</td><td colspan="2">1. 操作间清场合格有《清场合格证》并在有效期内
2. 所用设备是否有设备完好证
3. 所用器具是否已清洁
4. 物料是否有物料卡
5. 是否挂上“正在生产”状态牌
6. 室内温湿度是否符合要求</td><td colspan="2">是☐　否☐
是☐　否☐
是☐　否☐
是☐　否☐
是☐　否☐
温度 ______
RH______</td><td colspan="2" rowspan="3">操作人：
复核人：</td></tr>
<tr><td rowspan="2">物料核对</td><td>核对铝盖品种类(规格)及数量</td><td colspan="2">规格 ______
数量 ______</td></tr>
<tr><td>核对冻干品(品名、规格、数量)</td><td colspan="2">品名 ______
规格 ______
数量 ______</td></tr>
<tr><td rowspan="3">生产操作</td><td colspan="2">试轧几瓶</td><td colspan="2">已完成☐　未完成☐</td><td colspan="2" rowspan="3">操作人：
复核人：</td></tr>
<tr><td colspan="2">开动流水线灌装</td><td colspan="2">已完成☐　未完成☐</td></tr>
<tr><td colspan="2">检查气密性</td><td colspan="2">已完成☐　未完成☐</td></tr>
<tr><td rowspan="4">生产结束</td><td colspan="2">轧盖数</td><td colspan="2">轧盖总数</td><td colspan="2" rowspan="4">操作人：
复核人：</td></tr>
<tr><td colspan="2">各容器及设备清洁(保养)及状态标志</td><td colspan="2">已完成☐　未完成☐</td></tr>
<tr><td colspan="2">生产场地清洁</td><td colspan="2">已完成☐　未完成☐</td></tr>
<tr><td colspan="2">清场合格记录</td><td colspan="2">已完成☐　未完成☐</td></tr>
<tr><td>异常情况记录</td><td colspan="6"></td></tr>
<tr><td>QA</td><td colspan="6"></td></tr>
<tr><td>小组成员</td><td colspan="6"></td></tr>
</table>

附表 4-6 胶塞清洗岗位生产记录

<table>
<tr><td>生产日期</td><td colspan="2"></td><td>班级</td><td></td><td>班组</td><td></td></tr>
<tr><td>产品名称</td><td colspan="2"></td><td>规格</td><td></td><td>批号</td><td></td></tr>
<tr><td>数量</td><td colspan="2"></td><td>主要设备</td><td colspan="3"></td></tr>
<tr><td>操作依据</td><td colspan="6"></td></tr>
<tr><td>指令</td><td colspan="2">工艺参数</td><td>操作参数</td><td colspan="3">备注</td></tr>
<tr><td rowspan="2">生产前准备</td><td colspan="2">1. 操作间清场合格有《清场合格证》并在有效期内
2. 所用设备是否有设备完好证
3. 所用器具是否已清洁
4. 物料是否有物料卡
5. 是否挂上“正在生产”状态牌
6. 室内温湿度是否符合要求</td><td>是□ 否□
是□ 否□
是□ 否□
是□ 否□
是□ 否□
温度 _______
RH_________</td><td colspan="3" rowspan="2">操作人:
复核人:</td></tr>
<tr><td>物料核对</td><td>核对胶塞的规格、批号及数量</td><td>规格 _____
批号 _____
数量 _____</td></tr>
<tr><td rowspan="4">生产操作过程</td><td colspan="2">放入待处理的胶塞</td><td>真空压力:</td><td colspan="3" rowspan="4">操作人:
复核人:</td></tr>
<tr><td colspan="2">设定温度、时间及程序</td><td>灭菌温度:
灭菌时间:
程序:</td></tr>
<tr><td colspan="2">程序进行</td><td>清洗时间:
硅化时间:
灭菌时间:
干燥时间:</td></tr>
<tr><td colspan="2">程序结束打开另一面,将处理好的产品取出放于A级下</td><td>已完成□ 未完成□</td></tr>
<tr><td rowspan="3">生产结束</td><td colspan="2">各容器及设备清洁及状态标志</td><td>已完成□ 未完成□</td><td colspan="3" rowspan="3">操作人:
复核人:</td></tr>
<tr><td colspan="2">生产场地清洁</td><td>已完成□ 未完成□</td></tr>
<tr><td colspan="2">清场合格记录</td><td>已完成□ 未完成□</td></tr>
<tr><td colspan="2">异常情况记录</td><td colspan="5"></td></tr>
<tr><td colspan="2">QA</td><td colspan="5"></td></tr>
<tr><td colspan="2">小组成员</td><td colspan="5"></td></tr>
</table>

附表 4-7　铝盖清洗岗位生产记录

<table>
<tr><td>生产日期</td><td colspan="2"></td><td>班级</td><td></td><td>班组</td><td colspan="2"></td></tr>
<tr><td>产品名称</td><td colspan="2"></td><td>开始时间</td><td></td><td>结束时间</td><td colspan="2"></td></tr>
<tr><td>产量</td><td colspan="2"></td><td>主要设备</td><td colspan="4"></td></tr>
<tr><td>操作依据</td><td colspan="7"></td></tr>
<tr><td>指令</td><td colspan="3">工艺参数</td><td colspan="2">操作参数</td><td colspan="2">备注</td></tr>
<tr><td rowspan="2">生产前准备</td><td colspan="3">1. 操作间清场合格有《清场合格证》并在有效期内
2. 所用设备是否有设备完好证
3. 所用器具是否已清洁
4. 物料是否有物料卡
5. 是否挂上“正在生产”状态牌
6. 室内温湿度是否符合要求</td><td colspan="2">是□　否□
是□　否□
是□　否□
是□　否□
是□　否□
温度 ______
RH________</td><td colspan="2" rowspan="2">操作人:

复核人:</td></tr>
<tr><td>物料核对</td><td colspan="2">核对铝盖规格、批号及数量</td><td colspan="2">规格 ______ 批号 ______
数量 ______</td></tr>
<tr><td rowspan="2">生产操作过程</td><td colspan="3">将待清洗的铝盖放入铝盖清洗机</td><td colspan="2">已完成□　未完成□</td><td colspan="2" rowspan="2">操作人:

复核人:</td></tr>
<tr><td colspan="3">运行程序</td><td colspan="2">进水:
喷淋:
排水:
干燥:
冷却:</td></tr>
<tr><td rowspan="3">生产结束</td><td colspan="3">在轧盖室出料</td><td colspan="2">已完成□　未完成□</td><td colspan="2" rowspan="3">操作人:

复核人:</td></tr>
<tr><td colspan="3">生产场地清洁</td><td colspan="2">已完成□　未完成□</td></tr>
<tr><td colspan="3">清场合格记录</td><td colspan="2">已完成□　未完成□</td></tr>
<tr><td>异常情况记录</td><td colspan="7"></td></tr>
<tr><td>QA</td><td colspan="7"></td></tr>
<tr><td>小组成员</td><td colspan="7"></td></tr>
</table>

附表 4-8　贴签岗位生产记录

<table>
<tr><td>生产日期</td><td></td><td>班级</td><td></td><td>班组</td><td></td></tr>
<tr><td>产品名称</td><td></td><td>规格</td><td></td><td>批号</td><td></td></tr>
<tr><td>数量</td><td></td><td>主要设备</td><td colspan="3"></td></tr>
<tr><td>操作依据</td><td colspan="5"></td></tr>
</table>

<table>
<tr><td>指令</td><td colspan="2">工艺参数</td><td>操作参数</td><td>备注</td></tr>
<tr><td rowspan="3">生产前准备</td><td colspan="2">1. 操作间清场合格有《清场合格证》并在有效期内
2. 所用设备是否有设备完好证
3. 所用器具是否已清洁
4. 物料是否有物料卡
5. 是否挂上“正在生产”状态牌
6. 室内温湿度是否符合要求</td><td>是□　否□
是□　否□
是□　否□
是□　否□
是□　否□
温度 ______
RH________</td><td rowspan="3">操作人：
复核人：</td></tr>
<tr><td rowspan="2">物料核对</td><td>核对标签及待贴签产品的品名、规格、批号及数量</td><td>品名 ______
规格 _____ 批号 _______
数量 ______</td></tr>
<tr><td>领取包装材料，核对标签的品名、规格、批号、数量与待包装产品一致</td><td>盒子领用数：
标签领用数：</td></tr>
<tr><td rowspan="4">生产操作过程</td><td colspan="2">将灯检合格产品传送至贴签处</td><td>已完成□　未完成□</td><td rowspan="4">操作人：
复核人：</td></tr>
<tr><td colspan="2">开启贴签机</td><td>已完成□　未完成□</td></tr>
<tr><td colspan="2">按要求放入包装</td><td>已完成□　未完成□</td></tr>
<tr><td colspan="2">说明书入盒</td><td>已完成□　未完成□</td></tr>
<tr><td rowspan="3">生产结束</td><td colspan="2">生产场地清洁</td><td>已完成□　未完成□</td><td rowspan="3">操作人：
复核人：</td></tr>
<tr><td colspan="2">清场合格记录</td><td>已完成□　未完成□</td></tr>
<tr><td colspan="2">核对包装材料</td><td>数量：
用盒子数：
用标签数：
盒子剩余数：
标签剩余(破损)数：</td></tr>
<tr><td colspan="2">异常情况记录</td><td colspan="3"></td></tr>
<tr><td colspan="2">QA</td><td colspan="3"></td></tr>
<tr><td colspan="2">小组成员</td><td colspan="3"></td></tr>
</table>

附录 5

固体制剂验证记录

附表 5-1　备料工序验证记录

<table>
<tr><td>所用生产设备</td><td colspan="3">粉碎机型号______________________设备编号______________________</td></tr>
<tr><td>所用称量器具</td><td colspan="3">台秤型号__________________________设备编号______________________</td></tr>
<tr><td>粉碎机</td><td colspan="3">转数(固定):______r/min;筛底目数:____目;
加料速度:________kg/min</td></tr>
<tr><td>旋涡振动筛</td><td colspan="3">筛网目数:____目　加料速度:____kg/min</td></tr>
<tr><td>取样</td><td colspan="3">开始的 1/3 部分粉碎时间____min,取样 A,样品____g
中间的 1/3 部分粉碎时间____min,取样 B,样品____g
末尾的 1/3 部位粉碎时间____min,取样 C,样品____g</td></tr>
<tr><td>检测项目</td><td>粉碎的细度</td><td>过筛率</td><td>平衡率</td></tr>
<tr><td>A</td><td></td><td rowspan="3"></td><td rowspan="3"></td></tr>
<tr><td>B</td><td></td></tr>
<tr><td>C</td><td></td></tr>
<tr><td colspan="4">结论和评价:

确认人 / 日期:　　　　　　　　　　　　复核人 / 日期:</td></tr>
</table>

附表 5-2　制粒工序验证记录

<table>
<tr><td>所用生产设备：</td><td colspan="3">制粒机型号____________ 设备编号____________</td></tr>
<tr><td>所用称量器具：</td><td colspan="3">台秤型号____________ 设备编号____________</td></tr>
<tr><td>制粒机：</td><td colspan="3">预混时间 ________ 黏合剂用量 ________ 搅拌转速 ________
制粒刀转速 ________ 搅拌转速 ________ 搅拌制粒时间 ________
干燥温度 ________ 干燥时间 ________</td></tr>
<tr><td>取样：</td><td colspan="3">整粒后在 3 个不同的部位分别取样
样品 1　___ g
样品 2　___ g
样品 3　___ g</td></tr>
<tr><td>检测项目：</td><td>水分含量</td><td>粒度分布</td><td>固体密度</td></tr>
<tr><td>样品 1</td><td></td><td></td><td></td></tr>
<tr><td>样品 2</td><td></td><td></td><td></td></tr>
<tr><td>样品 3</td><td></td><td></td><td></td></tr>
<tr><td>制粒收率 =</td><td colspan="3">物料平衡 =</td></tr>
<tr><td colspan="4">结论和评价：

确认人 / 日期：　　　　　　　　　　复核人 / 日期：</td></tr>
</table>

附表 5-3　总混工序验证记录

<table>
<tr><td>所用生产设备</td><td colspan="5">整粒机型号______________________设备编号______________
混合机型号______________________设备编号______________</td></tr>
<tr><td>所用称量器具</td><td colspan="5">台秤型号______________________设备编号______________</td></tr>
<tr><td>整粒机
混合机</td><td colspan="5">筛网规格 ________　筛网目数 __________
投料顺序 ______________　投料量 _______kg
混合转速 ________r/min　混合时间 _______min</td></tr>
<tr><td>取样（混合机内）</td><td colspan="5">开始的 1/3 部分 A 样品____ g
中间的 1/3 部分 B 样品____ g
末尾的 1/3 部位 C 样品____ g</td></tr>
<tr><td>检测项目</td><td colspan="5">整粒筛网完整性：</td></tr>
<tr><td>检测项目</td><td>颗粒含量均匀度</td><td>水分含量</td><td>粒度分布</td><td>松密度</td><td>颜色均匀度</td></tr>
<tr><td>A</td><td></td><td></td><td></td><td></td><td></td></tr>
<tr><td>B</td><td></td><td></td><td></td><td></td><td></td></tr>
<tr><td>C</td><td></td><td></td><td></td><td></td><td></td></tr>
<tr><td>计算</td><td colspan="5">总混收率 =
物料平衡率 =</td></tr>
<tr><td colspan="6">结论和评价：

确认人 / 日期：　　　　　　　　　　复核人 / 日期：</td></tr>
</table>

附表 5-4　压片工序验证记录

<table>
<tr><td>所用生产设备</td><td colspan="6">压片机型号____________　设备编号____________</td></tr>
<tr><td>所用称量器具</td><td colspan="6">台秤型号____________　设备编号____________</td></tr>
<tr><td>压片</td><td colspan="6">转数（固定）________r/min
压力________　时间________</td></tr>
<tr><td>取样</td><td colspan="6">开始取样 20 片，样品 1
中间取样 20 片，样品 2
结束取样 20 片，样品 3</td></tr>
<tr><td>检测项目</td><td>外观</td><td>片重差异</td><td>厚度</td><td>硬度</td><td>脆碎度</td><td>崩解时限</td></tr>
<tr><td>1</td><td></td><td></td><td></td><td></td><td></td><td></td></tr>
<tr><td>2</td><td></td><td></td><td></td><td></td><td></td><td></td></tr>
<tr><td>3</td><td></td><td></td><td></td><td></td><td></td><td></td></tr>
<tr><td>计算：</td><td colspan="6">压片收率 =
物料平衡 =</td></tr>
<tr><td colspan="7">结论和评价：

确认人 / 日期：　　　　　　　　复核人 / 日期：</td></tr>
</table>

附表 5-5　包衣工序验证记录

所用生产设备	包衣机型号____________________设备编号__________			
所用称量器具	台秤型号______________________设备编号__________			
包衣	转数(固定):_____r/min;进风温度 ______ 进风转速 _____ 排风温度 ________ 排风转速 ________ 喷射速度 __________ 压缩空气 ________　包衣时间 ________			
取样	每次取 5 个样品			
检测项目	外观	片重	片重差异	溶出度(崩解度)
1				
2				
3				
4				
5				
计算	包衣收率 = 物料平衡 =			

结论和评价:

确认人 / 日期:　　　　　　　　复核人 / 日期:

附表 5-6　瓶装工序验证记录

<table>
<tr><td>所用生产设备</td><td colspan="5">数片机型号____________________设备编号______________
理瓶机型号____________________设备编号______________
塞纸机型号____________________设备编号______________
旋盖机型号____________________设备编号______________</td></tr>
<tr><td>瓶装生产线</td><td colspan="5">数片机频率 __________________理瓶机频率________
塞纸机频率 __________________旋盖机频率________</td></tr>
<tr><td>取样(稳定运行后)</td><td colspan="5">开始抽取 A　5 个包装单位
中间抽取 B　5 个包装单位
结束抽取 C　5 个包装单位</td></tr>
<tr><td>检测项目</td><td>外观</td><td>印字</td><td>装量</td><td>旋盖紧密度</td><td>封口密封性</td></tr>
<tr><td>A</td><td></td><td></td><td></td><td></td><td></td></tr>
<tr><td>B</td><td></td><td></td><td></td><td></td><td></td></tr>
<tr><td>C</td><td></td><td></td><td></td><td></td><td></td></tr>
<tr><td colspan="6">结论和评价：

确认人 / 日期：　　　　　　　　　　复核人 / 日期：</td></tr>
</table>

附表 5-7 化胶工序验证记录

<table>
<tr><td>所用生产设备</td><td colspan="2">化胶罐型号____________ 设备编号____________
真空搅拌罐型号____________ 设备编号____________</td></tr>
<tr><td>所用称量器具</td><td colspan="2">台秤型号____________设备编号____________</td></tr>
<tr><td>化胶罐
真空搅拌罐</td><td colspan="2">蒸汽压力 _______MPa 罐内温度 _____℃ 加热时间 _____min
真空度 _______________MPa 搅拌速度 ________r/min</td></tr>
<tr><td>取样</td><td colspan="2">顶部 A
中间 B
底部 C</td></tr>
<tr><td>检测项目</td><td>外观</td><td>胶液黏度</td></tr>
<tr><td>A</td><td></td><td></td></tr>
<tr><td>B</td><td></td><td></td></tr>
<tr><td>C</td><td></td><td></td></tr>
<tr><td colspan="3">结论和评价：

确认人 / 日期：　　　　　　　　复核人 / 日期：</td></tr>
</table>

附表 5-8　配料工序验证记录

所用生产设备	胶体磨型号____________________ 设备编号__________ 配料罐型号____________________ 设备编号__________			
所用称量器具	台秤型号______________设备编号___________			
胶体磨 配料罐	胶体磨的间隙为 _____mm，均质 ________ 次 搅拌速度 ________r/min 混合时间 _____min 静置 ________min			
取样	胶体磨均质 ______ 次后，取样 3 个样品，各 50ml，用于测定沉降比 配料罐转速 ____r/min，取样 50g，用于测含量 静置于周转桶 ___h，取样前用加料勺搅拌 _____min，取样 50g			
检测项目				
均质次数	均质 ____ 次			
样品	1	2	3	平均值
外观				
混悬物初始高度 H_0				
混悬物最终高度 H				
沉降体积比值				
混合时间	混合时间 _____min			
样品	顶部	中间	底部	平均值
外观				
含量 ____mg/____g				
与平均值偏差				最大偏差
静置时间	3h			
样品	顶部	中间	底部	平均值
外观				
含量 ____mg/____g				
与平均值偏差				最大偏差
结论和评价： 确认人 / 日期：　　　　　　　　复核人 / 日期：				

附录 6

注射剂验证记录

附表 6-1　洗烘瓶工序工艺验证记录

1. 洗瓶机运行数据记录

生产批号	清洗数量	破损数	破损率	可见异物		水温 /℃	循环水清洗 /MPa		注射用水清洗 /MPa	
				循环水	注射用水		压缩气	冲洗水	压缩气	冲洗水

结论和评价：

确认人 / 日期：　　　　复核人 / 日期：

2. 干燥灭菌后安瓿瓶检查记录

生产批号	取样数量	可见异物(<1 个 / 支)	无菌
	20		
	20		
	20		

结论和评价：

确认人 / 日期：　　　　复核人 / 日期：

附表 6-2　灌封工序工艺验证记录

生产批号	灌封位 1 号针		灌封位 2 号针		无菌		装量限度范围	收率
	可见异物	装量	可见异物	装量	2h	4h		

结论和评价：

确认人 / 日期：　　　　　　　　　　复核人 / 日期：

附表 6-3　灭菌检漏工序工艺验证记录

品名				
批号	灭菌检漏数	合格数	不合格数	合格率 /%
结论和评价：				
确认人 / 日期：			复核人 / 日期：	

附表 6-4　灯检工序工艺验证记录

生产批号	目检数	目检合格数	不合格品 / 支	目检合格率 /%	结论

结论和评价：

确认人 / 日期：　　　　复核人 / 日期：

附录 7

口服液验证记录

附表 7-1　口服液灌装工序工艺验证记录

1. 灌装机工艺稳定性

工艺	工艺参数	No1	No2	No3	检查人
		批号	批号	批号	
灌封	空气压力:0.6MPa				
	灌封速度:100 瓶 /min				
结论和评价:					
确认人 / 日期:			复核人 / 日期:		

2. 装量差异

项目＼时间	开始	30min	60min	90min
1				
2				
3				
平均				
SD				
RSD/%				
结论和评价:				
确认人 / 日期:			复核人 / 日期:	

3. 微生物限度(批号:　　　　　　　　)

工艺	取样点	检测项目		
		细菌数	霉菌数(酵母菌)	大肠埃希氏菌
		不得过 100 个 /ml	不得过 100 个 /ml	每克不得检出
灌封	上盖前			
	轧盖前			
	药液			
结论和评价:				
确认人 / 日期:			复核人 / 日期:	

附录 8

粉针剂(冻干型)验证记录

附表 8-1　西林瓶洗瓶工序工艺验证记录

1. 洗瓶

批号	洗瓶数量 / 支	注射用水可见异物	最终冲洗水	西林瓶清洁合格率		
				1	2	3

结论和评价：

确认人 / 日期：　　　　　　复核人 / 日期：

2. 西林瓶灭菌

批号	西林瓶洁净度	西林瓶无菌性	灭菌温度	灭菌时间

结论和评价：

确认人 / 日期：　　　　　　复核人 / 日期：

附表 8-2　冻干粉针灌装工序工艺验证记录

冻干粉针剂在灌装过程中每隔 30min 取样一次，每次取 5 支，每批取样 3 次，总计 15 支，分别测定其可见异物。共取连续生产的 3 个批次。

批号	可见异物检查结果			√:表示符合规定
	A1	A2	A3	A4	A5
	B1	B2	B3	B4	B5
	C1	C2	C3	C4	C5
	A1	A2	A3	A4	A5
	B1	B2	B3	B4	B5
	C1	C2	C3	C4	C5
	A1	A2	A3	A4	A5
	B1	B2	B3	B4	B5
	C1	C2	C3	C4	C5
结论和评价:					
确认人 / 日期:				复核人 / 日期:	

批号	装量检查			√:表示符合规定
	A1	A2	A3	A4	A5
	B1	B2	B3	B4	B5
	C1	C2	C3	C4	C5
	A1	A2	A3	A4	A5
	B1	B2	B3	B4	B5
	C1	C2	C3	C4	C5
	A1	A2	A3	A4	A5
	B1	B2	B3	B4	B5
	C1	C2	C3	C4	C5
结论和评价:					
确认人 / 日期:				复核人 / 日期:	

附表 8-3　冻干工序工艺验证记录

批号	项目	冷冻最低温度	保温时间 /h	一次干燥时间 /h	二次干燥时间 /h

结论和评价：

确认人 / 日期：　　　　复核人 / 日期：

附表 8-4　轧盖工序工艺验证记录

1. 气密性检查

项目		气密性检查	
合格标准		手拧铝塑盖不应有松动现象	水能否自动进入西林瓶
批号			

结论和评价：

确认人 / 日期：　　　　复核人 / 日期：

2. 可见异物检查结果记录

批号	检查时间	检查结果	检查时间	检查结果

结论和评价：

确认人 / 日期：　　　　复核人 / 日期：

附表 8-5　无菌粉末分装工序工艺验证记录

生产批号	计划培养数 / 瓶	实际培养数 / 瓶	培养后长菌瓶数	阳性率 /%
	3 100			
	3 100			
	3 100			
	3 100			
	3 100			
	3 100			
	3 100			
	3 100			
	3 100			
	3 100			
	3 100			
	3 100			
	3 100			
	3 100			
	3 100			
	3 100			

结论和评价：

确认人 / 日期：　　　　　　　　　　复核人 / 日期：